Inhalt

Autoren:
Wilfried Büttner, Dr. Hans Dimpfl, Werner Eckert, Bernd Raczkowsky

Vorwort

Liebe Schülerinnen und Schüler,

mit diesem Abitur-Training halten Sie eine klar strukturierte Zusammenfassung aller lehrplanrelevanten Inhalte des **Geographie-Unterrichts der Jahrgangsstufe 11** in den Händen. Mit diesem Buch können Sie sich gezielt auf den Unterricht, auf Klausuren und vor allem auf die Abiturprüfung im Fach Geographie vorbereiten.
Anhand zahlreicher **Statistiken, Grafiken und Karten** wird das komplette prüfungsrelevante Wissen nachvollziehbar dargestellt und anschaulich erklärt.
Mithilfe abwechslungsreicher **Aufgaben** im Anschluss an die Teilkapitel können Sie das erworbene Wissen sofort anwenden und überprüfen. Vollständige **Lösungen** erlauben die Kontrolle Ihres Lernerfolgs.
Ein **Stichwortverzeichnis** ermöglicht Ihnen einen raschen Überblick und den sicheren Zugriff auf relevante Informationen.

Zusätzlich bietet dieser Band die **Web-App „MindCards"**. Mit Online-Karteikarten ist es möglich, wichtige Fachbegriffe, die für die schriftliche und die mündliche Prüfung relevant sind, auch mobil zu wiederholen.

Zur Web-App „MindCards" gelangen Sie unter folgendem Link:
https://www.stark-verlag.de/media/mindcards/94915d/94915d.html
oder via QR-Code.

Autoren und Verlag wünschen Ihnen bei Ihrer Abiturvorbereitung viel Erfolg!

Der blaue Planet und seine Geozonen

Seit es durch die Raumfahrt möglich wurde, die Erde „von außen" zu betrachten, spricht man von ihr als dem **blauen Planeten**. Denn sie erscheint bei Betrachtung aus dem Weltraum überwiegend blau. Entscheidend dafür sind die Ozeane, Meere und Seen, die rund 70 % der Erdoberfläche bedecken und deren Wasser den langwelligen roten Anteil des einfallenden Sonnenlichts wesentlich stärker absorbiert als den kurzwelligen blauen. Die Spiegelung des blauen Himmels an der Wasseroberfläche macht sich dagegen nur geringfügig bemerkbar. Auf dem blauen Planeten sind Geozonen ausgebildet, die durch ihre atmosphärischen Eigenschaften (Klima), ihre Biosphäre und den Land-Meer-Gegensatz gekennzeichnet werden.

1 Atmosphärische Grundlagen

1.1 Die Erdatmosphäre – Bedeutung, Aufbau, Zusammensetzung

Die Erdatmosphäre ist die Gashülle der Erde und wird von deren Schwerefeld festgehalten. Die Atmosphäre ist für die Erde von außerordentlicher Bedeutung:

- Sie erhöht die Durchschnittstemperatur an der Erdoberfläche um ca. 30 K.
- Sie schützt die Erdoberfläche vor schneller Abkühlung und Überhitzung.
- Sie bietet den Lebewesen Sauerstoff und Kohlenstoffdioxid und ermöglicht aufgrund geeigneter Temperaturen höheres Leben.
- Sie schützt die Lebewesen vor gefährdender Strahlung und kleineren Meteoriten aus dem Weltraum.
- In ihr spielt sich das Wettergeschehen mit dem Transport von Energie und Wasserdampf ab.
- Sie ermöglicht einen gewissen Wärmeausgleich zwischen niederen und höheren Breiten.
- Natürliche und anthropogene Emissionen werden verteilt und abgebaut.

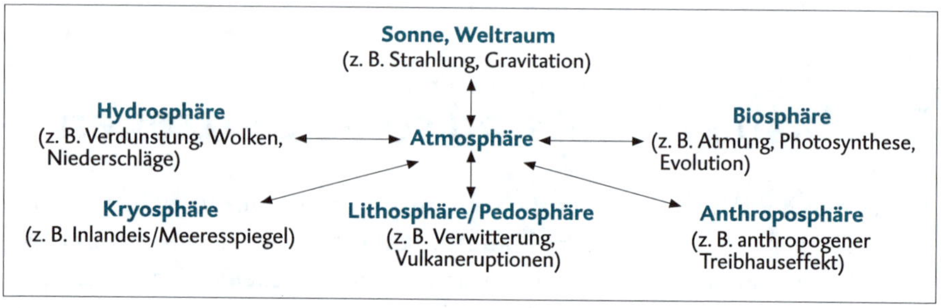

M 1: Wechselwirkungen der Atmosphäre

Die Atmosphäre weist enge Wechselwirkungen zu den anderen „Sphären" der Erde auf und ist in wichtige Stoffkreisläufe einbezogen.

Bis in Höhen von ca. 100 km weist die atmosphärische Luft eine weitgehend konstante Zusammensetzung auf. Sie besteht aus einem Gemisch von **Stickstoff, Sauerstoff und Argon**. Diese drei Gase machen zusammen 99,96 % ihres Volumens aus. Hinzu kommen 0,04 % Spurengase. Einige davon sind chemisch inert (inert = sehr stabil mit nur geringer Neigung, chemisch zu reagieren), nämlich die Edelgase Helium, Krypton und Xenon. Andere sind auch in niedriger Konzentration sehr wirksam, etwa Schwefeldioxid und Stickstoffoxide als Verursacher des sauren Regens oder Kohlenstoffdioxid und Methan als klimawirksame Gase. Von großer Bedeutung ist auch das Ozon mit seinen positiven wie negativen Wirkungen.

Einige Substanzen, etwa die halogenierten Kohlenwasserstoffe, kommen nicht natürlich vor, sondern wurden vom Menschen in die Atmosphäre eingebracht. Außer Gasen enthält die Lufthülle noch flüssige und feste Teilchen, die als **Hydrometeore** (sichtbare Wassertropfen und Eisteilchen) und **Aerosole** (feste und flüssige Partikel, nicht allein aus Wasser bestehend) bezeichnet werden. Der Wasseranteil der Atmosphäre schwankt; er kann bis zu 4 % betragen.

Gas	Volumen-%
Stickstoff (N_2)	78,08
Sauerstoff (O_2)	20,95
Argon (Ar)	0,93
Spurengase wie Kohlendioxid (CO_2), Methan (CH_4), Distickstoffmonoxid (N_2O), Ozon (O_3), Edelgase (He, Ne, Kr), FCKW, Wasserstoff (H_2),	0,04
Atmosphäre insgesamt	**100,00**

M 2: Zusammensetzung der Atmosphäre (trockene Luft)

Die Atmosphäre ist keine homogene Gashülle. Aufgrund innerer und äußerer Einflüsse (physikalische Eigenschaften, chemische Prozesse, Strahlung) sind charakteristische Schichten („Sphären“) entstanden:

Troposphäre	**(Höhe 6–8 km über den Polen, 17 km über den Tropen)** aus dem Weltraum sichtbarer dünner „Saum“ mit 80 % der Atmosphären-Masse (Lichtreflexion durch Dunst, Wolken, Partikel), „Wettersphäre“: untere Durchmischungsschicht, Temperaturabnahme mit zunehmender Höhe: 15 °C in Meeresniveau, –55 °C an der oberen Grenze (Tropopause): Erwärmung von der Erdoberfläche aus.
Stratosphäre	**(über der Tropopause bis in etwa 50 km Höhe)** kaum Austausch mit der Troposphäre; sehr trocken, Aerosole nur durch Vulkaneruptionen und Meteorite, Ozonschicht, vorwiegend in ca. 20–25 km Höhe: Absorption von UV-B-Strahlung; dadurch Temperaturanstieg auf ca. 10 °C (Temperaturinversion!).
Mesosphäre	**(über der Stratopause bis in etwa 80 km Höhe)** Temperaturabfall auf etwa –90 °C, obere Durchmischungsschicht
Thermosphäre	**(über der Mesosphäre bis in etwa 500 km Höhe)** extrem niedrige Luftdichte (entspricht technischem Hochvakuum), vorhandene Teilchen klein und elektrisch geladen: Ionen, Protonen, Übergang in die **Exosphäre** (Stoffaustausch mit dem interplanetaren Raum).

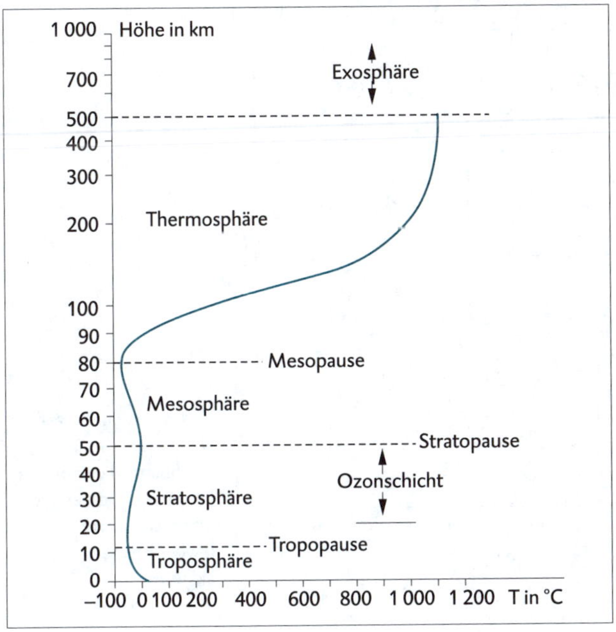

M 3:
Vertikaler Aufbau der Atmosphäre

1.2 Globale Beleuchtungsverhältnisse, Strahlungs- und Wärmehaushalt der Erde

Nur zwei Milliardstel der von der Sonne abgestrahlten Energie treffen auf die Erde, bestimmen aber weitestgehend deren Energiehaushalt. Die annähernd konstante Strahlungsenergie an der Obergrenze der Erdatmosphäre nennt man **Solarkonstante**. Auf eine zum Strahlengang senkrechte Fläche wird ein Betrag von $S_0 = 1\,367\ Wm^{-2}$ ($= 1\,367\ Jm^{-2}s^{-1}$) eingestrahlt. Wegen der Kugelgestalt und Rotation der Erde verteilt sich diese Energiemenge auf eine gegenüber einer runden Scheibe vierfache Fläche, beträgt also durchschnittlich nur ein Viertel von S_0. Zudem bewirken Kugelgestalt, Ekliptikschiefe und Erdrevolution zonale und jahreszeitliche Unterschiede des Strahlungseinfalls.

Die von der Sonne emittierte Strahlung entspricht etwa der eines schwarzen Körpers von 6 000 K. Die Atmosphäre beeinflusst diese Solarstrahlung auf unterschiedliche Weise:

Ein Teil der Strahlung wird von der Atmosphäre bzw. an der Erdoberfläche gestreut und **reflektiert**. Das Verhältnis zwischen reflektierter und eingestrahlter Sonnenenergie (in %) bezeichnet man als **Albedo**. Die Albedo ist

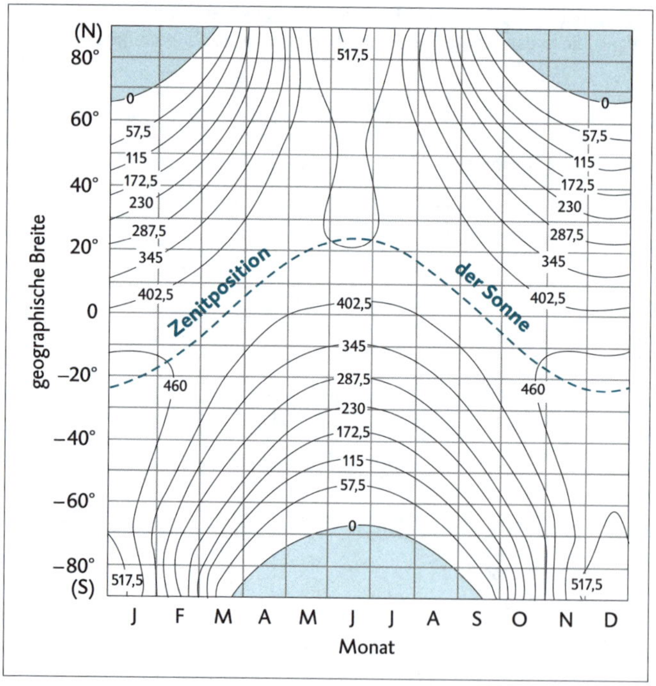

M 4: Wert der Solarkonstanten (in Wm^{-2}) in Abhängigkeit von der Jahreszeit und der geographischen Breite, jeweils über einen Tag akkumuliert

stark von der Art terrestrischer Oberflächen abhängig. Die planetare Albedo für das Gesamtsystem Erde–Atmosphäre liegt bei 30 %. Etwa 44 % der Solarstrahlung treffen direkt auf die Erdoberfläche, werden dort absorbiert und als **langwellige Wärmestrahlung** wieder abgestrahlt.

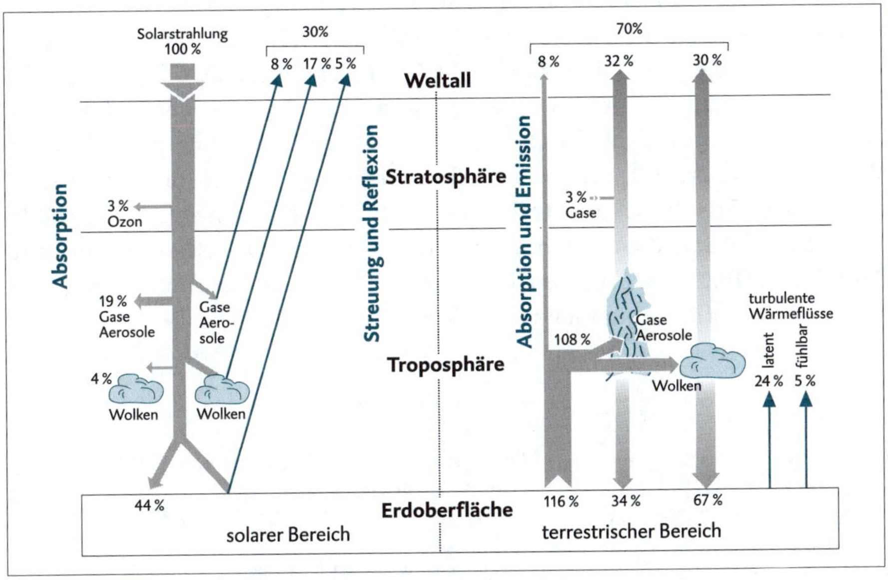

M 5: Strahlungshaushalt der Erde

Wasser	
Sonne nah am Horizont	50–80 %
Sonne nahe Zenit	3–5 %
Wüste	25–30 %
Steppe	20–25 %
unbedeckter, trockener Boden	15–25 %
unbedeckter, feuchter Boden	10 %
Wald	5–10 %
frischer Schnee	80–85 %
dünne Wolke (z. B. Cirrus)	25–50 %
dicke Wolke (z. B. Cumulus)	70–80 %

M 6: Albedowerte

Der übrige Teil der Strahlung (26 %) wird in der Atmosphäre **absorbiert**. Dadurch wird die spektrale Zusammensetzung der Strahlung verändert. Von besonderer Bedeutung ist die Absorption von UV-Strahlung durch Ozon.

Während Sauerstoff- und Wassermoleküle ihre Absorptionsbanden im sichtbaren Bereich und im nahen Infrarot-Bereich aufweisen, sind Kohlenstoffdioxid und andere Spurengase in der Lage, auch Wärmestrahlung („fernes Infrarot") zu absorbieren bzw. wieder abzugeben.

Die von der Atmosphäre absorbierte Solarstrahlung und die von der Erdoberfläche abgestrahlte langwellige Strahlung erwärmen die Atmosphäre. Dabei absorbieren die klimawirksamen Gasmoleküle (H_2O, CO_2, CH_4 u. a.) die Wärmestrahlung immer wieder und geben sie – entsprechend ihrer Temperatur – wieder in alle Richtungen ab. Nur ein geringer Teil wird dabei in den Weltraum ausgestrahlt, der größte Teil verbleibt in der Atmosphäre oder wird als **atmosphärische Gegenstrahlung** auf die Erdoberfläche zurückgestrahlt. Diese bewirkt dort eine Erhöhung der Temperaturen. Das ist der **natürliche Treibhauseffekt** (s. S. 210). Durch ihn erhöht sich die Durchschnittstemperatur auf der Erdoberfläche um mehr als 30 K von –18 auf +15 °C.

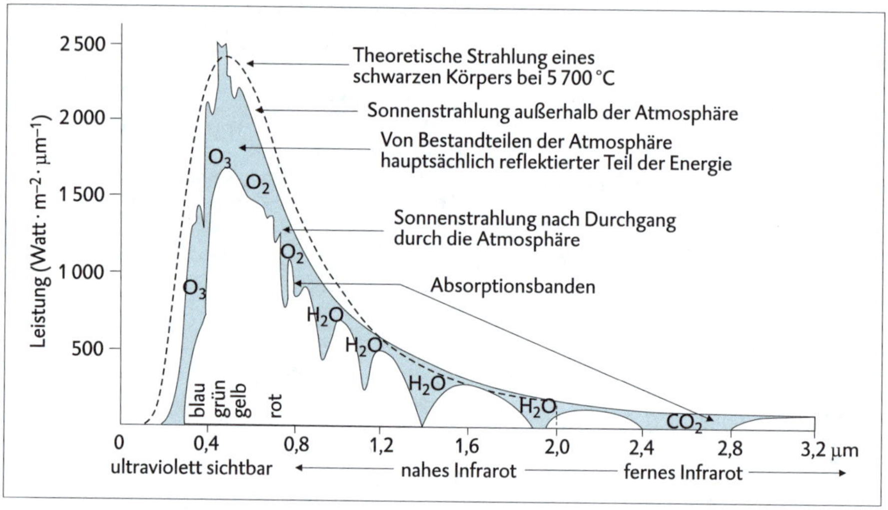

M 7: Energieverteilungsspektrum der Sonnenstrahlung

1.3 Globalstrahlung und Strahlungsbilanz

Den Anteil der Solarkonstante, der die Erdoberfläche erreicht, bezeichnet man als **Globalstrahlung**. Diese ist die Summe aus der **direkten** Sonnenstrahlung und dem indirekt gestreuten Himmelslicht, der **diffusen** Strahlung. Ihr Gesamtwert liegt im Mittel bei etwa 51 % der Solarkonstante.

Die Verteilung der Globalstrahlung auf der Erdoberfläche ist sehr unterschiedlich. Die astronomischen Gegebenheiten bedingen die zonale Anordnung. Zusätzlich modifizierend wirken sich besonders der Wasserdampfgehalt der Luft und die Bewölkungsverhältnisse aus. Es gilt: Je höher die Luftfeuchtigkeit und je stärker die Bewölkung, desto mehr nimmt die indirekte zugunsten der direkten Strahlung zu. Dies gilt z. B. für die immerfeuchten Tropen, die ozeanischen Mittelbreiten oder weite Bereiche der Ozeane. Umgekehrt dominiert die direkte Strahlung im Bereich der subtropischen Trockengebiete, der Hochgebirge in niederen Breiten oder der Antarktis.

Über das ganze Jahr betrachtet ist die **Strahlungsbilanz** für die niederen Breiten der Erde positiv, für die höheren Breiten aber negativ. Die Grenze liegt jeweils bei etwa 40° nördlicher bzw. südlicher Breite. Man sollte daher für die tropischen Bereiche eine ständig zunehmende Erwärmung, für die polaren Bereiche aber eine ständig zunehmende Abkühlung erwarten. Dies stimmt mit den klimatischen Beobachtungen nicht überein. Die Erklärung dafür liegt im Energietransport von niederen in höhere Breiten, der durch Luftmassen (Wärme, Luftfeuchte) und Meeresströmungen (Wärme) erfolgen kann. Die für den Antrieb dieser globalen Zirkulation notwendige Energie resultiert aus der Differenz der tropisch-positiven und der außertropisch-negativen Bilanzwerte der Strahlung.

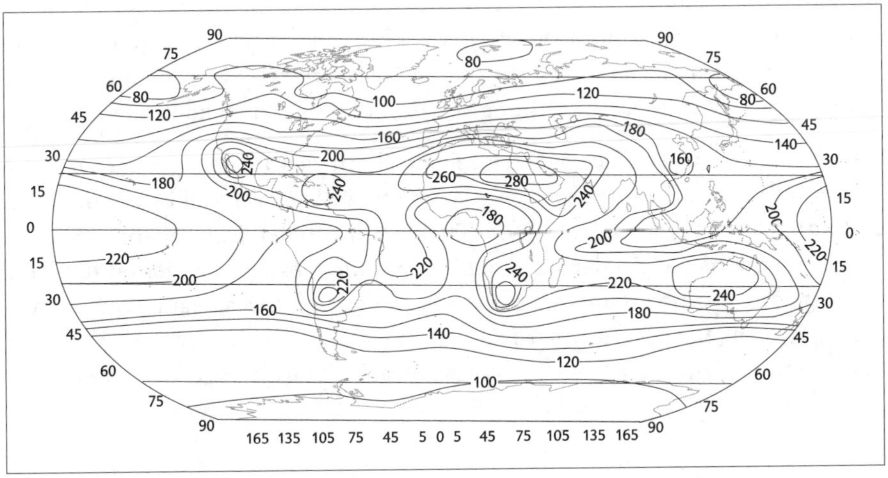

M 8: Mittlere jährliche Globalstrahlung auf die horizontale Erdoberfläche (in $W \cdot m^{-2}$)

1.4 Der Kohlenstoffkreislauf

Kohlenstoff kommt in der Natur elementar vor als Graphit und Diamant, anorganisch gebunden in Carbonatgesteinen, in Hydrogencarbonat (meist gelöst in Wasser), in CO_2 und CH_4 in der Atmosphäre sowie in Form organischer Verbindungen in Organismen, Erdöl und Erdgas. Die Gesamtheit aller Prozesse, durch die Kohlenstoff und seine chemischen Verbindungen in der Geosphäre umgesetzt werden, fasst man unter „**Kohlenstoffkreislauf**" zusammen. Global kann man drei Teilzyklen feststellen:

- **Atmosphäre-/Biosphäre-Zyklus:** Die gegenläufigen biologischen Prozesse von Photosynthese und Zellatmung sind Grundlage höheren Lebens: Ihre Abläufe sind eng an den Energiefluss der Organismen gekoppelt. Sie sorgen für eine weitgehend gleichbleibende Konzentration von aktuell etwa 0,038 Vol.-% CO_2 in der Atmosphäre. Ausgleichend wirkt auch das CO_2-Lösungsgleichgewicht zwischen Atmosphäre und Ozeanen.
- **Gesteinszyklus:** Kalk (Carbonatgestein) verwittert an Land unter Einwirkung von Wasser und CO_2 zu löslichem Hydrogencarbonat, das vor allem im Meer – meist unter Mitwirkung von Organismen – wieder in Form von Kalkschalen bzw. Kalkstein ausgefällt wird.
- **Lithosphärenplatten-Zyklus:** In Vulkangebieten (z. B. an Subduktionszonen) kann es zum Aufschmelzen von Carbonatgesteinen kommen. Der enthaltene Kohlenstoff wird meist als CO_2 bei vulkanischen Eruptionen und Bodenausgasungen an Land oder in den Ozeanen frei. Nach Lösung in Wasser kann es wieder zur Ausfällung von Carbonatgesteinen kommen.

Der meiste Kohlenstoff ist in Langzeitspeichern deponiert: Für Carbonatgesteine und fossile Energieträger wurde eine natürliche Verweildauer von etwa 350 Mio. Jahren berechnet. Auch die Tiefsee zählt zu den Langzeitspeichern.

Nur relativ wenig Kohlenstoff, aber eine hohe Umsatzrate weisen dagegen Atmosphäre, Biosphäre und die oberen Schichten der Ozeane auf. Nur 1 % des gesamten Kohlenstoffs ist im Kreislauf „im Fluss", davon etwa 38 % in der Vegetation, 26 % in der Oberschicht des Ozeans, der Rest in der Atmosphäre.

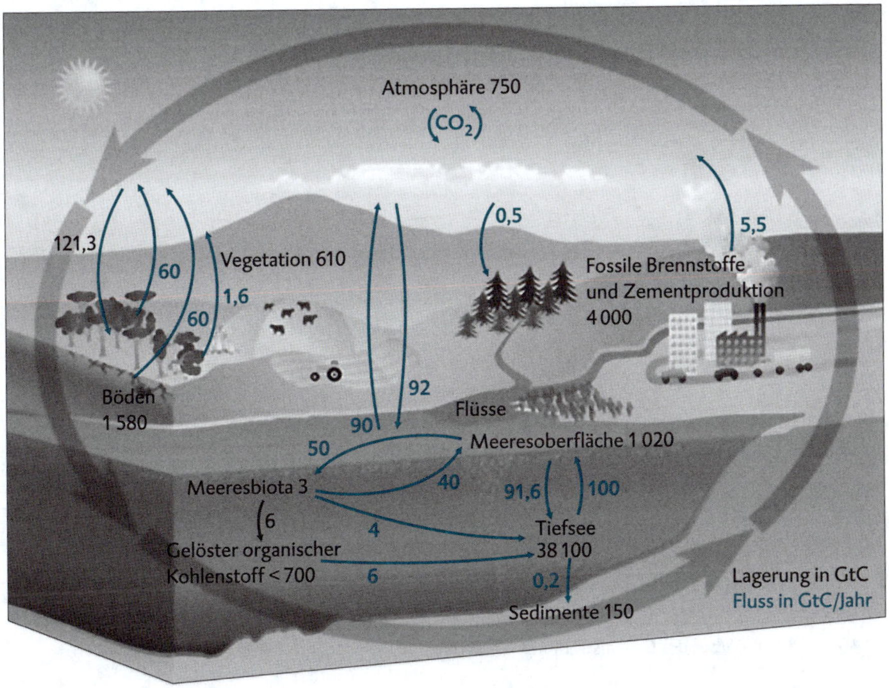

M 9: Kohlenstoffkreislauf

Wegen des geringen Anteils von Kohlenstoff in der Atmosphäre (vor allem 0,038 Vol.-% CO_2) und der hohen biochemischen Aktivität können sich schon geringe Konzentrationsänderungen gravierend auswirken. So sieht die große Mehrheit der Klimawissenschaftler und Politiker in der vermehrten Freisetzung von CO_2 durch menschliches Wirtschaften die Hauptursache für den **anthropogenen Treibhauseffekt** (s. S. 210 f.) und die zu beobachtende Erderwärmung. Aber auch CO_2-Emissionen aus Vulkanen könnten von beträchtlichem Einfluss auf das Klima sein.

Daneben finden die Gashydrate zunehmend Beachtung. Sie kommen in den Weltmeeren und im Dauerfrostboden vor und könnten bei weiterer Erderwärmung in ungeheuren Mengen Methan CH_4 freisetzen, ein Gas, das Kohlenstoffdioxid an Klimawirksamkeit bei Weitem übertrifft.

Übungsaufgaben: Atmosphärische Grundlagen

Aufgabe 1 Erläutern Sie das Meridionalprofil der Globalstrahlung in M 10.

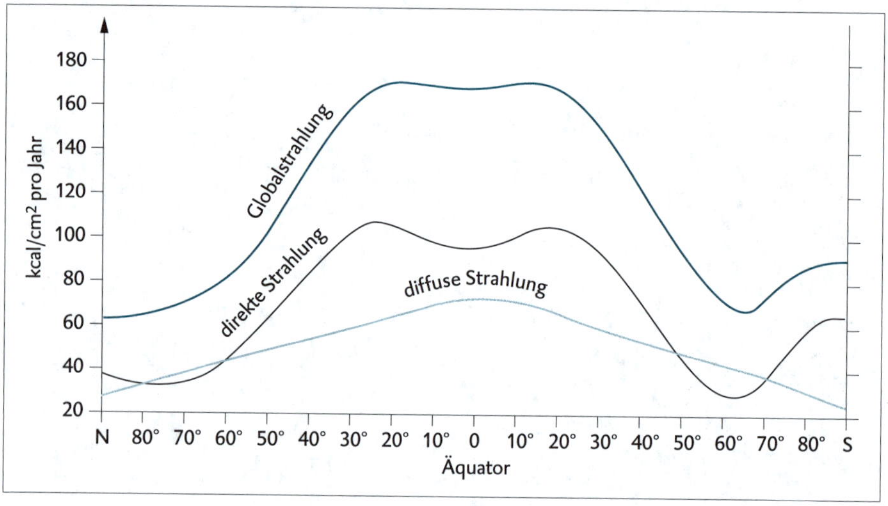

M 10: Meridionalprofil der Globalstrahlung

Aufgabe 2 Beschreiben Sie die Strahlungsbilanzen der in M 11 dargestellten Strahlungsisoplethendiagramme und ordnen Sie die Stationen begründet jeweils einer Klimazone zu.

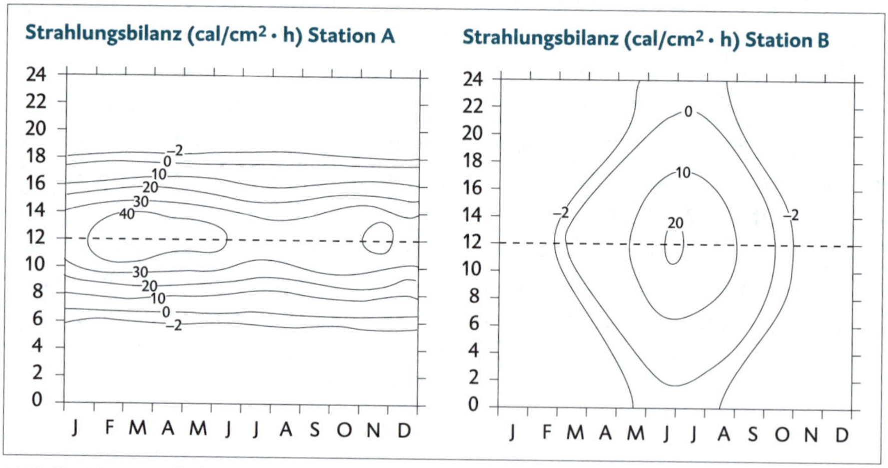

M 11: Strahlungsisoplethendiagramme ausgewählter Stationen

ufgabe 3 Beschreiben und erläutern Sie die Entwicklung der CO_2-Konzentration in der Atmosphäre seit 1750 anhand von M 12.

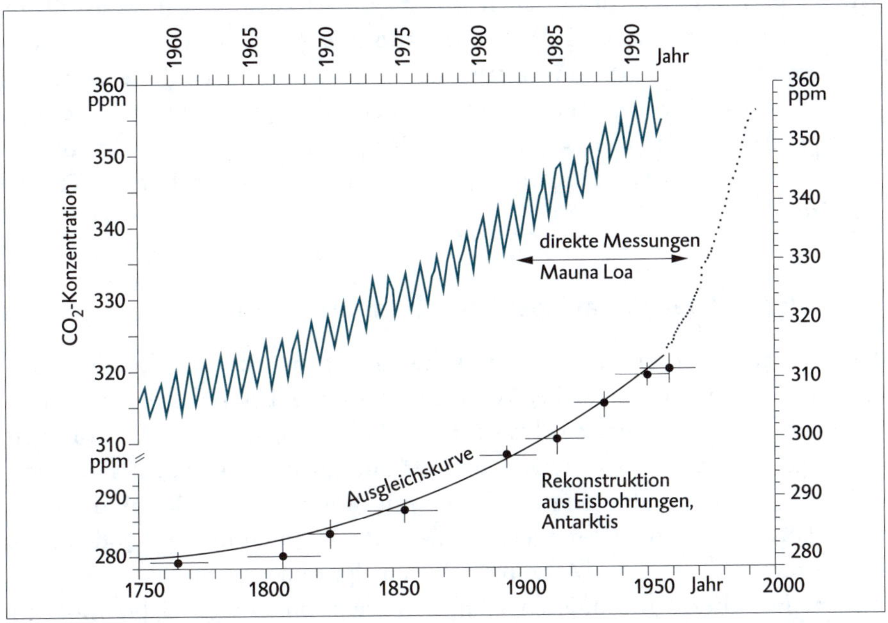

M 12: Atmosphärische Kohlenstoffdioxidkonzentration (seit 1750)

2 Grundlagen der atmosphärischen Zirkulation

Atmosphärische Zirkulation (auch: allgemeine Zirkulation der Atmosphäre, planetarische Zirkulation, globale Zirkulation) ist die Gesamtheit aller großräumigen horizontalen und vertikalen Luftbewegungen auf der Erde. Durch sie werden Masse, Wärme und Drehimpuls der Atmosphäre global so verteilt, dass langfristig räumlich und zeitlich ein Fließgleichgewichtszustand vorliegt.

Die atmosphärische Zirkulation spielt sich fast ausschließlich in der **Troposphäre** ab.

2.1 Der Antrieb der atmosphärischen Zirkulation

Luftbewegungen (Winde) und damit die atmosphärische Zirkulation entstehen als Folge unterschiedlicher Wärmeeinstrahlung. Die positive Strahlungsbilanz der niedrigen Breiten (bis etwa 40° N bzw. S) führt dort zum Erwärmen, Ausdehnen und Aufsteigen der Luft mit einem bodennahen Tiefdruckgebiet, während in den höheren Breiten mit ihrer negativen Strahlungsbilanz die relativ kalte Luft in geringerer Höhe verbleibt, wodurch ein bodennahes Hochdruckgebiet entsteht. Als unmittelbare Folge dieser Luftdruckunterschiede **(„Druckgradient")** resultieren Winde. Diese strömen vom Gebiet höheren zum Gebiet niedrigeren Luftdrucks. In der Höhe finden Ausgleichsströmungen statt. Dadurch sollten die Druckunterschiede ausgeglichen werden.

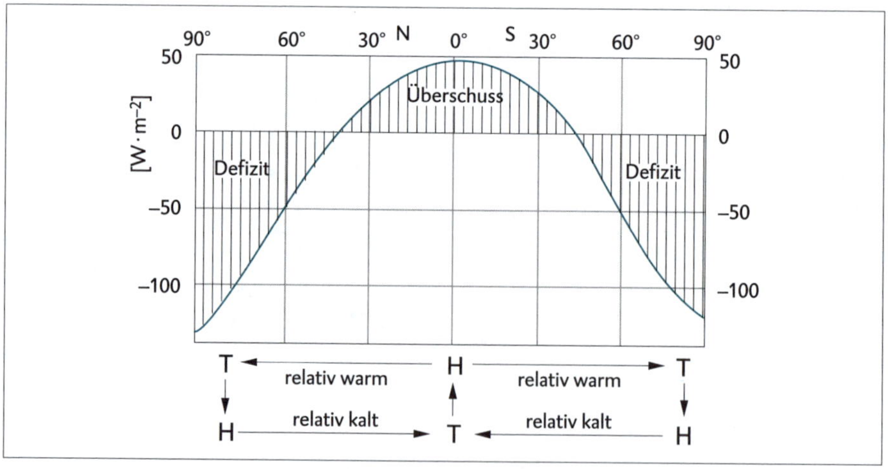

M 13: Mittlere Strahlungsbilanz und potenzielle thermische Ausgleichszellen (Einzellen-Modell)

Wäre der Druckgradient die alleinige treibende Kraft der Zirkulation, so würde auf der Nord- wie auf der Südhalbkugel jeweils eine einfache thermische Zirkulationszelle zwischen Tropen und Polargebieten entstehen, die Druckunterschiede würden sich schnell ausgleichen. Die tatsächlichen Verhältnisse in der Atmosphäre sind jedoch wesentlich komplizierter, da Winde noch von anderen Faktoren beeinflusst werden:

- Die **Coriolis-Beschleunigung**, hervorgerufen durch die Erdrotation, bewirkt eine Ablenkung der Winde, auf der Nordhalbkugel nach rechts, auf der Südhalbkugel nach links.
- Die **Reibungskraft** bewirkt in Abhängigkeit von der Rauigkeit der Erdoberfläche ein Abbremsen der Winde in der unteren Troposphäre, aber auch eine Beeinflussung von aneinander vorbeigleitenden Luftmassen, z. B. durch Verwirbelung.
- Die **Zentrifugalkraft** trägt bei zur Entstehung von Luftwirbeln, die als wandernde Hoch- und Tiefdruckgebiete das Wetter in weiten Teilen der Erde bestimmen.
- Die **Schwerkraft** beeinflusst die Atmosphäre in vielfältiger Weise, zum Beispiel beim Aufeinandertreffen warmer und kalter Luftmassen.

Diese Faktoren bewirken, dass kein direkter meridionaler Energieaustausch zwischen Äquator und Pol in Form einer einfachen thermischen Zirkulationszelle zustande kommt.

2.2 Das Dreizellen-Modell der atmosphärischen Zirkulation

Die Vorgänge in der Atmosphäre sind sehr kompliziert und bisher nur unvollständig erfasst und verstanden. So fehlen für ein Gesamtverständnis noch Erkenntnisse zu verschiedenen Bereichen, etwa zu den Prozessen in den mittleren und höheren Schichten der Troposphäre, zu den Wechselwirkungen der einzelnen Zirkulationskomponenten untereinander sowie zwischen der Atmosphäre und anderen Bereichen der Geosphäre wie den Ozeanen, oder zur kurzzeitigen bzw. langfristigen Variabilität der klimatischen Abläufe. Für die Beschreibung und Erklärung der atmosphärischen Zirkulation greift man daher auf Modelle zurück, die mit fortschreitender Erforschung der Atmosphärendynamik verbessert werden und sich langsam der Wirklichkeit annähern.

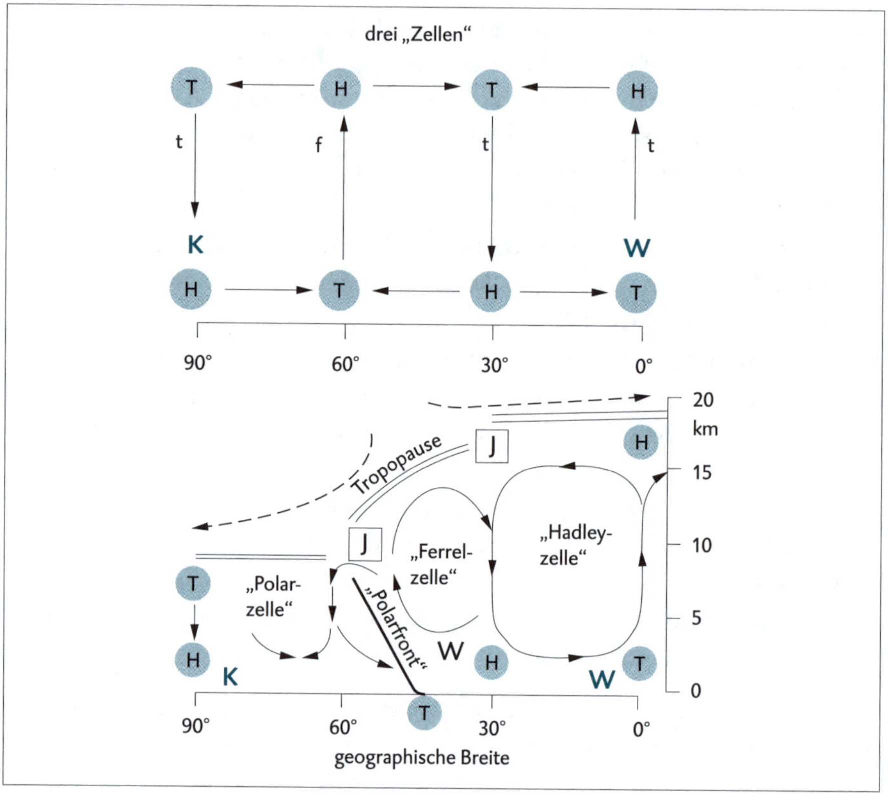

M 14: Dreizellen-Modell der atmosphärischen Zirkulation (H = Hochdruckgebiet, T = Tiefdruckgebiet, K = Kaltluft, W = Warmluft, J = Jetstream/Strahlstrom, f = feucht, t = trocken)

Das **Dreizellen-Modell der atmosphärischen Zirkulation** ist gut geeignet, die Luftströmungen am Boden und in der Höhe zu veranschaulichen. Als Antrieb fungiert die unterschiedliche Einstrahlung in den Tropen (**Hitzetief**, äquatoriale Tiefdruckrinne) und in den Polargebieten **(Kältehoch)**. Unter Einfluss der oben genannten Faktoren entstehen auf jeder Hemisphäre drei „Zirkulationsräder“ oder Zellen. Sie repräsentieren die tropische Zirkulation **(Hadley-Zelle)**, die Polar-Zirkulation **(Polarzelle)** sowie zwischen beiden die Zirkulation im Bereich der Mittelbreiten **(Ferrel-Zelle)**. Das Modell verdeutlicht, dass die Zirkulation im Bereich der Tropen in größere Höhen hinaufreicht als in den mittleren und höheren Breiten. Kaltluft und Warmluft treffen an der **Polarfront** in den mittleren Breiten aufeinander. In etwa 30° und 60° treten **Jetstreams** („Strahlströme“) auf, bandförmige Luftströme mit sehr hohen Windgeschwindigkeiten.

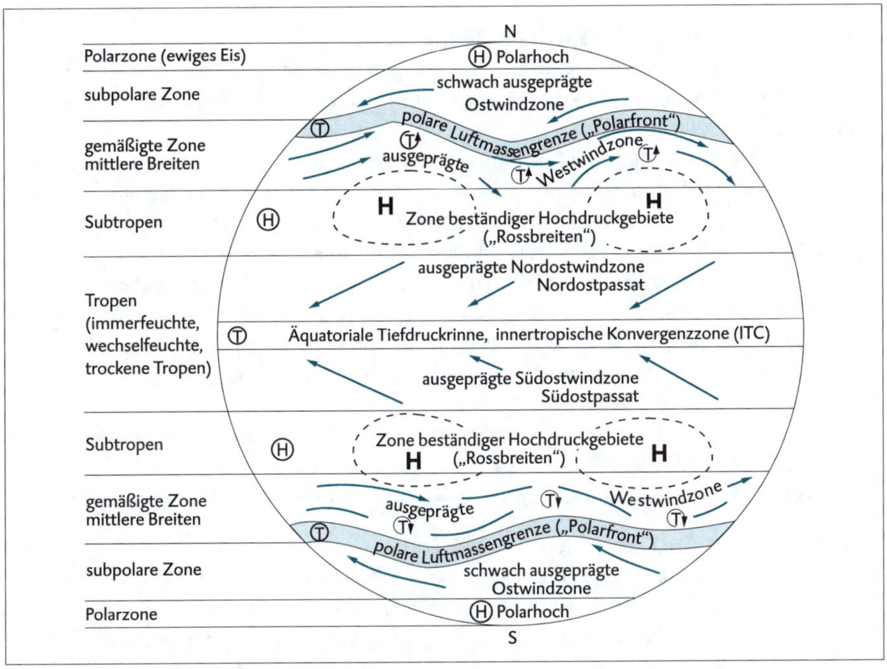

M 15: Luftdruckgebiete und Windgürtel

Aus dem Modell ergibt sich, dass am Boden außer dem tropischen Tief und dem polaren Hoch zwei weitere Druckgürtel vorhanden sind:

- das **Subtropenhoch („Rossbreiten")** zwischen den Tropen und den mittleren Breiten,
- der **subpolare Tiefdruckgürtel** im Bereich der Polarfront gelegen, zwischen den mittleren Breiten und der Polarzone.

Zwischen diesen Luftdruckzonen haben sich auf jeder Erdhalbkugel drei Windsysteme ausgebildet:

- die zur innertropischen Zirkulation gehörenden **Passate**, die in bodennahen Bereichen in der **Innertropischen Konvergenzzone (ITC)** zusammenströmen,
- die in den Polarzonen vorherrschenden **Ostwinde**, die sich bodennah langsam von den Polen entfernen,
- die für die mittleren Breiten kennzeichnenden **Westwinde**, innerhalb derer wandernde Hoch- und Tiefdruckgebiete das Wettergeschehen stark beeinflussen.

Hadley-Zellen mit den Passaten der Tropenzone

Die thermisch bedingte Zirkulation zwischen Tropen und Polarzonen erreicht nur die geographische Breite von etwa 30° N bzw. S. Diese Strömungen heißen Passatzirkulation oder Hadley-Zirkulation.
Die beiden **Hadley-Zellen** werden von der **Innertropischen Konvergenzzone (ITC)** mit aufsteigenden Luftmassen und den subtropischen Hochdruckgürteln mit absinkenden Luftmassen begrenzt. Dazwischen wehen am Boden die Passate, in der Höhe die **Antipassate**. Die Ablenkung durch die Erdrotation und die Reibungskraft an der Erdoberfläche bewirken, dass die Winde am Boden auf der Nordhalbkugel als NO-Passat, auf der Südhalbkugel als SO-Passat auftreten. Die Antipassate in der Höhe wehen in entgegengesetzten Richtungen. Da die Hadley-Zellen sehr stabil sind, wehen die Passate recht zuverlässig, sodass sie früher von Handelsschiffen zur schnellen Überquerung des Ozeans genutzt wurden („Trade Winds").
Mit dem Zenitstand der Sonne verschieben sich die Hadley-Zellen im Rhythmus der Jahreszeiten in Richtung Wendekreise.
Die tropischen Monsune sind als abgelenkte Passate Elemente der Hadley-Zirkulation.

Polarzellen mit den Ostwinden der Polarzonen

Im Bereich der Pole sinken die Luftmassen nach unten, sodass am Boden ein **Kältehoch** entsteht. Die aus dem Hoch ausströmenden Winde werden, durch die Erdrotation bedingt, auf der Nordhalbkugel zu NO-, auf der Südhalbkugel zu SO-Winden. In etwa 60° Breite, im Bereich der subpolaren Tiefdruckfurche, kommt es zum Aufsteigen der bereits etwas erwärmten Luft. Eine Westströmung in der Höhe schließt den Zirkulationskreislauf der Polarzellen.
Die Polarzellen mit ihren Kältehochs und den daraus resultierenden Ostwinden sind sehr stabil.

Ferrel-Zellen mit den Westwinden der mittleren Breiten

Zwischen die Hadley- und Polarzellen mit ihren gleichsinnigen Windsystemen schieben sich die **Ferrel-Zellen** mit gegenläufigen Winden. Hier wird in Bodennähe Luft vom Subtropenhoch zur subpolaren Tiefdruckfurche transportiert; diese wird allerdings unter Einfluss der Erddrehung zum Westwind abgelenkt. Man spricht daher auch von der Westwindzone bzw. Westwinddrift der mittleren Breiten. Der Temperaturgradient ist hier hoch: An der **Polarfront** grenzen kalte polare und feuchtwarme subtropisch-tropische Luftmassen aneinander. Dort entstehen Hoch- und Tiefdruckgebiete, die von den Westwinden bzw. dem in der Höhe befindlichen, wellenförmig verlaufenden **Jetstream** („Strahlstrom") in Richtung Osten mitgenommen werden. Sie sind weitgehend für das häufig wechselnde Wettergeschehen der Zone verantwortlich.
In der Westwindzone sind also großräumige Wellenmuster mit wandernden Hoch- und Tiefdruckgebieten ausgebildet. Geschlossene Ferrel-Zellen als Zirkulationszellen treten lediglich kurzzeitig und in Teilräumen auf und sind instabil. Sie sind vorwiegend als statistisches Mittel über verschiedene Wetterlagen erkennbar.

2.3 Atmosphärische Zirkulation in Satellitenaufnahmen

Die atmosphärische Zirkulation kann man nicht fotografieren. Das Satellitenbild M 16, aufgenommen vom Satelliten Meteosat-7 am 8. Juni 2000 aus 36 000 km Höhe, zeichnet aber im Wolkenbild die gültigen Modellvorstellungen der atmosphärischen Zirkulation nach. Deutlich ist die Bewölkung im Bereich des Äquators über Afrika und dem Atlantik sichtbar. Sie veranschaulicht die aufsteigende Luftbewegung im Bereich der ITC. Das aufgrund des Modells zu vermutende geschlossene Wolkenband ist in weiten Teilen aufgelöst in einzelne konvektive Bereiche, sogenannte Wolkencluster. Die absinkenden Luftmassen des Subtropenhochs werden an der geringen Bewölkung im Bereich der Wendekreise deutlich. Wolkenspiralen zeigen die wandernden Tiefdruckgebiete in der Westwindzone. Polwärts verhindert die zunehmende Verzerrung des vom Äquator aus aufgenommenen Bildes nähere Einblicke.

M 16: Elemente der atmosphärischen Zirkulation am 08. 06. 2000 im Satellitenbild

Die durch Satelliten gewonnenen Erkenntnisse zur allgemeinen Zirkulation gehen weit über Wolkenbilder hinaus. **Satellitengestützte Fernerkundungssysteme** ermöglichen heute eine ständige detaillierte globale und flächenbezogene Erfassung des aktuellen Zustandes der Atmosphäre und eine weitestgehende Überwachung der atmosphärischen Vorgänge. Noch nach dem Zweiten Weltkrieg waren Wissenschaftler im Wesentlichen auf Messdaten von Bodenstationen und die Daten von Radiosonden (Wasserstoffballone mit Messgeräten und Radiosender) angewiesen, wobei Letztere nur sehr lückenhafte Informationen über die höheren Bereiche der Atmosphäre liefern konnten. Der Aufbau eines Satellitensystems mit geostationären Satelliten über dem Äquator zur Erfassung der Erde bis etwa 80° N und S und polarumlaufenden Satelliten zur Erfassung der Polargebiete sowie die Verarbeitung der ständig übertragenen Datenfülle in Großrechnern hat die Kenntnisse über die Atmosphäre sehr stark erweitert und zum Verständnis der atmosphärischen Vorgänge ungeheuer beigetragen.

Satelliten messen zum Beispiel Wolkenverteilung, Windstärke und Windrichtung, zeichnen Geschwindigkeit und Zugbahnen von Tiefdruckgebieten auf, registrieren Schnee- und Eisbedeckung, erstellen Temperatur- und Wasserdampfprofile, bestimmen Feuchtigkeit, Hydrometeore und Aerosole der Atmosphäre, überwachen die Konzentrationen von Ozon und anderen Spurengasen. Die übermittelten Daten ermöglichen eine Analyse der aktuellen Wetterlage nicht nur in dicht bewohnten, leicht zugänglichen Gebieten, sondern überall auf der Erde in gleicher Weise. Der kontinuierliche Datenempfang ermöglicht auch die **qualitative und quantitative Erfassung von Entwicklungstendenzen** in der Atmosphäre.

Die durch Satellitenaufnahme stark verbesserte Datenlage hat zu fast allen Bereichen der atmosphärischen Zirkulation beträchtliche Fortschritte gebracht. So konnten die Wettervorhersagemodelle erheblich verbessert werden, was die Genauigkeit der Vorhersagen deutlich gesteigert hat. Von großer praktischer Bedeutung ist auch die inzwischen recht präzise Vorhersage von möglichen atmosphärischen Katastrophenfällen wie Stürmen, Starkregen oder Kälteeinbrüchen. Die **Modellvorstellungen** zur atmosphärischen Zirkulation konnten durch die Wettersatelliten erheblich weiterentwickelt werden, sodass die großräumigen atmosphärischen Vorgänge heute besser verstanden werden. Forscher entwickeln **Computermodelle zur Simulation** der langfristigen Klimaentwicklung. Obwohl sie immer mehr Klimadaten berücksichtigen können, sind ihre Prognosen noch relativ unsicher.

2.4 Dynamik des großräumigen Wettergeschehens in Mitteleuropa im Überblick

Das Wettergeschehen Mitteleuropas wird weitgehend bestimmt durch die im Bereich der Ferrel-Zellen vorherrschende **Westwinddrift**. Sie entsteht aufgrund des Luftdruckgefälles zwischen dem subtropischen Hochdruckgürtel und der subpolaren Tiefdruckrinne. Entlang der wellenförmig verlaufenden Frontalzone spalten sich immer wieder **Tiefdruckgebiete (Zyklonen)** und **Hochdruckgebiete (Antizyklonen)** ab, bevorzugt z. B. um Island **(„Islandtief")** bzw. um die Azoren **(„Azorenhoch")**. Diese Druckgebilde wandern mit der Westwinddrift nach Osten und bestimmen dann das Wettergeschehen auch in Mitteleuropa. Ihre mittlere Lebensdauer liegt bei fünf Tagen.

Im Zentrum einer Zyklone ist der Luftdruck im Vergleich zur Umgebung am niedrigsten. Aufgrund des Druckgefälles werden Luftmassen von allen Seiten eingesogen, vor allem polare Kaltluft aus Norden und tropisch-subtropische Warmluft aus Süden. Die Erddrehung bewirkt, dass die einströmenden Luftmassen nicht auf direktem Weg ins Zentrum des Tiefs gelangen und so das Druckgefälle ausgleichen, sondern das Tief parallel zu den Isobaren gegen den Uhrzeigersinn umfließen. Dabei stoßen Warm- und Kaltluft an den Fronten aneinander: An der **Warmfront** stößt die warme gegen die kalte Luft vor, an der **Kaltfront** ist es umgekehrt. An den Fronten entstehen Wolken- und Niederschlagszonen, weil die Warmluft wegen ihrer geringeren Dichte zum Aufsteigen gezwungen wird und sich abkühlt, Wasserdampf kondensiert und die entstandenen Wassertropfen schließlich als Niederschlag zu Boden fallen.

Zyklonen unterliegen einem typischen Lebenszyklus. Zu Beginn sind Warm- und Kaltfront noch deutlich voneinander getrennt (wie in M 17). Mit der Zeit holt die schnellere Kaltfront die Warmfront vom Tiefdruckkern her ein: Vorder- und Rückseitenkaltluft stoßen aufeinander, die ursprünglich dazwischenliegende Warmluft wird in die Höhe gehoben: Eine **Okklusion** mit dem entsprechenden Niederschlagsfeld ist entstanden. Am Ende ist die gesamte Warmfront abgehoben, die Zyklone löst sich auf. Dies geschieht bevorzugt im Bereich baltische Staaten/NW-Russland. Daher bezeichnet man diesen Raum auch als „Zyklonenfriedhof".

Tiefdruckgebiete tragen erheblich zum meridionalen Energietransport bei, denn durch sie wird subtropisch-tropische Warmluft polwärts, arktische bzw. polare Kaltluft äquatorwärts transportiert. Ihr Wandern ist entscheidend für die Dynamik und Variabilität des Wettergeschehens in Mitteleuropa.

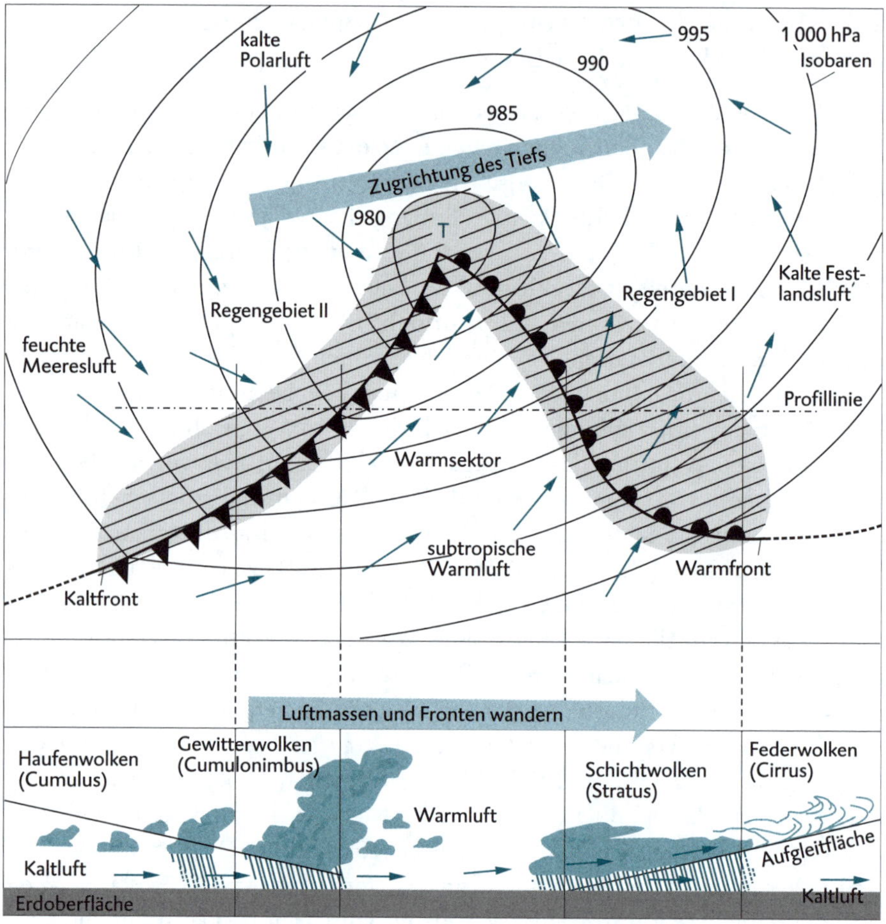

M 17: Modell einer Zyklone in der Westwinddrift der nördlichen Hemisphäre

Die Zyklonentätigkeit ist im Winter, wenn die Temperaturgegensätze zwischen den Tropen und der Arktis am stärksten ausgeprägt sind, besonders intensiv. Zyklonen treten in der Regel nicht einzeln auf, sondern als Abfolge von Tiefdruckwirbeln („Zyklonenfamilien“).

Die mit der Westwinddrift wandernden Antizyklonen unterbrechen das unstete Wettergeschehen der Zyklonen. In den Hochdruckzellen sinkt die Luft ab und wird aufgrund der Erddrehung auf der Nordhalbkugel im Uhrzeigersinn abgelenkt. Eventuell vorhandene Wolken lösen sich auf, die Sonnenstrahlen dringen fast ungehindert bis zum Boden vor. Bei längerem Verweilen an einem Ort spricht man von **„Strahlungswetterlage“**.

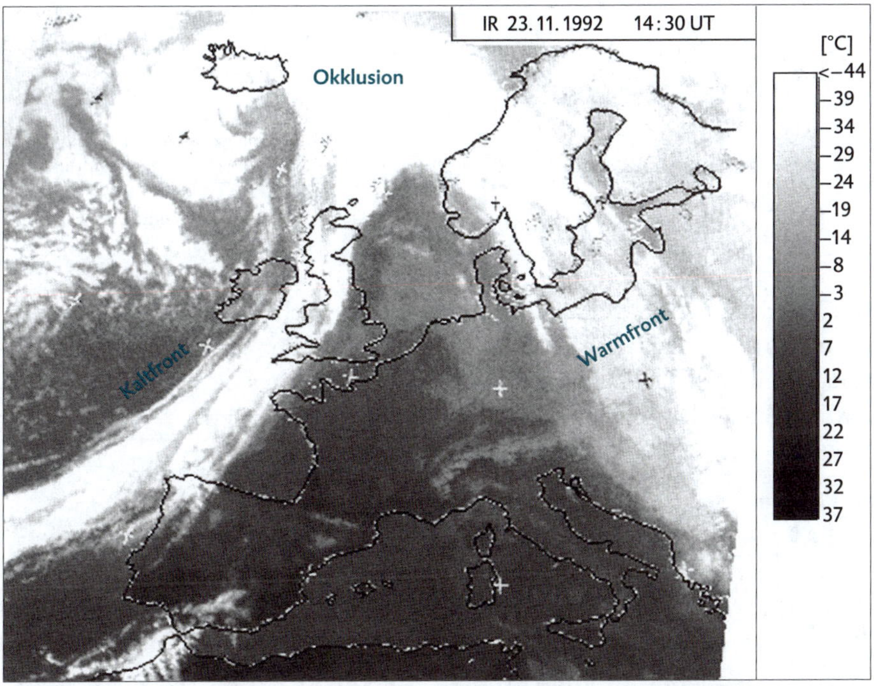

M 18: Zyklone im Meteosat-Thermalbild (Oberflächentemperaturen) vom 23.11.1992

Satellitenaufnahmen bieten eine einzigartige Möglichkeit, die spezifischen Zonen von wandernden Zyklonen mit ihren typischen Wettererscheinungen zu erfassen. Das Thermalbild ermöglicht z. B. Aussagen zu Lage und Erstreckung des Tiefdruckgebiets, Verbreitung und Höhe der Wolken, Wolkentypen, Entwicklung der Fronten und der Okklusion, Temperaturen.

Durch eine Folge von Satellitenbildern können auch die Bewegungen der Zyklone und ihre Geschwindigkeit analysiert werden. Dadurch wird es möglich, die weitere Entwicklung recht genau vorherzusagen.

Übungsaufgaben: Grundlagen der atmosphärischen Zirkulation

Aufgabe 4

a Erläutern Sie anhand von M 19 die Entstehung eines thermischen Hoch- und Tiefdruckgebiets.

b Erörtern Sie, ob Landwind (nachts) und Seewind (tagsüber) an den Meeresküsten thermisch bedingt sind.

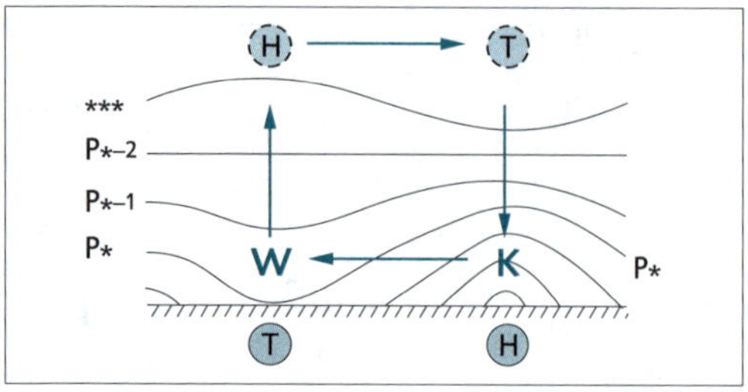

M 19: Schematischer Vertikalschnitt eines thermischen Hoch- (H) und Tiefdruckgebiets (T)
(W = Warmluft, K = Kaltluft, p = Flächen gleichen Luftdrucks)

Aufgabe 5 Die Luftdruckkarten von M 20 zeigen drei typische Großwetterlagen: eine zentrale Hochdrucklage (Beispiel „Altweibersommer“), eine Westlage (Beispiel „Weihnachtstauwetter“) sowie eine Nordlage (Beispiel „Eisheilige“). Ordnen Sie die Großwetterlagen den Karten begründend zu.

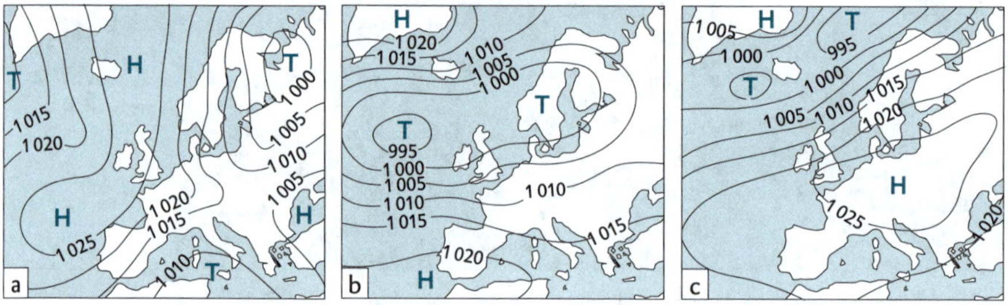

M 20: Typische Großwetterlagen in Mitteleuropa

Aufgabe 6 Beschreiben Sie für die Stationen A–D in M 21 die atmosphärischen Vorgänge und leiten Sie daraus das aktuelle Wettergeschehen ab. Gehen Sie dabei auf Luftdruck, Winde, Temperaturen, Bewölkung und Niederschläge ein.

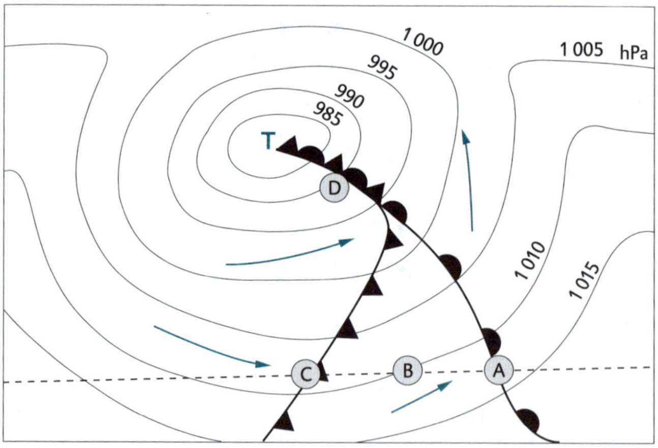

M 21: Wanderndes Tiefdruckgebiet in der Westwindzone

3 Marine Grundlagen

3.1 Geozone Meer

Das Meer ist das größte Teilökosystem der Erde. Meerwasser mit seinen spezifischen physikalischen und chemischen Eigenschaften, der Meeresboden sowie alles Leben im Wasser sind eng miteinander verzahnt.

Das Meer spielt eine Schlüsselrolle für das Klima. Es liefert durch seine immense Wasser- und Verdunstungsfläche dem Festland die Niederschläge. Zudem sorgt es durch seine hohe Wärmespeicherkapazität und durch Meeresströmungen für einen Temperaturausgleich zwischen Land und Meer sowie zwischen niedrigen und hohen Breiten. Und als Kohlenstoffsenke vermindert es durch physikalische und biologische „Kohlendioxidpumpen“ den anthropogenen Treibhauseffekt.

3.2 Gliederung und Gestalt der Meeresräume

Ozeane, wie der Atlantische, der Indische und der Pazifische Ozean, sind die durch Kontinente voneinander getrennten Teile des Weltmeers. Breite Einbuchtungen der Ozeane über einem Kontinentalrand, z. B. die Nordsee, werden dagegen als **Randmeere** bezeichnet. **Nebenmeere** (z. B. die Ostsee) hingegen sind weitgehend von Festlandgebieten umschlossen und nur durch enge Meeresstraßen mit dem Ozean verbunden. Meere zwischen Kontinenten nennt man **Mittelmeere**, z. B. das europäische Mittelmeer.

Im Mittel liegt der Salzgehalt des Meerwassers bei 3,45 %; in Rand- oder Nebenmeeren kann er höher oder niedriger sein. Der unterschiedliche Salzgehalt ist eine wesentliche Antriebskraft für Meeresströmungen (s. S. 27 f.)

Der Ozean bedeckt mit 362 Mio. km^2 Fläche 70,8 % der Erdoberfläche. Auf der Nordhalbkugel mit seinen ausgedehnten Landmassen beträgt die Ozeanfläche jedoch nur ca. 61 %, auf der Südhalbkugel sind es hingegen ca. 81 %. Das Volumen des Ozeans ist mit 1,35 Mrd. km^3 gigantisch. Würde man die gesamte feste Erdoberfläche auf ein einheitliches Niveau einebnen, wäre unser Planet von einer 2,5 km mächtigen Wasserschicht bedeckt.

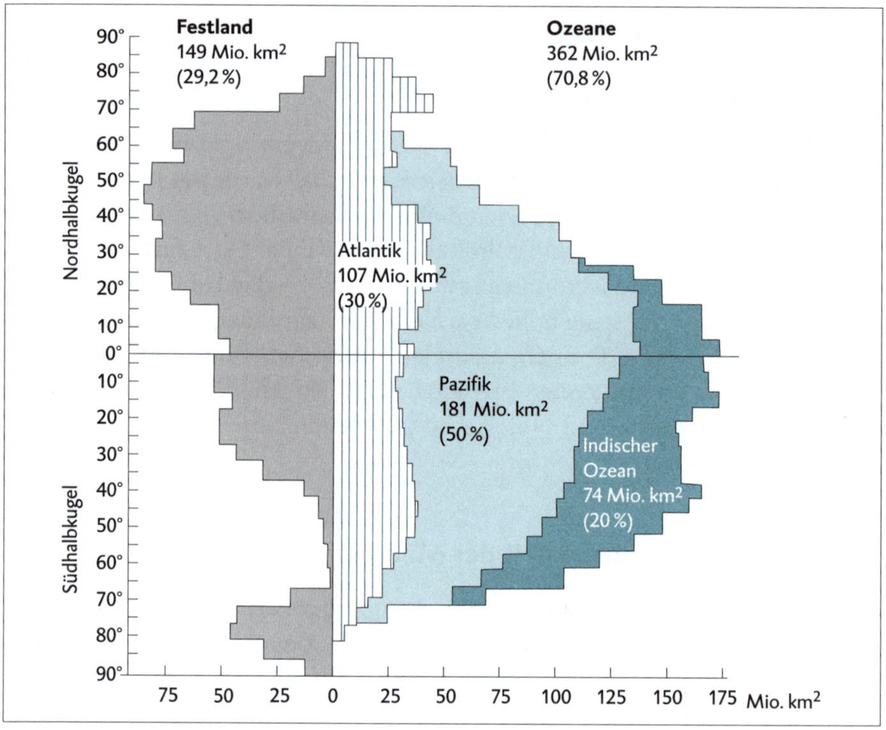

M 22: Verteilung und Größe der Festland- und Ozeanflächen in Bezug zur Breitenlage im Vergleich

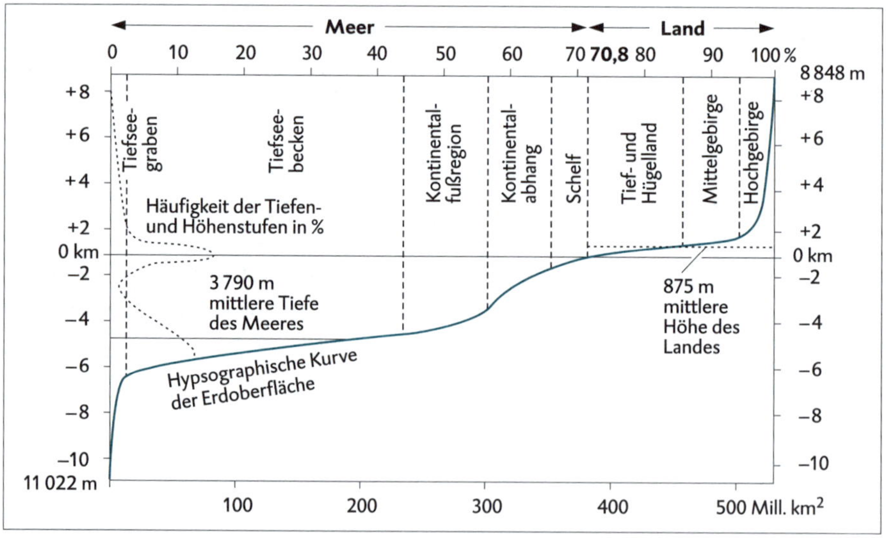

M 23: Hypsographische Kurve der Erdoberfläche

Hinsichtlich der marinen Oberflächenformen lassen sich **unterschiedliche Reliefeinheiten** ausgliedern:

- Seewärts an das Festland schließt sich bis zu einer Wassertiefe von ungefähr 200 m der **Kontinentalschelf** an. Die flachen Schelfmeere beherbergen die größten Inselflächen unserer Erde, in ihren Sedimenten lagern bedeutende Erdöl- und Erdgasvorkommen. Sie sind mit ihrem Planktonreichtum die größten Fischfanggebiete der Erde.
- Am Rand der flachen Schelfregion taucht der die Flanken der Kontinente bildende **Kontinentalabhang** über mehrere km steil ab. Er wird von Erosionsrinnen sowie von tiefen submarinen Canyons zerschnitten, die teilweise die Fortsetzung großer terrestrischer Flusstäler sind, wie z. B. von Ganges oder Kongo.
- In rund 2 000 – 3 000 m Tiefe geht der Kontinentalabhang in die mit dicken Sedimentschichten aus Ton, Schlick und Sand bedeckte **Kontinentalfußregion** über.
- Mit einem Anteil von über 42 % der Erdoberfläche bilden **Tiefseebecken und -ebenen** die größte Reliefeinheit des Meeresbodens. Aus diesen Tiefsee-Ebenen ragen über 30 000 oftmals in Reihen angeordnete vulkanische Kuppen, sogenannte Guyots oder Sea Mounts, heraus. Sie sind meistens durch magmatische Intrusionen über heißen Konvektionssäulen im Mantelbereich entstanden. Sie zählen mit bis zu 8 000 m Höhe zu den höchsten Einzelbergen unserer Erde. Häufig bilden sie den Sockel von mit Korallen bewachsenen Atollen.
- Mit 7 000 bis über 11 000 Metern werden die größten Meerestiefen in den zwischen 50 und 100 km breiten **Tiefseegräben** erreicht. Sie verdanken ihre Entstehung dem permanenten Abtauchen ozeanischer Kruste. Diese Subduktionszonen werden durch die starke Beanspruchung der Kruste von Vulkanreihen begleitet und sind Ursprungsherde von Erdbeben.
- Ebenso durchziehen 70 000 km lange, 700 bis 3 000 km breite und bis zu 3 km hohe **mittelozeanische Rücken** die Ozeane. In diesen untermeerischen Spreizungszonen wird seit 200 Mio. Jahren durch Magmenintrusionen die gesamte ozeanische Kruste neu gebildet. Dabei werden die ozeanischen Platten mit unterschiedlicher Geschwindigkeit auseinandergeschoben.

3.3 Chemische und physikalische Eigenschaften von Meerwasser

Vom Gesamtwasservorrat der Erde sind nur 2,7 % Süßwasser, 97,3 % sind hingegen **Salzwasser**. Über das Flusswasser gelangen ständig durch die Verwitterung gelöste Salze vom Festland ins Meer. So beträgt der mittlere Salzgehalt des Meerwassers 3,45 %, d. h. beim Eindampfen von einem Liter Meerwasser bleiben 34,5 g Salz zurück. Die Unterschiede im Salzgehalt des Oberflächenwassers der Weltmeere sind abhängig von der Verdunstung bzw. der Zufuhr von Süßwasser durch Niederschläge oder Flüsse. Dadurch lässt sich der hohe Salzgehalt in warmen niederschlagsarmen Regionen der Erde erklären, während die geringsten Salzgehalte im Mündungsbereich großer Ströme liegen.

Sonneneinstrahlung erwärmt die Meere nur an deren Oberfläche. Nur 16 % der Strahlungsenergie dringen bis in 10 m Tiefe vor. So liegen entsprechend der globalen Einstrahlung die Wassertemperaturen an der Oberfläche tropischer Meere bei etwa 27 °C, in den mittleren Breiten jedoch bei nur ca. 12 °C. Die **warme Oberflächenschicht** wird durch einen deutlichen Temperaturabfall, der sogenannten **thermischen Sprungschicht** von 5 °C, vom kalten Tiefenwasser getrennt. Sie bildet eine Barriere für den vertikalen Austausch zwischen dem warmen, spezifisch leichten Oberflächenwasser und der schweren, kalten **Tiefenwasserschicht**. In 1 000 m Tiefe herrschen vollständige Dunkelheit und durchschnittliche Meerestemperaturen von 3,5 °C.

3.4 Meeresströmungen

Wind-Antrieb der Oberflächenströmung

Die Strömungssysteme an der Meeresoberfläche werden durch die globalen Windsysteme angetrieben. Starke und beständig über die Wasseroberfläche wehende Winde versetzen die Wassermassen der Meere in horizontale Bewegung. Jedoch werden diese Ströme wiederum von kompliziert wirkenden Reibungskräften und der breitenkreisabhängigen Corioliskraft zur Windrichtung abgelenkt. Generell erfolgt dies genau wie die Luftmassen in der Atmosphäre auf der Nordhalbkugel im Uhrzeigersinn, auf der Südhalbkugel in die entgegengesetzte Richtung. Die tieferen Wasserschichten werden durch die Reibung von Schicht zu Schicht mitbewegt. Jedoch reicht die Schubkraft des Windes im Durchschnitt nur bis in 100 m Wassertiefe – bei Orkanen maximal bis etwa 200 m. Solche **vom Wind induzierte, horizontale Meeresströmungen**, die sogenannten Driftströme, sind folglich ein Oberflächenphänomen und verteilen das Wasser nur innerhalb der sogenannten Deckschicht. Der Energietransport erfolgt hier aber im Vergleich zu Tiefenströmungen mit relativ hoher Geschwindigkeit (z. B. beim Golfstrom bis zu 250 cm/s), jedoch auf nur relativ engem Fließquerschnitt.

Man kann folgende globale **Oberflächenströmungen** unterscheiden:

- In den höheren Breiten transportieren durch die Westwinddrift ostwärts gerichtete Strömungen aus den westlichen Randbereichen der Ozeanbecken warmes Wasser aus niedrigen Breiten polwärts **(Western Boundary Currents)** wie z. B. der Golfstrom und der Kuro-Schio-Strom.
- Im Bereich der Passatzone entwickeln sich westlich gerichtete **äquatoriale Strömungen**, wie z. B. der Nord- oder der Südäquatorialstrom.
- An den tropischen Westküsten der Kontinente strömt hingegen kaltes Wasser in Richtung Äquator **(Eastern Boundary Currents)** wie z. B. der Humboldt-, der Benguela- oder der Kanarenstrom. Da hier die Passate ablandig wehen, werden die oberflächennahen Wassermassen seewärts weggetrieben und im Zuge der Massenausgleichsströmung durch aufsteigendes, kälteres, nährstoffreiches Tiefenwasser ersetzt (Upwelling). Wegen der höheren Lufttemperatur kommt es in diesen Bereichen über dem Wasser zur Bildung von Küstennebel oder Niederschlägen.
- An Landmassen hingegen, die sich den Strömungen entgegenstellen, entsteht ein Stau der Wassermassen. Hier kommt es zu Druckunterschieden und einer Neigung der Meeresoberfläche. Eine Folge dieser Druckverhältnisse sind **äquatoriale Gegenströme**.

Dichte und Salzgehalt – Motor der Vertikal- und Tiefenströmung

Neben dem Wind wirken vor allem Dichteunterschiede des Wassers als Antrieb von Meeresströmungen. Während warmes, leichteres Wasser sich oberflächlich ausbreitet, sinkt kaltes, salzreiches und damit dichteres Wasser ab. Solch dichtes Wasser bildet sich vor allem im Nordatlantik, in der Grönlandsee und um die Antarktis, wo das Meerwasser sehr stark abkühlt. Doch reicht die Abkühlung des Oberflächenwassers in höheren Breiten für ein **Absinken** bis auf den Meeresgrund **(Downwelling)** allein nicht aus. Kommt nun durch Eisbildung ein Ausfrieren von Meerwasser hinzu, wird dem Meer an der Oberfläche Süßwasser entzogen, weil das Salz des Meeres nicht in das Kristallgitter des Eises eingebaut wird. Das Salz wird an das übrige kalte Meerwasser abgegeben, wodurch sich dessen Salzgehalt erhöht. Dieses dichte Wasser kann bis auf den Meeresboden absinken. Diese durch Temperatur- und Salzgehaltsunterschiede hervorgerufene sogenannte **thermohaline Konvektion** lässt Wasser von der Meeresoberfläche zum Ozeanboden absinken und als **kalte Tiefen-**

strömung in die Ozeane eindringen. Diese Tiefenströmung erfasst sehr große Wassermassen, bewegt sich jedoch meist sehr langsam (0,5–20 cm/s), sodass zwischen dem Absinken arktischer Wassermassen und dem Wiederauftauchen in entfernten Gebieten bis zu 1 000 Jahre vergehen können. Gleichzeitig bewirkt der Sog des absinkenden Wassers, dass an der Oberfläche Wasser nachströmt, was dort Meeresströmungen verursacht.

Modell der globalen ozeanischen Zirkulation

Im großen marinen Förderband treiben Passatwinde und Erdrotation sehr warmes, stark salziges Oberflächenwasser von Afrika westwärts zur Karibik, wo es sich vor der Ostküste der USA zum **Golfstrom** bündelt.

Der Golfstrom transportiert vom Westwindsystem getrieben Wasser und Wärme, die der Leistung von 1 Mio. Kernkraftwerken entspricht, nach Norden. Mit diesen enormen Wärmemengen sorgt der Golfstrom für mildes Klima in Europa, während auf gleicher Breitenlage in Kanada vergleichsweise niedrige Temperaturen herrschen. Unter arktischen Winden kühlt das Wasser bis auf unter 0 °C ab, wird durch die Eisbildung salzreicher, gewinnt dadurch an Dichte und sinkt zwischen Grönland und Spitzbergen schließlich in die Tiefe. Als „North Atlantic Deep Water“ fließt es jetzt in der Tiefe des Atlantikbeckens sehr langsam nach Süden und erreicht schließlich den Rand des Südpolarmeeres. Dort liegt das zweite Antriebszentrum der ozeanischen Zirkula-

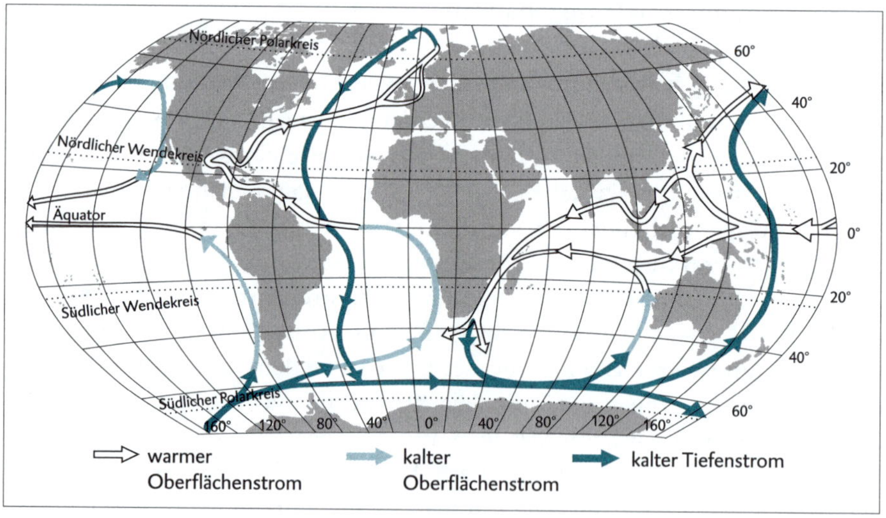

M 24: Modell der globalen ozeanischen Zirkulation

tion – der **„antarktische Zirkumpolarstrom“**. In ihm vermischen sich die Tiefenwasser aus dem Atlantik mit dem „Antarctic Bottom Water“. Durch keine Landmassen gebremst, treibt dieser „antarktische Zirkumpolarstrom“ im Uhrzeigersinn rund um den antarktischen Kontinent und versorgt die umliegenden Ozeane mit sehr kaltem, sauerstoffreichem Wasser. Dort, wo im Pazifik und im Indischen Ozean die Passate das warme Oberflächenwasser verlagern, steigt das Tiefenwasser **(Upwelling)** auf, wird als Oberflächenströmung besonders in den tropischen Breiten erwärmt und kehrt zum Teil als oberflächliche Ausgleichsströmung mit dem Wärmeüberschuss des Indischen Ozeans zurück in den Atlantischen Ozean. Somit schließt sich die globale ozeanische Zirkulation, die alle Ozeane miteinander verbindet und großen Einfluss auf Klima und Wetter der gesamten Erde nimmt.

3.5 Bedeutung der Meere für das Globalklima

Das Meer beeinflusst über die Atmosphäre den **Wasser- und Wärmehaushalt des Festlands**. Für das Klimasystem der Erde spielt der Ozean eine doppelte Rolle. Einerseits werden durch langfristige Änderungen der Wärmeverteilung des Ozeans Klimaschwankungen hervorgerufen. Andererseits bewirkt die thermische Trägheit der großen Wassermassen eine Verlangsamung im klimatischen Wandel.

Das Meer als Wärme- und Wasserspeicher

Über die Sonneneinstrahlung gelangt Wärmeenergie in die oberen Meeresschichten. Da durch die Dipoleigenschaften des Wassers für dessen Erwärmung hohe Energiemengen zugeführt werden müssen, erwärmt sich das Meer im Gegensatz zu Luft oder Land sehr langsam. Beim Abkühlen gibt es diese Energie ebenso langsam wieder frei. Seine Wärmespeicherkapazität ist jedoch 3 000-mal höher als die der Luft. Folglich wirkt das Meer je nach Jahreszeit auf die Festlandsgebiete kühlend oder wärmend. Man umschreibt dieses Phänomen als **ozeanisches Klima**.

Alljährlich verdunsten etwa 400 000 km^2 Wasser von der Oberfläche der Ozeane. Die Ozeane sind damit die Hauptumsatzregion des Wasserdampfs. Jedoch regnen sich ungefähr 90 % davon schon direkt über dem Meer ab, sodass nur 10 % über die Atmosphäre die Landmassen der Erde erreichen. Kommt es bei Abkühlung über Land zur Kondensation des über dem Meer entstandenen Wasserdampfs, bekommt einerseits die Erdoberfläche Süßwasser in Form von **Niederschlag** zugeführt, andererseits wird latente Wärme freigesetzt und erwärmt die umgebende Luft.

Langfristig werden ca. 40 000 km^2 Wasser pro Jahr unterirdisch oder über die Fließgewässer oberirdisch vom Land dem Meer zurückgegeben. Damit ist der Wasserkreislauf im Gleichgewicht. Die Süßwasserreserven der Erde wären ohne den Ozean, der über den **globalen Wasserkreislauf** ihre laufende Erneuerung garantiert, sehr schnell erschöpft.

Das Meer als Kohlendioxidspeicher

Auch für den globalen **Klimawandel** infolge des anthropogenen Treibhauseffekts spielen die Weltmeere eine äußerst wichtige Rolle. Denn sie speichern einen Teil des Gases Kohlenstoffdioxid (CO_2), das durch Verbrennung fossiler Brennstoffe in die Atmosphäre gelangt. Von den Gesamtemissionen seit Beginn der Industrialisierung befinden sich heute noch etwa 43 % in der Atmosphäre, die pro Jahr rund 3 Gigatonnen Kohlenstoff (Gt C) speichert. Nur 2 Gt C binden die Ozeane und verzögern somit zwar langsam, aber nachhaltig den zunehmenden Treibhauseffekt. Doch mit einer potenziellen Kapazität von rund 40 000 Gt C ist das Meer die größte der sogenannten Kohlenstoffsenken.

CO_2 gelangt, im Wasser der Flüsse und Niederschläge gelöst, ins Meer. Das Gas wird aber auch über die riesige Oberfläche der Ozeane direkt aus der Atmosphäre aufgenommen. In Wasser gelöstes CO_2 reagiert dort mit Wassermolekülen unter Bildung von Hydrogencarbonat- und Carbonat-Ionen. Diese können zusammen mit den im Meer vorhandenen Ca^{++}-Ionen als Kalk ausgefällt werden. Zahlreiche Organismen nutzen diesen Kalk zum Aufbau ihrer Skelette. Nach dem Absterben der Meeresfauna sinken diese Skelette auf den Meeresgrund und bauen dort mächtige Kalkschichten auf.

So wirken die Meere als gigantische Senke für CO_2, denn allein die oberen 50 m Meerwasser enthalten 1 020 Gt C, ein Drittel mehr als die gesamte Atmosphäre. Jedoch ist heute die warme und salzhaltige Oberfläche der Meere schon so stark gesättigt, dass sie kaum noch CO_2 aufnimmt. Kaltes Wasser kann hingegen viel CO_2 aufnehmen, da sich das Gas – wie in einer Mineralwasserflasche – bei niedrigen Temperaturen besonders gut löst. Theoretisch könnte der Ozean fast alles vom Menschen produzierte CO_2 aufnehmen. Doch drei Viertel der mit Kaltwasser angefüllten Meere tragen eine Haut aus CO_2-gesättigtem Warmwasser. Nur im Sog der beiden „thermohalinen Pumpen" im Nordatlantik und in der Antarktis kann CO_2 in die Tiefe sinken. Mit der Tiefenströmung wird es dann im Schneckentempo durch die Ozeane geschleust. Und hier sorgt der Druck von ein paar Tausend Metern Wassersäule

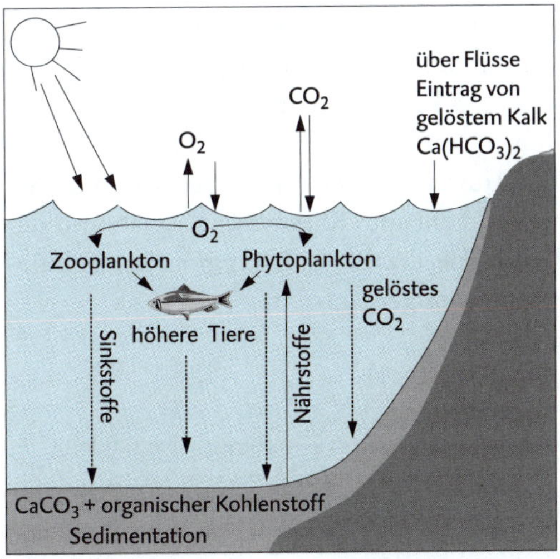

M 25: Einflüsse des Meeres im globalen Kohlenstoffkreislauf

dafür, dass das Gas erst einmal sicher gelöst bleibt. Nur ein Viertel des CO_2-Transports von der Atmosphäre in den Ozean erledigt diese sogenannte **physikalische Kohlenstoffpumpe,** denn der mengenmäßig eingeschränkte Abwärtstransport der „thermohalinen Pumpen" begrenzt deren Kapazität.

Zwei Drittel des im Wasser gelösten CO_2 schluckt das Phytoplankton als **biologische Kohlenstoffpumpe**. Diese winzigen, einzelligen Algen konsumieren während ihres Wachstums mithilfe der Photosynthese große Mengen CO_2. Sinken die Algen in die Tiefe, werden sie unterwegs von Kleinstlebewesen und Bakterien weiterverarbeitet oder am Meeresboden sedimentiert. Die Muscheln oder Schnecken wiederum bilden nach dem Absterben mächtige Kalkschichten auf dem Meeresboden und entziehen so dem Kohlenstoffkreislauf riesige Mengen CO_2 für immer.

Golfstrom und Klimawandel

Erhöht sich, wie von Klimaforschern befürchtet, durch den anthropogenen Treibhauseffekt die Temperatur und/oder verringert sich der Salzgehalt des Wassers im Nordatlantik, dann könnte sich der Sog der thermohalinen Konvektion zwischen Grönland und Spitzbergen verringern und der Golfstrom erlahmen. Dies droht bereits zu geschehen, falls der Salzgehalt von den heutigen 3,5 % auf 3,3 % absinken würde. Bewirken könnte eine solche Reduktion des Salzgehalts bereits ein höherer Zufluss von Süßwasser – etwa aus schmelzenden Grönlandgletschern oder etwa aufgrund vermehrter Niederschläge in Nordeuropa. Dieses Szenario erscheint nun plötzlich gar nicht mehr abwegig, denn die gigantische Wasserpumpe hat nach zwischen 1957 und 2004 erhobenen Messwerten ein Drittel ihrer Kraft verloren und transportiert 30 % weniger Wasser in die Tiefe. Infolge der Abschwächung des Golfstroms würden die durchschnittlichen Temperaturen in Europa niedriger werden. Als sicher gilt unter Klimatologen, dass der Golfstrom in der Vergangenheit schon mehrfach erlahmt ist. Nur so sind enorme und abrupte Klimawechsel während der letzten Eiszeiten zu erklären. Eisbohrkerne erzählen von regionalen Temperatursprüngen von bis zu 7 °C innerhalb weniger Jahre.

Das El-Niño-Phänomen

El Niño (span. „Christkind") nennt man die in Abständen von 4–9 Jahren auftretenden veränderten Strömungsverhältnisse im ozeanographisch-meteorologischen System des äquatorialen Pazifiks. Der Name stammt von peruanischen Fischern und ist vom Zeitpunkt des Auftretens der Anomalie abgeleitet, nämlich der Weihnachtszeit.

In „normalen" Jahren liegt die Wassertemperatur im Pazifik um die Weihnachtszeit vor **Indonesien** bei 28 °C, vor der Küste Perus normalerweise nur bei 20 °C. Ursache für die unterschiedlichen Wassertemperaturen ist, dass in diesem Bereich die tropische **Passatzirkulation** durch die überwiegend breitenkreisparallele sogenannte **Walkerzirkulation** überlagert und verstärkt wird.

Dieser verstärkte Passat treibt als ablandiger Wind das warme Oberflächenwasser von der Westküste Südamerikas westwärts nach Nordwestaustralien und Südostasien. Dadurch kommt es zu einem **Auftriebsphänomen** (Upwelling) von kaltem Tiefenwasser, das den Humboldtstrom bildet. Im kühlen und sauerstoffreichen Wasser dieser Meeresströmung entwickelt sich ein intensives Planktonwachstum, das die Basis für reiche Fischgründe ist. Die vor der Westküste Südamerikas absinkenden trockenen Luftmassen der Walkerzirkulation und der kalte Humboldtstrom verhindern eine Konvektion und Nieder-

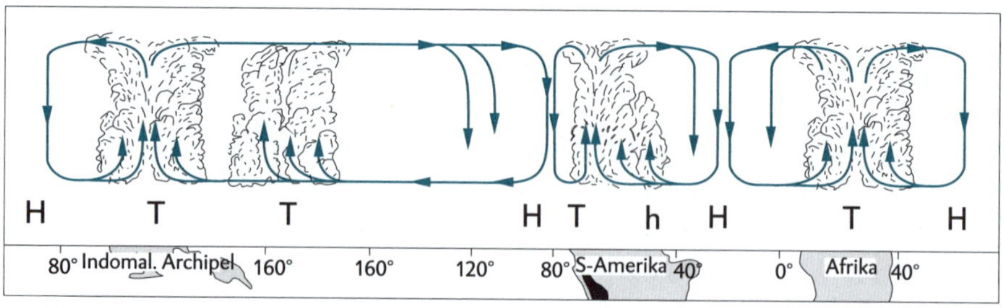

M 26: Walkerzirkulation

schlagsbildung bzw. lassen den geringen Wasserdampf schon über dem Meer kondensieren und abregnen. Somit bildete sich entlang der tropischen Westküste Südamerikas die Küstenwüste Atacama aus. In Nordwestaustralien und Südostasien staut sich hingegen das vom Wind getriebene, warme Oberflächenwasser auf, was zusammen mit der Walkerzirkulation eine starke Konvektion mit ausgiebigen Niederschlägen zur Folge hat (M 27).

In einem El-Niño-Jahr (M 28) kommt der kalte Humboldtstrom durch die besonders starke Südverlagerung der ITC (Dez.–Feb.) und der damit verbundenen Abschwächung des SO-Passats zum Erliegen. Es entsteht im Zuge der Umkehr der Walkerzirkulation eine von West nach Ost gerichtete Meeresströmung. Diese führt sehr warmes Oberflächenwasser vom Westpazifik heran, das die kalten Auftriebswasser vor der Küste Südamerikas überlagert. Dadurch kommt es infolge des Sauerstoffmangels zum Absterben des **Planktons**. Die gesamte Nahrungskette kommt zum Erliegen, was die Fischer aufgrund der damit ausbleibenden Fischschwärme wirtschaftlich zu spüren bekommen. An der südamerikanischen Westküste kommt es durch Verdunstungs- und Konvektionsvorgänge über dem warmen Wasser zu sehr ergiebigen Niederschlägen und sogar zu Überschwemmungen.

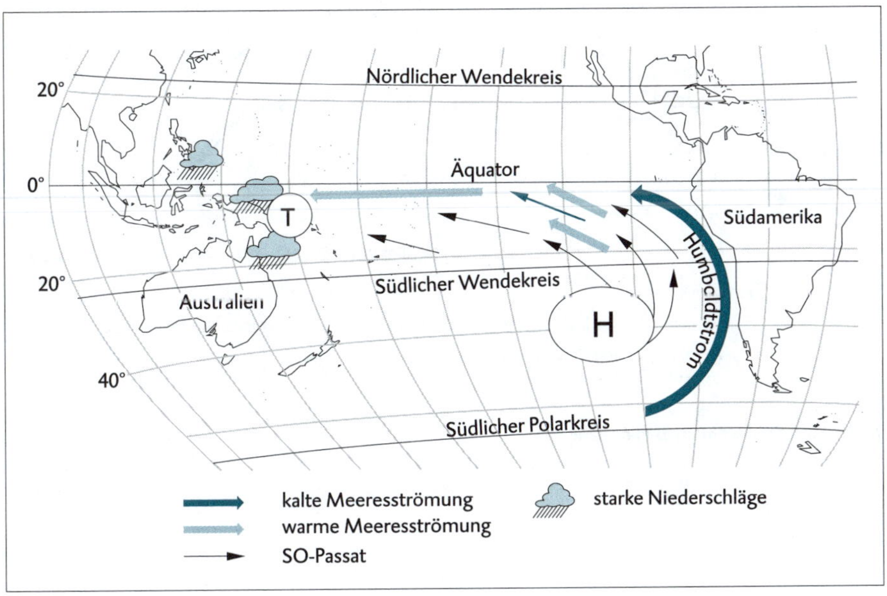

M 27: Ozeanographisch-meteorologische Normalsituation

Gleichzeitig leiden infolge dieser **Southern Oscillation** (Umkehr) die Ostküsten Australiens und Südostasiens unter Dürre, da hier nun die absinkenden Luftmassen der Walkerzirkulation ein starkes Hochdruckgebiet ausbilden. Aufgrund der ausbleibenden Niederschläge kommt es hier im Winter häufig zu verheerenden Wald- und Buschbränden.

Als **La-Niña-Phänomen** werden hingegen das extrem starke Abkühlen und das besonders weit nach Norden und Westen reichende Ausgreifen des Humboldtstroms bezeichnet. Dadurch wird in Ostaustralien und Südostasien das warme Oberflächenwasser zusammengedrängt und die Wassertemperaturen steigen dort stark an. La Niña führt deshalb zu ungewöhnlich hohen Niederschlägen in Ostaustralien, zu extremer Dürre an der südamerikanischen Westküste bzw. Trockenheit in Kalifornien, zu verstärkter Hurrikanbildung sowie zu strengen Wintern in Japan, Kanada und Alaska.

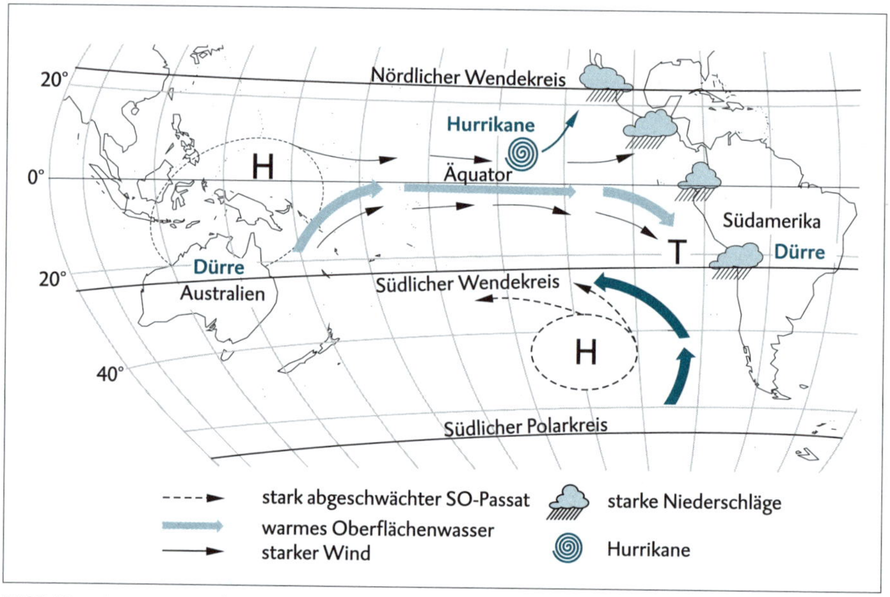

M 28: Situation in einem El-Niño-Jahr

Übungsaufgaben: Marine Grundlagen

ufgabe 7 Erklären Sie am Beispiel des Golfstroms die grundlegenden Mechanismen der ozeanischen Zirkulation, und erläutern Sie die Einflüsse des Golfstroms auf die klimatischen Verhältnisse in Europa.

ufgabe 8 Arbeiten Sie aus M 29 die Wechselwirkungen zwischen Atmosphäre und Ozean im tropischen Südpazifik sowie die hieraus resultierenden Wetterverhältnisse in den angrenzenden Küstenregionen heraus.

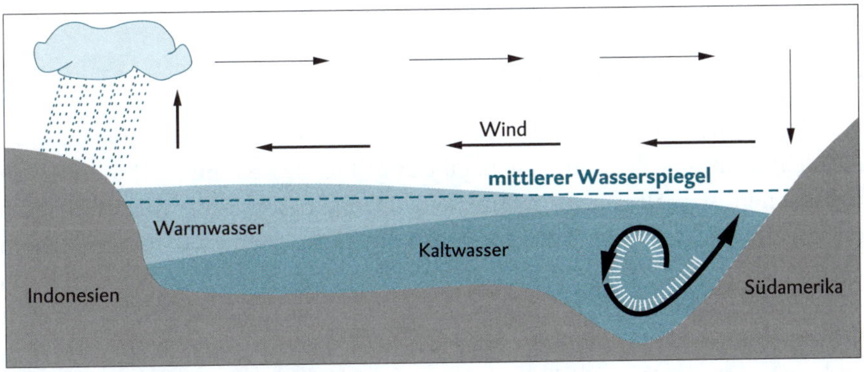

M 29: Vertikalschnitt durch den Südpazifik

ufgabe 9 Zeigen Sie die besonderen atmosphärischen und marinen Zirkulationsverhältnisse in einem El-Niño-Jahr sowie deren Auswirkungen auf die Küstenräume des südlichen Pazifiks auf.

4 Klima- und Vegetationszonen im Überblick

Klimazonen oder Klimagürtel sind Räume der Erdoberfläche mit jeweils weitgehend einheitlichen, charakteristischen Klimabedingungen. Sie sind grundsätzlich parallel zu den Breitenkreisen angeordnet, da sie wesentlich vom Einfallswinkel der Sonne bestimmt werden.

Das Klima prägt die natürliche Vegetation eines Raumes in erheblichem Maß. Daher lassen sich den Klimazonen entsprechende Vegetationszonen zuordnen. Die Übereinstimmung geht so weit, dass Klimate zuweilen nach der Vegetation benannt werden, z. B. Regenwaldklima, Steppenklima usw.

4.1 Klimazonen und Klimaklassifikationen

Das Klima ändert sich vom Äquator hin zu den Polen. Die Änderungen erfolgen nicht kontinuierlich: Einerseits gibt es große Gebiete mit recht ähnlichen klimatischen Verhältnissen, andererseits Übergangsbereiche mit sich rasch änderndem Klima. Wissenschaftler fassen die Räume mit relativ einheitlichem Klima zu **Klimazonen** zusammen. In den Übergangsräumen dazwischen legen sie die Grenzen der Klimazonen fest. So wird das **Klima klassifiziert**. Dabei ist eine eindeutige Grenzziehung zwischen den Zonen meist nicht möglich, sondern hängt von den gewählten Kriterien und der Datenlage ab. Die in unterschiedlichen Klassifikationen festgelegten Grenzen weichen daher zuweilen deutlich voneinander ab.

In der Praxis werden unterschiedliche Klimaklassifikationen verwendet. **Genetische Klimaklassifikationen** orientieren sich an der Genese von Klimazonen, nämlich am Strahlungs- und Wärmehaushalt der Atmosphäre. Einfachstes Beispiel ist die Gliederung nach dem Einfallswinkel der Sonnenstrahlen. Danach gliedert man in die Tropen (mit Zenitstand der Sonne, 23,5° N–23,5° S), die Polarzonen (mit Mitternachtssonne und Polarnacht, 66,5°–90° N und S) sowie die Mittelbreiten dazwischen. Da der Sonneneinfall einziges Abgrenzungskriterium ist, gibt es hier eindeutige Grenzen, nämlich die Wende- und die Polarkreise. Die so definierten **solaren** oder **mathematischen Klimazonen** beschreiben die Klimaverhältnisse der Erde aber nur sehr schematisch.

Die genetische Klimaklassifikation von **Flohn/Neef (ab 1950)** orientiert sich an den direkten Auswirkungen der Sonneneinstrahlung, nämlich den Luftdruckverhältnissen und der daraus resultierenden atmosphärischen Zirkulation. Äquatoriale Westwindzone, subtropische Passatzone, außertropische Westwindzone und polare Ostwindzone weisen jeweils nur einen ganzjährig wehenden Wind auf. Die dazwischenliegenden Zonen hingegen werden, jahreszeitlich unterschiedlich, jeweils von zwei dieser Windsysteme beeinflusst.

Effektive Klimaklassifikationen gehen von den Auswirkungen des Klimas aus, meist von der potenziellen natürlichen Vegetation. Dies gilt zum Beispiel für die bis heute häufig verwendete Klassifikation von **Köppen/Geiger (ab 1928)**. Dabei ist zu bedenken, dass sich manche Zonen über mehrere Kontinente erstrecken. Die Vegetation wird in weit voneinander entfernten Räumen auch derselben Klimazone eine ganz andere Artenzusammensetzung aufweisen. Dann müssen unterschiedliche Vegetationstypen zu Vegetationszonen zusammengefasst werden. Der Schluss auf ein gemeinsames Klima bzw. dieselbe Klimazone ist daher nicht zwingend. Auch ist zu berücksichtigen, dass die Vegetation durch den Menschen stark verändert wurde. In dicht besiedelten Teilen der Erde ist die natürliche Vegetationsdecke weitgehend beseitigt.

Für die Klassifikation des Klimas zieht man daher heute weniger die Vegetation heran, sondern greift verstärkt auf die immer reichlicher zur Verfügung stehenden Messwerte von Klimaelementen zurück. **Troll/Paffen (1963)** haben dabei besonders den jahreszeitlichen Witterungsverlauf herangezogen („Jahreszeitenklimate"). Auf aktuellem Datenmaterial beruht die Klassifikation von **Siegmund/Frankenberg (1999)**. Sie teilt die Erde (mit Ausnahme der subtropisch-tropischen Trockengebiete) zunächst nach der Jahresmitteltemperatur in fünf thermische Zonen ein. Im nächsten Schritt werden diese Zonen aufgrund hygrischer Daten in humide, semihumide, semiaride und aride Bereiche untergliedert. Schließlich werden die ausgewiesenen Bereiche noch aufgrund ihrer Kontinentalität/Maritimität gekennzeichnet. Wie schon bei Köppen/Geiger wird auch hier eine Buchstaben-Ziffern-Kombination zur eindeutigen Kennzeichnung einzelner Klimagebiete verwendet.

4.2 Die Klimazonen auf dem Idealkontinent

Auch wenn bei den einzelnen Klimaklassifikationen unterschiedliche Kriterien Anwendung finden, so zeigen sie doch alle eine grundsätzliche Übereinstimmung im Ergebnis. Trotz zuweilen abweichender Bezeichnungen werden stets die großen Klimazonen jeder Halbkugel ausgewiesen: Tropen, Subtropen, (hohe) Mittelbreiten, Subpolarzone und Polarzone. Die festgelegten Grenzen weichen mehr oder weniger voneinander ab.

Dass die Grenzen zwischen den Klimazonen nicht genau parallel zu den Breitenkreisen verlaufen, wird bewirkt von einer Reihe von Faktoren: Höhenlage und Relief, Land-Meer-Verteilung, Entfernung zur Küste, Lage an der West- oder Ostseite, aber auch vorherrschende Winde und andere Klimaelemente üben ihre Einflüsse aus.

Das räumliche Verteilungsmuster der Klimazonen und -gebiete kann auf dem **„Idealkontinent“** veranschaulicht werden. Dieser zeigt für die einzelnen geographischen Breiten jeweils den Anteil der Landmasse am Gesamtumfang der Erde. Die wichtigsten **Klimaregionen** sind in schematischer Lageanordnung eingetragen (M 30). Dadurch werden lagetypische Abweichungen veranschaulicht. Zur Verdeutlichung des jahreszeitlichen Wechsels sind wetterbestimmende Luftdruckgebilde zusätzlich eingetragen.

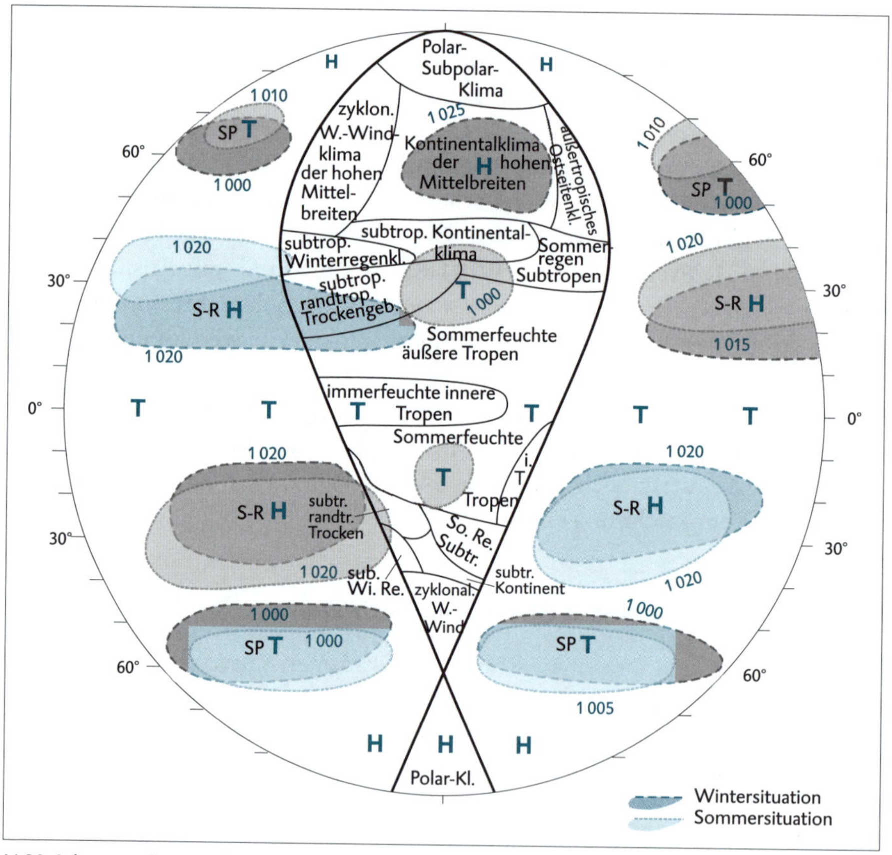

M 30: Schematische Anordnung der Klimagroßregionen auf dem Idealkontinent

Die **immerfeuchten inneren Tropen**, im Bereich der äquatorialen Tiefdruckfurche gelegen, sind nur in den westlichen und zentralen Bereichen der Kontinente ausgebildet. Die östlichen Teile stehen mehr unter dem Einfluss von kontinentalen Luftströmungen, sodass nur zur Zeit des Sonnenhöchststandes regelmäßig eine Regenzeit auftritt.

Die **sommerfeuchten äußeren Tropen** mit ihren Zenitalregen und der passatischen Trockenzeit reichen in den zentralen und östlichen Teilen der Kontinente deutlich weiter polwärts als an den Westseiten. An der brasilianischen Ostküste ergänzen sich tropische Sommerregen und passatische Steigungsregen mit Wintermaximum so, dass das ganze Jahr über Niederschläge fallen können.

Die **Subtropen** reichen an den Westseiten der Kontinente relativ weit äquatorwärts. Unter dem Einfluss der Antizyklonen über den Ozeanen finden sich dort die subtropisch-randtropischen Trockengebiete. Die Bereiche polwärts davon werden im Winter vom zyklonalen Wettergeschehen der Mittelbreiten beeinflusst, sodass es zu Winterregen kommt. Dagegen fallen in den östlichen Bereichen der Subtropenzone vorwiegend Sommerregen, die auf die starke Erwärmung der Kontinente und den dadurch bedingten monsunalen Einfluss zurückgehen. Hier kommt es im Winter zu stärkerer Abkühlung. Im Inneren der Kontinente herrscht subtropisches Kontinentalklima mit seltenen, unergiebigen Niederschlägen, die unregelmäßig über das Jahr verteilt sind.

Die Klimate der **hohen Mittelbreiten** werden bestimmt von den jahreszeitlichen Unterschieden im Strahlungshaushalt sowie den Austauschvorgängen an der planetarischen Frontalzone. In Abhängigkeit von Sonnenhöhe und Tageslänge entstehen die charakteristischen vier Jahreszeiten. Die Temperaturunterschiede zwischen Sommer und Winter werden davon bestimmt, wie weit der ausgleichende Einfluss der Ozeane auf die Kontinente reicht. So sind die Westseiten dieser Zone geprägt vom zyklonalen Westwindklima, im Inneren der Kontinente herrscht Kontinentalklima mit zum Teil extremen Temperaturgegensätzen und das außertropische Ostseitenklima zeichnet sich vor allem durch häufige Kaltlufteinbrüche kontinentaler oder polarer Herkunft sowie mäßige Niederschläge, überwiegend im Sommer, aus.

Die Klimate der **Polar- und Subpolarzonen** sind ganzjährige Kältesenken der Atmosphäre. Entsprechend den tiefen Temperaturen sind die Niederschläge sehr gering. Mit steigender Entfernung von den Polen nehmen die sommerliche Erwärmung und die Wahrscheinlichkeit von zyklonal bedingten Niederschlägen etwas zu.

4.3 Vegetationszonen

Die Artenzusammensetzung der Vegetation in den einzelnen Regionen der Erde ist sehr unterschiedlich. Sie hängt nicht allein vom Klima ab, sondern z. B. auch von der erdgeschichtlichen Entwicklung mit ihren geologischen Strukturen und den dadurch bedingten Isolationsbarrieren. Man unterscheidet auf der Erde sechs große **Florenreiche** mit typischen Familien, Gattungen und Arten. So findet man z. B. die Pflanzenfamilien der Kakteen und Bromelien im neotropischen Florenreich (Mittel- und Südamerika), während die Gattung Eucalyptus mit 600 Arten für das australische Florenreich (Australien, Neuguinea, pazifische Inseln) typisch ist. Diese Unterschiede werden aber überdeckt vom Einfluss des Klimas: Unter gleichen Klimabedingungen treten trotz unterschiedlicher Artenzusammensetzung ähnliche Vegetationstypen mit häufig gleichen Anpassungen an ihre Umweltbedingungen („Konvergenzen") auf. Wie das Klima kann daher auch die Vegetation der Erde in Zonen parallel zu den Breitenkreisen gegliedert werden. Auch hier gibt es mehrere Möglichkeiten der Klassifikation.

Die folgende Abbildung unterscheidet acht Vegetationszonen, die das Muster der Klimazonen zeigen.

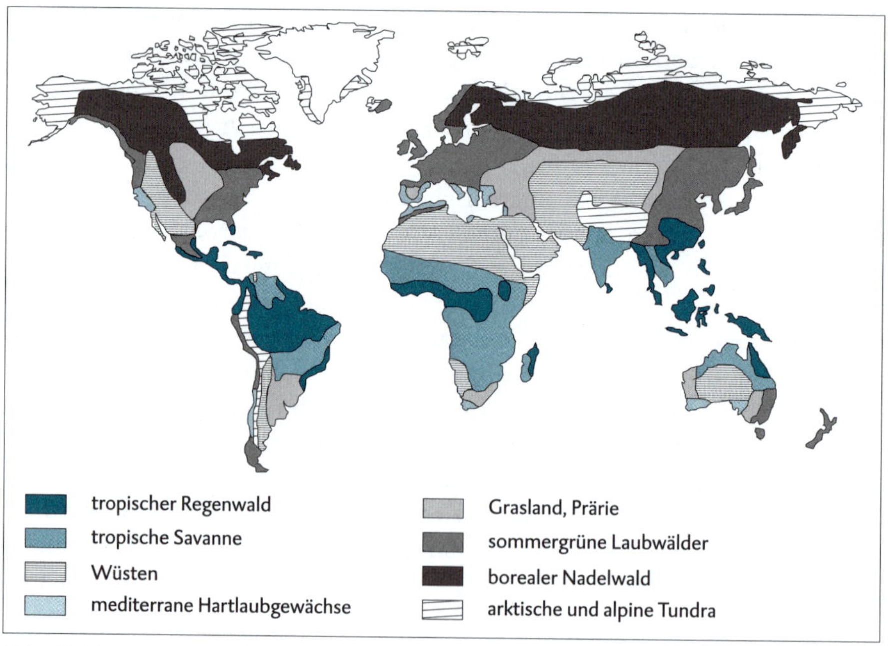

M 31: Die Vegetationszonen der Erde

Die Vegetation spiegelt die klimatischen Unterschiede zwischen West- und Ostseiten wider: So reicht die Zone der sommergrünen Laubwälder in den Mittelbreiten an den Westseiten der Kontinente viel weiter polwärts als an den Ostseiten. Umgekehrt sind in den Tropen die Ostseiten stärker begünstigt, was gut an der Verbreitung des Regenwaldes in Brasilien oder SO-Asien zu erkennen ist.

Auffallend ist die Verbreitung der Zone mediterraner Hartlaubgewächse, die bei subtropischem Winterregenklima auftritt: Man findet sie außer im europäischen Mittelmeergebiet auch noch – mit ganz anderen Pflanzenarten – in Kalifornien, Zentral-Chile, Kapland und Südaustralien.

Im Inneren der Kontinente scheint die zonale Anordnung der Vegetationszonen zuweilen zugunsten eines meridionalen Musters aufgelöst. Hier wirken sich zum Beispiel die aufgrund der großen Entfernung vom Meer auftretende Kontinentalität, aber auch Höhenlage und der Verlauf von Gebirgen aus.

4.4 Ursachen räumlicher Differenzierung von Klima und Vegetation

Die Erde ist kein einheitlicher Körper. Gut 70 % der Erdoberfläche sind Meere, knapp 30 % Kontinente. Wasser und Land verhalten sich unterschiedlich bezüglich Reflexion und Absorption des eingestrahlten Sonnenlichts sowie Erwärmung und Abkühlung. So kommt es selbst bei gleicher Einstrahlung zu unterschiedlich temperierten Luft- und Wassermassen. Daher sind die Klima- und Vegetationszonen auch keine einheitlichen, geschlossenen, ringförmigen Gürtel, sondern in vielfältiger Weise räumlich differenziert.

Land-Meer-Verteilung

Die Kontinente sind auf der Erde ungleich verteilt: Rund zwei Drittel des Festlandes liegen auf der Nordhalbkugel, Eurasien ist dort die größte zusammenhängende Landmasse der Erde. Aufgrund ihrer sehr viel geringeren spezifischen Wärmekapazität erwärmt sich die Oberfläche der Kontinente wesentlich schneller als die Oberfläche der Ozeane, kühlt aber auch schneller ab. Daher entstehen im Sommer über Kontinenten **Hitzetiefs**, im Winter Kältehochs. Diese Druckgebilde sind besonders über Asien ausgeprägt. Dabei ist von Bedeutung, dass Zentralasien z. B. im Hochland von Tibet mehr als 4 000 m über dem Meeresspiegel liegt und sich die sommerliche „Heizfläche“ der Atmosphäre demnach in dieser Höhe befindet. Das kräftige Hitzetief bewirkt, dass die ITC weit nach Norden ausgelenkt wird und so zur Ausprägung der

Regen bringenden **Sommermonsune** in S- und SO-Asien entscheidend beiträgt. Auf dem Idealkontinent (M 30) ist das weite Ausgreifen der sommerfeuchten äußeren Tropen im Bereich der Kontinente gut zu erkennen.

Die Land-Meer-Verteilung ist auch entscheidend für die Ausbildung der **Meeresströmungen**. Der kalte antarktische Zirkumpolarstrom im Bereich der südlichen Westwindzone ist die einzige Meeresströmung, die den gesamten Globus umfasst. In allen anderen Breiten erzwingen Kontinente Kreisläufe innerhalb der einzelnen Ozeane. Dabei gilt, dass in höheren Breiten die Westküsten der Kontinente durch warme Meeresströmungen begünstigt sind (Beispiel Golfstrom in Westeuropa), in niederen Breiten aber die Ostküsten (Beispiel Kuro-Schio-Strom im Süden Chinas und Japans). Gunst und Ungunst der Meeresströmungen werden auch auf dem Idealkontinent (M 30) deutlich.

Maritimität – Kontinentalität

Der Gegensatz zwischen maritimem und kontinentalem Klima ist besonders in der Westwindzone Eurasiens zu beobachten. Die daraus resultierende meridionale West-Ost-Abstufung ist auf dem Idealkontinent (M 30) sowie auf Klima- und Vegetationskarten deutlich zu erkennen.

Die Atlantikküste Irlands ist gekennzeichnet durch ganzjährig hohe Niederschläge, kühle Sommer und milde Winter. Die Jahresamplitude der bodennahen Lufttemperatur liegt bei nur 7–10 K. Laubwälder sind die typische natürliche Vegetation. Da kaum Frost auftritt, können hier sogar einige immergrüne mediterrane Pflanzenarten gedeihen. Der **ausgleichende Einfluss des Atlantischen Ozeans** mit dem warmen Golfstrom macht sich sehr deutlich bemerkbar.

Nach Osten zu nimmt in Eurasien der Einfluss des Meeres ab, die ausgleichende Wirkung des Ozeans lässt nach. Es fallen weniger Niederschläge, vor allem in den heißen Sommermonaten herrscht Wassermangel. Die **Temperaturunterschiede zwischen Sommer und Winter** nehmen zu, insbesondere werden die Winter immer kälter. Die Laubwälder werden vom borealen Nadelwald abgelöst.

Noch weiter im Landesinnern, in Teilen Sibiriens, herrschen Temperaturgegensätze zwischen dem wärmsten und kältesten Monat von mehr als 60 K. Sommerliche Trockenheit und winterliche Kälte schränken das Pflanzenwachstum stark ein. Die Vegetationszeit, in SW-Irland zwölf Monate umfassend, verkürzt sich auf zwei Monate – zu kurz, um noch Baumwuchs zu ermöglichen. Es handelt sich um den Bereich der **innerasiatischen Steppen**.

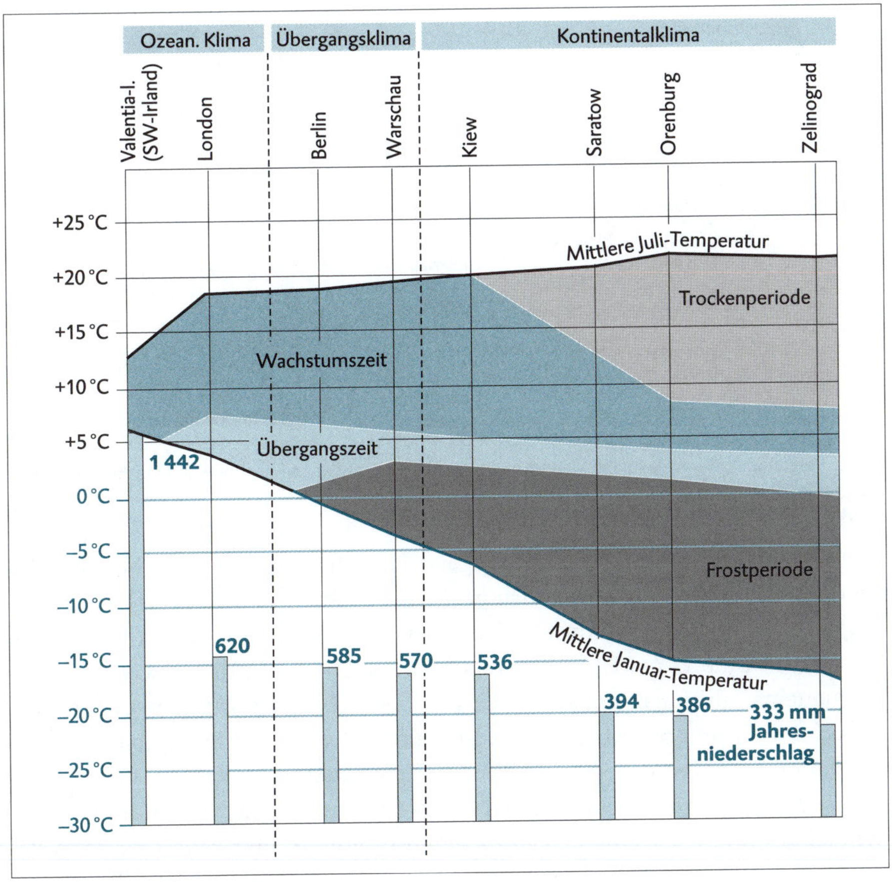

M 32: Klimaprofil vom Atlantik zum Ural

Höhenstufen

Auf der Erde fallen die Temperaturen vom Äquator zu den Polen, sie nehmen aber auch in den Gebirgen mit zunehmender Höhe über dem Meeresspiegel ab. 1 000 km höherer Breitenlage rufen eine ähnliche Temperaturabnahme hervor wie 1 000 Höhenmeter. So wie sich die Vegetation polwärts immer besser an die abnehmenden Temperaturen anpasst, geschieht dies auch mit zunehmender Höhe: Den globalen Vegetationszonen entsprechen in den Gebirgen die **Höhenstufen der Vegetation**.

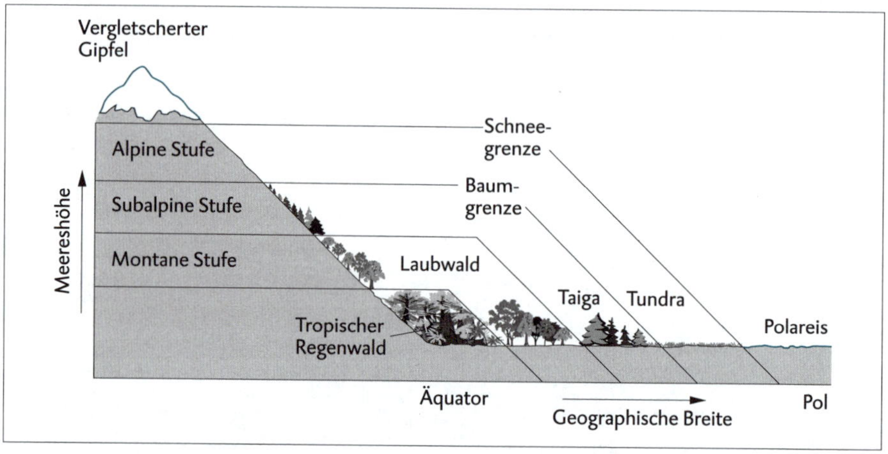

M 33: Vereinfachte Parallele in den Vegetationszonen bei steigender Meereshöhe und bei zunehmender geographischer Breite

Die Übereinstimmung zwischen Vegetationszonen und entsprechenden Höhenstufen ist zuweilen erstaunlich groß. So kommen zahlreiche Pflanzenarten zugleich im arktischen Norden Skandinaviens und in den Alpen vor. Andererseits sind die klimatischen Unterschiede doch erheblich. So weist z. B. die Sonneneinstrahlung in polare Zonen sehr deutliche jahreszeitliche Unterschiede auf, im Extrem mit Mitternachtssonne und Polarnacht. Die Gebirge niedriger Breiten werden dagegen gleichmäßiger beleuchtet, tropische Gebirge haben sogar das ganze Jahr über quasi einen 12-Stunden-Tag. Auch der Einfallswinkel der Sonnenstrahlen ist in niederen Breiten größer. Weiter sind in Bezug auf Luftfeuchtigkeit, UV-Strahlung, Exposition und Winde (Berg- und Talwind, Föhn) deutliche Unterschiede festzustellen.

Die Höhenstufen modifizieren bzw. durchbrechen das regelmäßige Muster der Klima- und Vegetationszonen, indem sie dem Verlauf der Gebirge folgen. Sie sind daher in den meisten Klima- und Vegetationsklassifikationen extra ausgewiesen.

Gebirgsverlauf und Relief

Hohe Gebirge können eine **Klimagrenze** darstellen. So verhindern etwa die küstenparallelen Skanden in Nordeuropa ein Eindringen maritimer Luftmassen ins Innere des Kontinents. Daher schließt sich an das nordeuropäische Seeklima auf der Westseite des Gebirges auf dessen Ostseite unmittelbar ohne Übergang das nordeuropäische Landklima an. Auch in Nordamerika bewirken die hohen Gebirgsketten der Rocky Mountains, dass auf ihrer Leeseite kontinentale Verhältnisse mit großem Wassermangel herrschen. Zusätzlich verursacht dieses Hochgebirge eine Auslenkung der Polarfront. Dadurch kommt es östlich des Gebirges zum Vorstoß von Kaltluftmassen bis weit in den Süden, sodass selbst am Golf von Mexiko immer wieder Frostschäden an landwirtschaftlichen Kulturen zu beklagen sind.

Jedes Gebirge quer zur Windrichtung zwingt Luftmassen zum Aufsteigen. Damit kommt es auf dieser Luvseite zu **Steigungsregen** mit erhöhten Durchschnittsniederschlägen. Auf der Leeseite tritt der **Föhn-Effekt** mit Wolkenauflösung, verringerten Durchschnittsniederschlägen und erhöhtem Temperaturmittel auf.

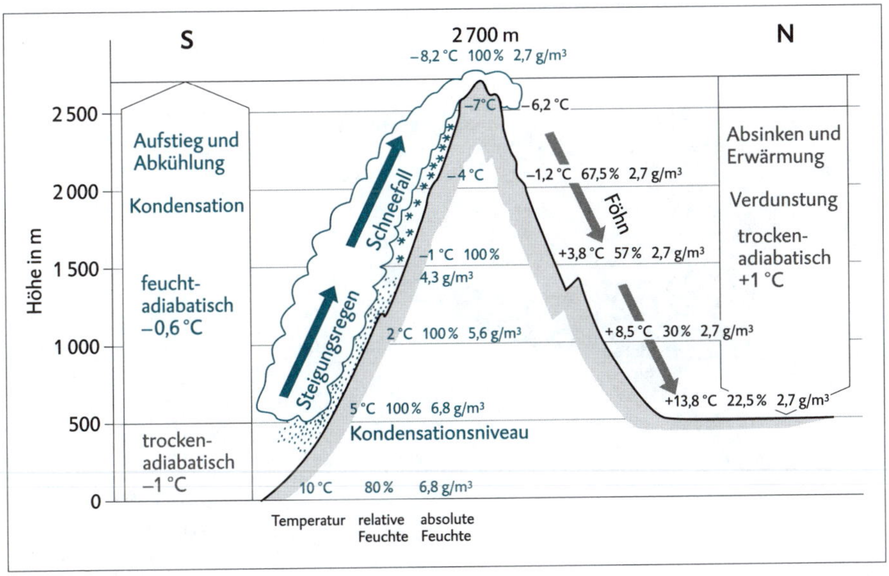

M 34: Steigungsregen und Föhn

Übungsaufgaben: Klima- und Vegetationszonen im Überblick

Aufgabe 10 Stellen Sie für die in M 35 ausgewiesenen Räume 1–6 die jeweils herrschenden Schwankungsbreiten von Temperatur und Niederschlag fest. Untersuchen Sie mithilfe einer geeigneten Atlaskarte („Erde – Klima"), wie weit diese Räume jeweils zu einer oder mehreren Klimazonen gehören.
Ordnen Sie den Räumen folgende Vegetationsgebiete begründend zu: Nadelwald, laubabwerfende Wälder, tropischer Regenwald, arktische Tundra/Gebirgstundra, Wüste, Grasländer.

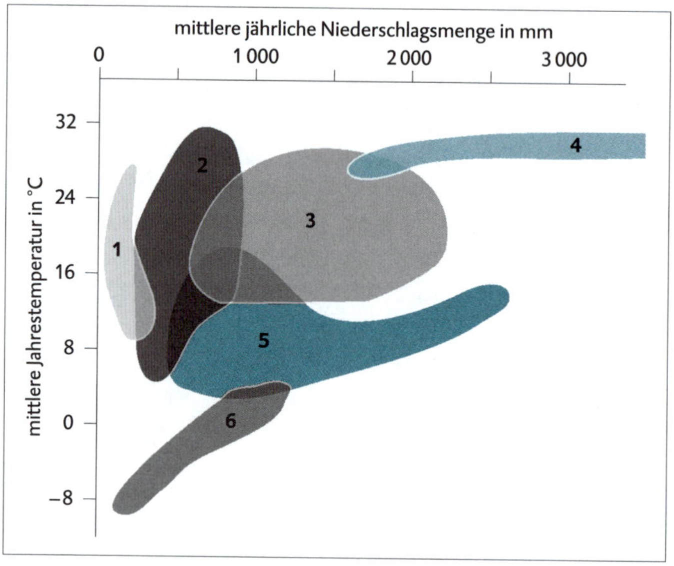

M 35: Vegetationsgebiete und Klima

Aufgabe 11 Über jedem Punkt des Breitenkreises 60° N wird von der Sonne exakt dieselbe Energie eingestrahlt (Solarstrahlung). Trotzdem herrscht entlang dieses Breitenkreises kein einheitliches Klima.
Beschreiben und erläutern Sie mithilfe einer geeigneten Atlaskarte („Erde – Klima") die räumliche Differenzierung des Klimas entlang dieses Breitenkreises im Bereich der Kontinente. Gehen Sie dabei auf die Unterschiede zwischen Nordamerika und Eurasien ein.

Ökosystem Tropen und anthropogene Eingriffe

Die natürlichen Grundlagen der Tropen werden vorrangig vom Klima bestimmt. Böden, Wasserhaushalt und Vegetation bilden daher klimabedingte und somit auch tropenspezifische Formen aus.

Mathematisch betrachtet umfassen die Tropen das Gebiet beiderseits der Wendekreise (23,5° nördlicher/südlicher Breite). In klimatologischer Abgrenzung handelt es sich um die geographische Zone vom Äquator bis etwa zum 20. Breitengrad, in der tropische Warmklimate mit unterschiedlich langen Regenzeiten vorherrschen. Daraus ergibt sich die „klassische" Unterteilung in **immerfeuchte und wechselfeuchte Tropen** mit einer zu den Wendekreisen hin zunehmenden Trockenzeit.

Da die Bewohner der Tropen noch vorwiegend Landwirtschaft betreiben, sind deren Wirtschafts- und Lebensformen besonders von den natürlichen Ressourcen abhängig. Doch auf menschliche Eingriffe reagiert dieses labile Ökosystem äußerst sensibel.

1 Das Ökosystem der immerfeuchten Tropen

1.1 Lage und Abgrenzung der immerfeuchten Tropen

Das Hauptverbreitungsgebiet der immerfeuchten bzw. inneren Tropen erstreckt sich entlang des Äquators zwischen etwa **10° nördlicher und südlicher Breite**. In Bereichen, in denen feuchte Seewinde ständig Regen bringen, kann sich dieses tropische Ökosystem aber auch bis zu den Wendekreisen ausdehnen, wie etwa in Mittelamerika und Südostasien. Hauptvegetationsform ist der immergrüne tropische Regenwald. Das Vorkommen dieser Ökozone ist gebunden an eine gleichbleibende Durchschnittstemperatur von über 25 °C und einen Jahresniederschlag von über 1 500 mm, der sich bei **neun bis zwölf humiden Monaten** annähernd gleichmäßig über das ganze Jahr verteilt.

Die drei größten Gebiete des heute noch 13,4 Mio. km² großen tropischen Regenwalds findet man mit 8 Mio. km² im Amazonasbecken Lateinamerikas

(60 %), mit 3 Mio. km^2 im Kongobecken Afrikas (22 %) und mit 2,4 Mio. km^2 in den Beckenlandschaften Südostasiens (18 %).

1.2 Das Klima

In den immerfeuchten Tropen ist der Einfallswinkel der Sonnenstrahlen über das ganze Jahr gesehen weltweit am größten. Diese intensive, das ganze Jahr über nahezu gleichmäßige Sonneneinstrahlung bewirkt **hohe Monatsmitteltemperaturen von 25 bis 28 °C**. Ein besonderes Merkmal der inneren Tropen sind zudem die geringen jahreszeitlichen Schwankungen von kaum mehr als 1 bis 3 °C.

Durch diese **Isothermie** gibt es keine Jahreszeiten wie Sommer und Winter. Höher als die jahreszeitliche Amplitude sind mit durchschnittlich 8 bis 10 °C hingegen die tageszeitlichen Schwankungen. Solch ein **Tageszeitenklima** ist typisch für die inneren Tropen.

Die hohe Intensität des Sonnenlichts sowie die Sonnenscheindauer von konstant zwölf Stunden pro Tag wirken sich auf die Photosynthese und damit auf das Pflanzenwachstum sehr positiv aus.

Fast das ganze Jahr über, besonders aber, wenn die Sonne im Zenit steht, führt die intensive Sonneneinstrahlung zu aufsteigenden Luftbewegungen, der sogenannten thermischen Konvektion. Es entsteht dann eine Kette von Tief-

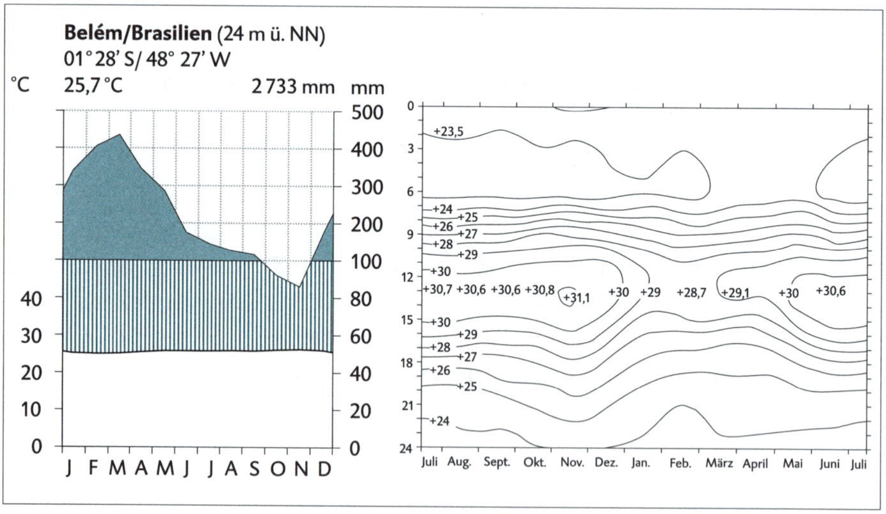

M 36: Belém (Brasilien): Klima- und Thermoisoplethendiagramm

druckzellen, die man als **äquatoriale Tiefdruckrinne** oder **Innertropische Konvergenzzone (ITC)** bezeichnet. Die aus diesen Tiefdruckzellen vertikal aufsteigenden Luftmassen kühlen sich mit zunehmender Höhe ab und es bilden sich gewaltige Wolken, aus denen dann **Zenital- oder Konvektionsniederschläge** fallen. Dabei handelt es sich um kurze, dafür aber sehr ergiebige Schauer von höchstens einer Stunde. Ist die Vegetationsdecke zerstört, führen diese wolkenbruchartigen Regenfälle auf dem ungeschützten Boden zu verstärkter Erosion. Damit sind die hohen Niederschläge durch ihre auswaschende Wirkung mitverantwortlich für den geringen Humus- und Mineralstoffgehalt der tropischen Böden.

Die mittlere Niederschlagssumme liegt durchgängig über 1 500 mm, wobei die Niederschläge recht **gleichmäßig über das Jahr verteilt** sind. Insgesamt fällt in den immerfeuchten Tropen rund die Hälfte aller Niederschläge auf der Erde. Obwohl es im Gefolge des zweimaligen Durchzugs der ITC zu zwei jährlichen Regenmaxima kommt, ist in den inneren Tropen ein Unterschied zwischen Regen- und Trockenzeit nur wenig ausgeprägt. Somit steht dem Pflanzenwachstum das ganze Jahr über ausreichend Wasser zur Verfügung, wobei jedoch ein Großteil des Regenwassers meist ungenutzt an der Oberfläche abfließt. Dank der hohen Niederschläge verfügen die feuchten Tropen trotz extrem hoher Verdunstung über die größten Wasserüberschüsse der Erde und infolgedessen über die wasserreichsten Flusssysteme der Welt, wie den Amazonas und den Kongo.

Die gleichbleibend hohen Temperaturen und Niederschläge bewirken eine permanent hohe Luftfeuchtigkeit. Diese hohe Luftfeuchtigkeit und die häufige Wolkenbildung dämpfen tagsüber die Sonneneinstrahlung und verhindern dadurch extreme Hitze. Nachts vermindern sie die Ausstrahlung und damit die nächtliche Abkühlung. So herrscht in den immerfeuchten Tropen ein konstant schwüles **Treibhausklima**. Dieses bietet mit seinem ganzjährig hohen Wasser- und Wärmeangebot ideale Voraussetzungen für das Pflanzenwachstum. Doch ist dieses Treibhausklima auch der Nährboden für Krankheitserreger aller Art.

1.3 Die Vegetation

Hauptvegetationsform der immerfeuchten Tropen ist **immergrüner tropischer Regenwald**. Dessen hervorstechendes Kennzeichen ist die ungeheure **Artenvielfalt** sowie eine außergewöhnliche Formenvielfalt der Pflanzen. In der Regel findet man auf 10 000 km^2 1 500 bis 5 000 verschiedene Arten. Allein bei den Bäumen treten pro Hektar 50 bis 200 verschiedene Arten auf.

Es wird angenommen, dass die Hälfte aller Pflanzenarten in tropischen Wäldern vorkommt. Mit 20–30 Tonnen pro Hektar und Jahr erreicht der tropische Regenwald die höchste Primärpflanzenproduktion der Welt, wobei 75–90 % der bis zu 800 Tonnen pro Hektar großen **Phytomasse** oberirdisch im Regenwald vorliegen. Durch das Vorhandensein zahlloser, noch weitgehend unerforschter Pflanzen mit Wirkstoffen für die pharmazeutische Industrie sowie noch nicht kultivierter Nutzpflanzen wird der Regenwald auch als „Apotheke" oder „Gen-Reservoir" der Welt bezeichnet.

Ursachen für die hohe Biodiversität sowie die große Biomasse sind:
- die optimalen Wachstumsbedingungen, die aus der konstant hohen Zufuhr von Sonnenenergie und Wasser resultieren,
- die seit dem Tertiär vor 65 Mio. Jahren ungestörte Entwicklung, die zur Ausbildung immer neuer Arten sowie zur Besetzung „ökologischer Nischen" geführt hat,
- die vertikale Ausdehnung des Lebensraums, da jedes Stockwerk unterschiedliche klimatische Bedingungen besitzt, die von entsprechend vielen Arten auf engem Raum genutzt werden,
- die ständige Abwehr gegenüber einer Vielzahl von Schädlingen, Fressfeinden und
- eine Anpassung im Konkurrenzkampf mit anderen Pflanzen, die Spezialisierung und Überlebensstrategien erfordern.

Unter den Pflanzenarten des Regenwaldes dominieren mit ca. 70 % die Bäume. Sie bilden in ca. 30 bis 40 m Höhe ein **geschlossenes Kronendach**, in dem zwei Drittel aller Tiere und Pflanzen des Regenwaldes leben. Nur einzelne **Urwaldriesen** ragen bis zu 70 m darüber hinaus. Das mehrschichtige Kronendach, die Ausbildung von Flachwurzeln und die häufig anzutreffende Stammblütigkeit (Kauliflorie) wie beim Kakaobaum sind weitere Besonderheiten des tropischen Regenwaldes.

Wegen des Fehlens von Jahreszeiten bilden die Baumstämme beim Dickenwachstum keine Jahresringe aus. Da die Pflanzen an keine Jahreszeiten gebunden sind, haben sie ihre individuelle, **autonome Periodizität**, d. h. die einzelnen Bäume, ja sogar die Äste ein und desselben Baumes, können zu verschiedenen Zeiten blühen, Früchte tragen oder das Laub abwerfen.

Das geschlossene Blätterdach schränkt den Lichteinfall derart ein, dass nur etwa 0,1–1 % der Sonnenstrahlung bis zum Waldboden durchdringen. Daher besteht die Bodenvegetation des tropischen Waldes oftmals aus einer spärlichen Krautschicht aus Kriech- und Schattenpflanzen, die als Zierpflanzen auch im Schatten unserer Wohnräume gedeihen können. Der Kampf der Bäume um den **Mangelfaktor Licht** führt zu einem ausgeprägten und raschen Längenwachstum. Deshalb bilden die Bäume stützende Brettwurzeln und gerade, dünnrindige Stämme aus, die sich erst in großer Höhe zu einer relativ kleinen Krone verzweigen. Die der direkten Sonneneinstrahlung ausgesetzten Blätter sind zum Verdunstungsschutz klein und ledrig, die Blätter in den schattigen Bereichen oftmals großflächig.

Neben den Bäumen gibt es eine Vielzahl von **Lianen**, die im Kampf ums Licht einen großen Wettbewerbsvorteil haben. Diese Schling- und Rankenpflanzen wie die Rattanpalme oder die Maracujafrucht bauen zunächst kein Festigungsgewebe auf und wachsen entlang von Baumstämmen in relativ kurzer Zeit in die Höhe. Erst wenn sie ans Licht gelangt sind und dort ihre Laubkrone ausgebildet haben, beginnen sie mit der Verholzung ihrer Sprossachse.

Hemiepiphyten wie die Würgefeigen senden Luftwurzeln bis zum Boden. Diese bilden dann um den Stamm ein starkes Gitternetz aus, mit dem der ursprüngliche Wirtsbaum regelrecht erdrosselt werden kann.

Die **Epiphyten** wie Moose, Farne, Orchideen oder Bromelien hingegen siedeln sich sofort in den gut belichteten Baumkronen an. Zur Versorgung mit Wasser und Nährstoffen haben sie frei herabhängende Luftwurzeln, Blätter mit Saugschuppen oder rosettenartige Blatttrichter ausgebildet, mit denen sie das nährstoffreiche Niederschlagswasser direkt aufnehmen können. Die vielen epiphytischen Farne bilden auf den Ästen eine eigene Humusschicht aus, die als Nährstoffgrundlage und Wasserspeicher dient.

M 37: Kakaobaum: Stammblütigkeit

M 38: Orchidee: wasserspeichernder Blatttrichter

1.4 Die Böden

Im Gegensatz zu den günstigen klimatischen Bedingungen sind die Böden der immerfeuchten Tropen weitgehend verarmt. Das reichliche Angebot an Wasser und Wärme bewirkt nämlich eine sehr **starke chemische Verwitterung** des Bodens. Da in den inneren Tropen seit dem Tertiär keine großen Klimaveränderungen eingetreten sind, ist in keiner anderen Klimazone die Intensität der chemischen Verwitterung und somit die Bodenbildung so weit fortgeschritten. Das Ergebnis ist ein außerordentlich **tiefgründiger, mineralstoffarmer Boden**, dessen Mächtigkeit nicht selten über 20 m beträgt.

Charakteristischer Bodentyp ist der **Ferralsol** (lat. ferrum). Wie der Name andeutet, besteht der Boden vorwiegend aus Eisen- und Aluminiumoxiden. Das Eisen ist auch für die gelb- bzw. rotbraune Färbung der Ferralsole verantwortlich.

Für die Mineralstoffversorgung der Böden und damit deren land- und forstwirtschaftliches Ertragspotenzial spielen der Mineralgehalt, die Kationenaustauschkapazität der Tonminerale sowie der Humusanteil die ausschlaggebende Rolle. All diese Faktoren sind aber bei den Ferrasolen nur schwach ausgebildet:

- Der Bestand an Restmineralien und damit das natürliche Reservoir an Pflanzennährstoffen ist durch die intensive chemische Verwitterung größtenteils aufgebraucht.
- Der Ferralsol besteht fast ausschließlich aus Kaolinit, der kleinsten bei der Verwitterung entstehenden Tonmineralfraktion. Bei diesen **Zweischichttonmineralien** können jedoch die Ionen nur in geringer Zahl an den Außenflächen angelagert werden. Deshalb besitzt der Ferralsol nur eine extrem **geringe Kationenaustauschkapazität**, d. h. es können nur wenige Nährstoffe in austauschbarer Form im Boden gespeichert und den Pflanzen zur Verfügung gestellt werden. Dies gilt auch für künstliche, in Form von Mineraldünger zugeführte Nährstoffe, die größtenteils ungenutzt vom Regenwasser weggespült werden.
- Der Humus, der in einer Doppelfunktion nicht nur Mineralstoffe liefert, sondern auch eine hohe Kationenaustauschkapazität besitzt, bildet trotz des ständigen Nachschubs an abgestorbener Biomasse des Regenwaldes nur eine bis zu 30 cm **dünne Humusschicht**. Dies erklärt sich aus dem raschen Abbau der organischen Substanz durch die zahlreichen Mikroorganismen des Bodens. Der Abbau vollzieht sich in den immerfeuchten Tropen etwa fünf- bis zehnmal so schnell wie in den gemäßigten Breiten. Demzufolge ist der Humusgehalt unter tropischem Regenwald letztendlich nur etwa halb so groß wie unter einem mitteleuropäischen Wald.

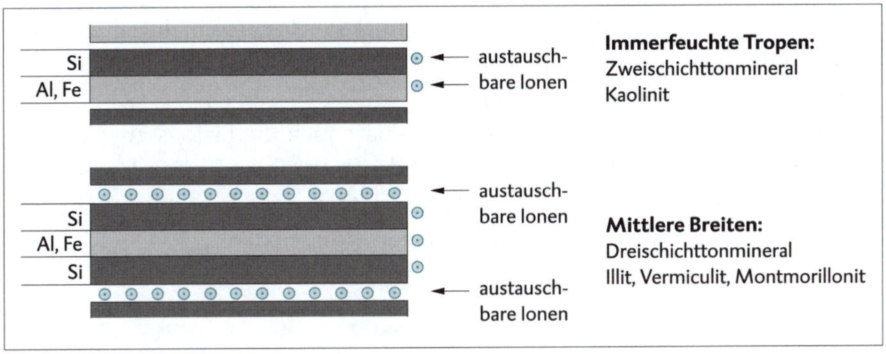

M 39: Aufbau und Kationenaustausch bei Tonmineralien

Für die agrarische Inwertsetzung der immerfeuchten Tropen ist somit der tiefgründig verwitterte, mineralstoffarme Ferralsol mit seiner geringen Kationenaustauschkapazität das größte ökologische Handicap. Allerdings existieren in den inneren Tropen neben den Ferralsolen zum einen in den Flussniederungen noch junge Schwemmlandböden, zum anderen auch vulkanische Ascheböden, die beide einen hohen Mineralstoffanteil aufweisen.

1.5 Der Mineralstoffkreislauf

Trotz dieser ungünstigen Bedingungen stellt der tropische Regenwald die üppigste und produktivste aller natürlichen Waldformen der Erde dar. Denn die abgestorbene Biomasse, die hier ständig in großen Mengen entsteht, wird im feucht-heißen Klima des Regenwalds durch Kleinstlebewesen und Mikroorganismen nach wenigen Monaten komplett zersetzt. Die in der Biomasse enthaltenen Mineralstoffe werden nicht im Boden (wie etwa in den Wäldern der mittleren Breiten) gespeichert, sondern über **Wurzelpilze**, sogenannte Mykorrhizae, sofort wieder den Pflanzen zugeführt. Diese Wurzelpilze umhüllen in einem dichten Geflecht das weit verzweigte Wurzelwerk der Bäume. Sie fungieren als **„Nährstofffallen“**, die die Mineralstoffe aus dem Regen- und Bodensickerwasser aufnehmen und an die feinen Wurzelhärchen ihres „Wirtsbaums“ weitergeben. Die Bäume liefern ihnen im Gegenzug Stärke und Zucker. Fast 99 % der Mineralstoffe werden auf diese Art und Weise im sogenannten **kurzgeschlossenen Nähr- bzw. Mineralstoffkreislauf** sofort in die Biomasse rückgeführt. Da im tropischen Regenwald der größte Teil der Mineralstoffe in der lebenden Biomasse gebunden ist und der Boden aufgrund des geringen Restmineralgehalts kaum Nährstoffe enthält, ist die Nährstoffversorgung nur durch die in der 30 cm dicken Humusschicht wachsenden Wurzelpilze gewährleistet. Deshalb haben die Bäume des Regenwalds auch sehr weitreichende und flache Wurzeln.

Die Wirkungsweise der Mykorrhizae erklärt auch die Ertragsschwäche einjähriger Nutzpflanzen auf Ferralsolen, weil sich bei ihrer kurzen Vegetationszeit kaum Wurzelpilze entwickeln können. Dagegen ist der Anbau mehrjähriger Baum- und Strauchkulturen in der Regel erfolgreicher.

Übungsaufgaben: Das Ökosystem der immerfeuchten Tropen

Aufgabe 12 Erklären Sie die in M 40 dargestellten mikroklimatischen Verhältnisse und begründen Sie, warum die natürliche Vegetation der immerfeuchten Tropen zu 70 % aus Bäumen besteht.

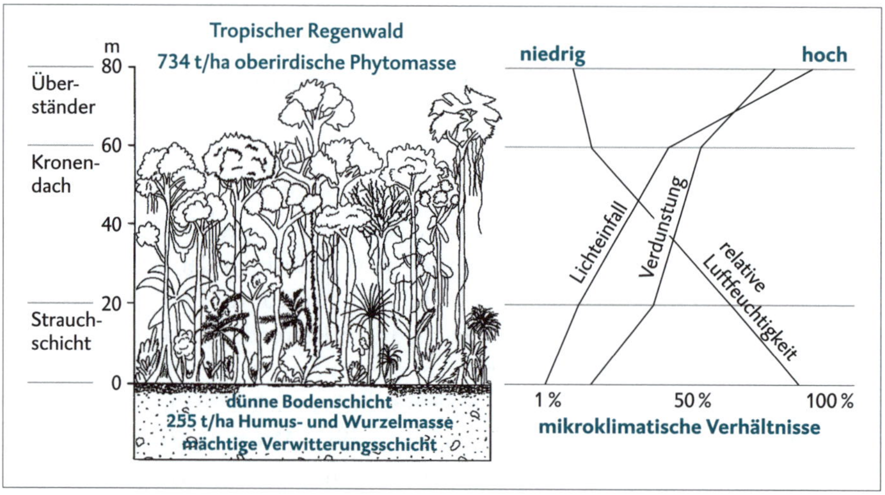

M 40: Vertikalschnitt durch das Ökosystem tropischer Regenwald

Aufgabe 13 Legen Sie die Ursachen für die hohe Biodiversität sowie die große Biomasse des Ökosystems tropischer Regenwald dar.

Aufgabe 14 Belegen Sie die Aussage des Ökologen Weischet, dass die immerfeuchten Tropen „hinsichtlich des agrarwirtschaftlichen Produktionspotenzials von Natur aus wesentlich ungünstiger gestellt sind als diejenigen der Außertropen".

2 Ökologische Folgen unangepasster Landnutzung in den immerfeuchten Tropen

2.1 Das Ausmaß der Abholzung tropischer Regenwälder

Im Verlauf der Menschheitsgeschichte ist die weltweite Waldfläche von 60 Mio. km^2 vor 8 000 Jahren auf heute 33 Mio. km^2 zurückgegangen. Nach der Statistik der Ernährungs- und Landwirtschaftsorganisation der Vereinten Nationen (FAO 2018) nimmt der **tropische Regenwald** – in Bezug auf Produktivität und Artenreichtum das üppigste Ökosystem der Erde – heute mit 13,4 Mio. km^2 immer noch 35 % dieser globalen Waldfläche ein. Doch zerstört der Mensch diese ökologisch intakte Naturlandschaft zunehmend.

Laut einer Analyse der Universität Maryland aus dem Jahr 2018 verschwanden von 1990 bis 2000 4,0 Millionen Hektar (40 000 km^2) pro Jahr. Im Zeitraum 2000 bis 2010 lag der Rückgang bei 6,5 Millionen Hektar (65 000 km^2) – dies entspricht fast der Fläche Bayerns. Über fünf Jahre gerechnet, verschwand somit ein Areal tropischen Regenwalds, das fast so groß wie Deutschland ist. Relativ unberührt sind nur noch etwa 35 Prozent der tropischen Wälder, und auch diese werden voraussichtlich in wenigen Jahrzehnten zum großen Teil in **landwirtschaftliche Nutzflächen** umgewandelt werden. In den vergangenen Jahren hatten Wissenschaftler festgestellt, dass sich das Tempo der Abholzung der Regenwälder immerhin verlangsamt. Die UN-Landwirtschaftsbehörde (FAO) war zum Schluss gekommen, dass von 2000 bis 2015 deutlich weniger Wald verschwunden ist als in den Jahrzehnten davor. So errechneten Studien der FAO von 2000 bis 2015 einen jährlichen Regenwaldverlust von nur 10 000 km^2.

	Fläche in 1 000 ha			Waldverlust pro Jahr in 1 000 ha (%)	
Region	**1990**	**2000**	**2010**	**1990–2000**	**2000–2010**
Amazonasbecken	874 321	835 847	799 394	– 3 847 (– 0,45)	– 3 645 (– 0,44)
Kongobecken	316 078	308 864	301 807	– 721 (– 0,23)	– 706 (– 0,23)
Beckenlandschaften Südostasiens	277 817	252 324	242 048	– 2 549 (– 0,96)	– 1 028 (– 0,41)
Summe	1 468 216	1 397 035	1 343 249	– 7 118 (– 0,50)	– 5 379 (– 0,39)

M 41: Entwicklung der Regenwaldflächen in den drei großen Regenwaldregionen

Die größten geschlossenen Waldgebiete liegen noch in den Staaten Brasilien, Indonesien und der Demokratischen Republik Kongo. Jedoch reduziert Indonesien durch Brände und Abholzung jedes Jahr seinen Regenwald um 15 000 km^2 (3 %). Auch in Brasilien setzt sich die **Zerstörung** des Amazonas-Regenwalds mit unvermindertem Tempo fort. 2019 wurden dort 9 166 km^2 Regenwald abgeholzt, eine Fläche, die zusammengerechnet etwa der Größe Zyperns entspricht. Brasiliens Präsident Bolsonaro steht in der Kritik, weil er die agrarische Nutzung über den Naturschutz stellt. Seit 1970 ist etwa ein Fünftel des ursprünglichen Amazonas-Regenwalds (700 000 km^2) vernichtet worden – durch Brandrodung, Holzeinschlag, Sojaanbau, Rinderzucht, Rohstoffabbau, Stauseen, Verkehrswege und Siedlungen. Dennoch werden in Südamerika große Regenwaldgebiete voraussichtlich noch Jahrzehnte überstehen, Afrika ist dagegen zwischen 2010 und 2020 zum Brennpunkt der weltweiten Waldverluste geworden und wird bald keine großen Naturwälder mehr vorweisen können. **Hauptgründe** sind das Bevölkerungswachstum und die Notwendigkeit der Kleinbauern, ihre Existenzgrundlage zu sichern.

Mittlerweile sind in Nigeria, Vietnam, Kambodscha oder Sri Lanka kaum noch Regenwälder zu finden. Zwischen 1990 und 2015 wurden in Nigeria und Vietnam 79 % bzw. 78 % der Regenwälder abgeholzt. Thailand und die Philippinen haben es im gleichen Zeitraum geschafft, über die Hälfte ihrer Regenwälder zu vernichten. Und in Indien, Bangladesch, Haiti und in der Elfenbeinküste sind die natürlichen Regenwälder mittlerweile quasi völlig gerodet. Und ein Ende der Zerstörung ist nicht abzusehen.

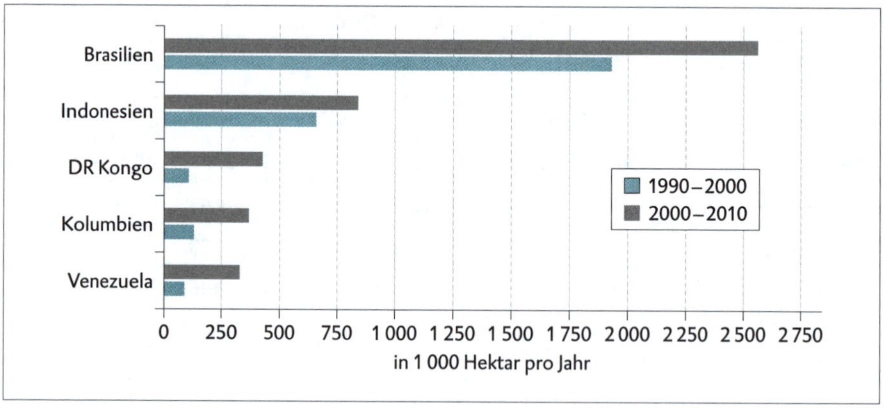

M 42: Länder mit dem größten Rückgang tropischen Regenwalds

2.2 Ökologische Folgen der Rodung tropischer Regenwälder

Die Zerstörung der tropischen Regenwälder führt nicht nur zur irreversiblen Schädigung eines intakten, in sich geschlossenen Ökosystems, sondern hat auch weitreichende Folgen für den Menschen. Die Waldgebiete der Tropen sind Lebensraum von rund 300 Mio. Menschen und versorgen diese Menschen mit Wasser, Holz, Gummi, Nahrung und Heilpflanzen. Regenwälder beeinflussen aber auch das regionale und globale Klima, schützen vor Überschwemmungen und beherbergen die Hälfte aller Tier- und Pflanzenarten der Erde.

Mineralstoffverlust und Bodenerosion

Der tropische Regenwald ist bei einem geschlossenen Mineralstoffkreislauf ideal gegen Nährstoffverluste abgesichert, lebt sozusagen aus sich selbst. Wird der Wald gerodet, verliert er hierdurch alle im oberirdischen Ökosystem gespeicherten Mineralstoffe. Bei **Brandrodung** werden dem Boden mit der Asche zwar zunächst viele freigesetzte Mineralstoffe zugeführt. Da die Zweischichttonminerale des Ferralsols aber kaum Mineralstoffe speichern können, lagern sich diese auf der oberflächlichen Humusschicht an. Weil die Humussubstanz aber nicht mehr durch das Blätterdach geschützt wird, trifft die Sonnenstrahlung direkt auf die Erdoberfläche. Der bisher durchfeuchtete **Oberboden trocknet aus und verkrustet**. Auch die kräftigen und hohen Niederschläge gelangen nun ungehindert auf die Erdoberfläche, zerstören die Bodenstrukturen und führen zu **Bodenerosion**. Damit wird der geschlossene Mineralstoffkreislauf an seiner entscheidenden Stelle unterbrochen, denn mit dem Absterben der Wurzelpilze verschwinden die „Nährstofffallen". Die tropischen **Starkregen** können die freigesetzten **Mineralstoffe ungehindert wegspülen**. Dadurch verarmt der Boden sehr schnell an Mineralstoffen, sodass der zerstörte tropische Regenwald nur noch eingeschränkt oder gar nicht mehr zur Regeneration fähig ist. Je nach Intensität und Häufigkeit der Rodungen entsteht zuerst ein artenärmerer Sekundärwald, später savannenartige Graslandschaften bis hin zu verödeten und versandeten Flächen. Da auf solchen Flächen eine Wiederaufforstung nicht mehr möglich ist, geht der tropische Regenwald unwiederbringlich verloren.

Veränderter Wasserhaushalt und Überschwemmungen

Die Rodung vermindert auch das Wasserrückhaltevermögen des tropischen Regenwaldes. Der freiliegende Oberboden kann nur noch wenig Feuchtigkeit speichern und trocknet aus. Der **Grundwasserspiegel sinkt ab**. Die tropischen Starkregen prallen direkt auf die Oberfläche und das Regenwasser mit der Bodenkrume fließt oberflächlich direkt in Bäche und Flüsse ab. An den Unterläufen der Flüsse hingegen kommt es durch die hohe Sedimentfracht zur Verschlammung der Täler, zur Erhöhung des Flussbettes und infolge von Starkregen zu häufigeren und stärkeren **Überschwemmungen**.

Reduzierte Niederschläge und Temperaturanstieg

Der tropische Regenwald speichert rund drei Viertel der Niederschläge bzw. die Niederschläge verdunsten sofort an Ort und Stelle. Das gespeicherte Wasser wird über die gewaltige Blattoberfläche des Waldes wieder an die Atmosphäre abgegeben. Das verdunstete Wasser wiederum kondensiert und fällt als Regen nieder. Viele Mio. Tonnen Wasser zirkulieren auf diese Weise in einem endlosen Kreislauf. Wenn aber der Wald gerodet ist, verdunstet das Wasser auf den entwaldeten und aufgeheizten Flächen sehr schnell. Als Folge **verringert sich** in den großflächigen Rodungsgebieten die **Bodenfeuchte** um 60 %, die **Verdunstung** um etwa 30 % und die **Niederschläge** um etwa 30 %. Wassermangel und Dürreperioden sind die Folge. Zudem ist in gerodeten Gebieten ein **Temperaturanstieg** um 3 °C zu registrieren.

Außerdem verändert der Verlust der Regenwälder die **globale Wärme- und Wasserzirkulation**. Aus dem tropischen Regenwald steigen Billionen Tonnen Wasser als Wasserdampf in Höhen von bis zu 8 000 m auf. Mit dem aufsteigenden Wasserdampf wird die durch Sonneneinstrahlung an der Erdoberfläche erzeugte Wärmeenergie hoch in die Atmosphäre transportiert. Dort erst bilden sich Regentröpfchen. Die dabei freigesetzte Wärme treibt in diesen Höhen das Wettergeschehen an und beeinflusst die globale Luftzirkulation. Noch ist schwer vorauszusehen, welche Folgen eine reduzierte Verdunstung in den immerfeuchten Tropen auf diese globalen Zirkulationen und insbesondere für die Niederschlagsverteilung auf der Erde hat.

Verlust des Kohlenstoffspeichers und globale Erwärmung

Die Biomasse der tropischen Wälder stellt neben den Böden den größten **Speicher für Kohlenstoffdioxid** (CO_2) dar. Allein in der Biomasse der Regenwälder Amazoniens steckt so viel Kohlenstoff, wie die gesamte Menschheit in zehn Jahren verbrennt. Mithilfe von Sonnenlicht und Wasser entziehen die Regenwälder der Luft nahezu zwei Mrd. t CO_2 im Jahr und wandeln es in Sauerstoff um. Werden sie gerodet, reduziert sich dieser Speicher. Geschieht dies durch Brandrodung, gelangt dadurch zusätzlich noch CO_2 in die Luft. Der CO_2-Anstieg in der Atmosphäre aber verstärkt den sogenannten **Treibhauseffekt**. Ein weltweiter Temperaturanstieg könnte die Folge sein. Ein großer

Teil der Menschheit würde dann durch extreme Wetterereignisse wie Stürme und Starkregen, aber auch durch Überschwemmungen und Dürreperioden bedroht. Auch die Verschiebung ganzer Klimagürtel wäre nicht auszuschließen. Demgegenüber geht die enorme **Sauerstoffproduktion** der Regenwälder im Zuge ihrer Vernichtung zurück.

Verlust der Artenvielfalt und des Genpools

Mit der Rodung des tropischen Regenwalds ist eine unwiderrufliche Vernichtung der Vielfalt von Flora und Fauna in diesem einzigartigen Ökosystem verbunden. **Genetische Armut** ist die Folge, denn die Wälder der Tropen beherbergen über die Hälfte aller Tier- und Pflanzenarten der Welt, von denen bisher nur etwa 1,75 Mio. Arten entdeckt wurden. Die tatsächliche Zahl wird auf bis zu 100 Mio. geschätzt. Bei der gegenwärtigen Zerstörungsrate sterben jedoch jährlich über 17 000 Arten aus. Doch mit dem Verlust der einzigartigen Artenvielfalt an Pflanzen und Tieren geht aber auch der **Verlust des Genpools** für Arzneimittel, Gewürze, natürliche Werk- und Farbstoffe sowie Nahrungsmittel für den Menschen einher – ein ökonomisch unschätzbarer Schaden für die Entwicklungsländer der Tropen.

2.3 Ursachen für die Rodung tropischer Regenwälder

Solange sich die menschlichen Eingriffe im tropischen Regenwald auf Jagd und Fischfang, das Sammeln von Früchten oder das Zapfen von Kautschuk beschränken, bleibt das Ökosystem intakt. Wird aber der geschlossene Mineralstoffkreislauf unterbrochen, so kommt es früher oder später zur Zerstörung des Regenwalds. Die Ursachen hierfür sind vielfältig und greifen komplex ineinander, teilweise verstärken sie sich gegenseitig. Unmittelbare Eingriffe, die zum Rückgang der Wälder führen, sind die Umwandlung in landwirtschaftliche Flächen oder Viehweiden, der industrielle Holzeinschlag, die Förderung von Rohstoffen, die Gewinnung von Strom sowie der Ausbau der Infrastruktur in den tropischen Wäldern.

Wald-Feld-Wechselwirtschaft (Shifting Cultivation)

Im tropischen Regenwald ist der Anbauflächenwechsel die traditionelle Form des Ackerbaus, da sie am besten an die natürlichen Bedingungen des Ökosystems angepasst ist.

Erster Schritt der Bodennutzung ist die **Brandrodung**. Zunächst wird ein Waldstück gerodet, ohne die Baumstümpfe aus dem Boden zu entfernen. Zum

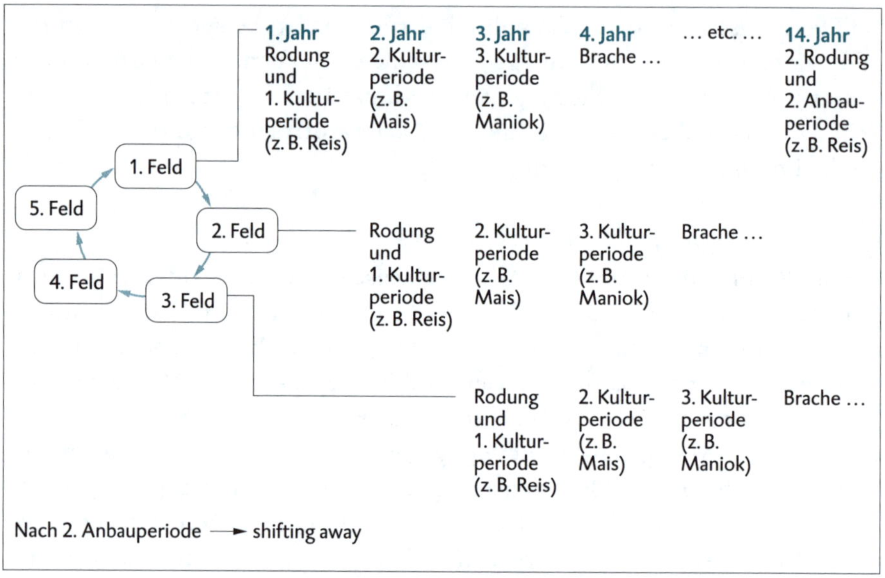

M 43: Modellhafte Darstellung der Rotation in der Landwechselwirtschaft

Ende der Trockenzeit wird das Rodungsholz abgebrannt. Die **Asche liefert** dem Boden die **Mineralstoffe**, Unkraut und Schädlinge werden vernichtet. Im ersten Jahr ist der Ertrag hoch, danach nimmt er aber sehr schnell ab. Denn da der Boden die Mineralien nicht speichern kann, werden diese von den häufigen Starkregen schnell ausgewaschen.

Schon nach zwei, spätestens nach vier Jahren muss aufgrund des Ertragsrückgangs das Feld aufgegeben werden und bleibt brach liegen. Und da Dünger kaum hilft, muss jedes Jahr ein neues Waldstück gerodet werden. Bei dieser **Landwechselwirtschaft** rotiert eine **mehrjährige Fruchtfolge** unter Einbeziehung immer wieder neu gerodeter Flächen. Auf den aufgegebenen Brachflächen hingegen entwickelt sich ein artenärmerer Sekundärwald. Erst wenn nach etwa 15 bis 20 Jahren die Biomasse nachgewachsen ist, sodass ausreichend Mineralstoffe vorhanden sind, wird dieses Waldstück wieder in die Anbaurotation einbezogen. Kommt es nach zwei bis drei Anbauperioden auch noch zur Verlegung der Siedlungsflächen, so spricht man von **Wanderfeldbau**.

Dieser rotierende Anbau von Trockenreis, Mais, Patate oder Maniok in Mischkultur dient aufgrund der sehr geringen Flächenerträge fast ausschließlich der **Selbstversorgung**, hat aber einen **hohen Flächenbedarf** von etwa 1 km^2 pro 30 Personen. Bei einer sehr geringen Bevölkerungsdichte ist diese traditionelle Landwechsel- und Subsistenzwirtschaft eine relativ schonende Nutzung tropischer Wälder, da die stehen gelassenen Baumstümpfe sowie der Einsatz eines

Pflanzstocks zur Saat das Bodenpilzgeflecht nur gering schädigt und großflächige Erosion vermeidet.

Doch wird heute der Anbauflächenwechsel infolge der zunehmenden Bevölkerung und abnehmender Landreserven immer mehr eingeschränkt. Die **Anbauintervalle** bzw. **Brachzeiten** werden **verkürzt** und das Ökosystem kann sich nicht mehr ausreichend regenerieren. Dieser Raubbau führt schließlich zur **Auslaugung des Bodens** und letztendlich zur Zerstörung der tropischen Regenwälder.

Kleinbäuerlicher Dauerfeldbau

Die Zerstörung der tropischen Regenwälder geht heute zu etwa einem Drittel auf kleinbäuerliche Siedler zurück, deren Zahl weltweit auf 300 bis 500 Mio. geschätzt wird. Weshalb dringen die Menschen immer tiefer in die Regenwälder vor? Die Gründe für diese Wanderungen sind im Wesentlichen ökonomischer und politischer Natur.

In den letzten 25 Jahren hat sich die Bevölkerung in den Ländern mit tropischem Regenwald nahezu verdoppelt. Um neben der Selbstversorgung auch die benötigten Nahrungsmittel für den Markt zu erzeugen, geht man immer mehr dazu über, alle verfügbaren Flächen im **Dauerfeldbau** zu bewirtschaften. Bisher unberührte Waldgebiete werden meist großflächig gerodet, die Baumstümpfe vollständig entfernt und die Böden zum Teil sogar maschinell bearbeitet. Eine Waldbrache und das Nachwachsen des **Sekundärwaldes zur Regeneration der Mineralstoffe** sind hier **kaum noch möglich**. Die Ernteerträge gehen wegen der falschen Einschätzung des natürlichen Potenzials, aber auch wegen Kapitalmangels und fehlender Kenntnisse schnell zurück. Resigniert geben viele Kleinbauern ihr Land auf und ziehen auf der Suche nach neuem, „fruchtbarem" Land immer weiter in den tropischen Regenwald. Der Dauerfeldbau sichert zwar in den ersten Jahren eine ausreichende Nahrungsmittelerzeugung, führt aber langfristig zur großflächigen Zerstörung des tropischen Regenwalds.

Gefördert wird diese großflächige Besiedlung oftmals durch die Regierungen der Regenwaldländer. Im Zuge von **Agrarkolonisationen** werden Millionen von Menschen in die kaum bevölkerten Regenwaldregionen umgesiedelt – wie etwa nach Rondônia im Amazonasbecken Brasiliens oder auf die Außeninseln Indonesiens wie im „Transmigrasi-Projekt". Solche staatlich gelenkten Agrarkolonisationen verfolgen direkt oder indirekt folgende Ziele:

- Entlastung übervölkerter ländlicher Regionen und Großstädte,
- Abbau von Disparitäten durch Inwertsetzung entlegener Staatsgebiete,
- Landvergabe an Kleinbauern, Landlose und Pächter,

- Vermeidung von sozialen Unruhen aufgrund ungleicher Besitzverteilung, fehlender Agrarreformen auf Altsiedelland sowie Arbeitslosigkeit, Armut und Hunger.

Aber auch **Bürgerkriege** in politisch instabilen Regionen wie in Zentralafrika sind eine Ursache für die Zerstörung der tropischen Regenwälder. Kriegerische Auseinandersetzungen zwischen verfeindeten ethnischen Gruppen zwingen die Menschen zur Flucht in die nur wenig besiedelten Regenwald-Regionen. Dort versuchen sie dann, ihren Lebensunterhalt als Kleinbauern zu bestreiten.

Viehwirtschaft

Um die eigene Fleischversorgung zu verbessern, aber auch um Devisen durch den Fleischexport zu erwirtschaften, vergeben Regierungen große Flächen tropischen Regenwaldes an Großgrundbesitzer oder ausländische Investoren zur Anlage von Rinderfarmen, sogenannten **Fazendas**. Die Anlage von **Grasmonokulturen für extensive Tierhaltung** ist die einfachste Art, riesige Regenwaldflächen landwirtschaftlich zu erschließen. Nach der Brandrodung säen meist Flugzeuge schnell wachsende tropische Gräser auf die Rodungsflächen. Um das Nachwachsen frischer Gräser zu ermöglichen, werden die alten Weidegräser jährlich niedergebrannt. Trotzdem müssen immer wieder neue Flächen erschlossen werden, denn Dornbüsche, Gestrüpp und giftige Pflanzen verdrängen die Futtergräser. Schätzungen gehen davon aus, dass die Ausdehnung der Rinderhaltung für 60 % der Entwaldung im Amazonasgebiet verantwortlich ist. So wurden z. B. in den Jahren 1990–1995 in Brasilien allein 12,4 Mio. ha Regenwald gerodet, um die gewonnenen Flächen zu Weideland umzuwandeln. Auf diesen künstlichen Weiden grast dann pro Hektar Weidefläche ein Rind. Welch eine Verschwendung für **eine geringe Fleischproduktion** von etwa 40 kg pro Jahr und Hektar (zum Vergleich: Deutschland 2 500 kg).

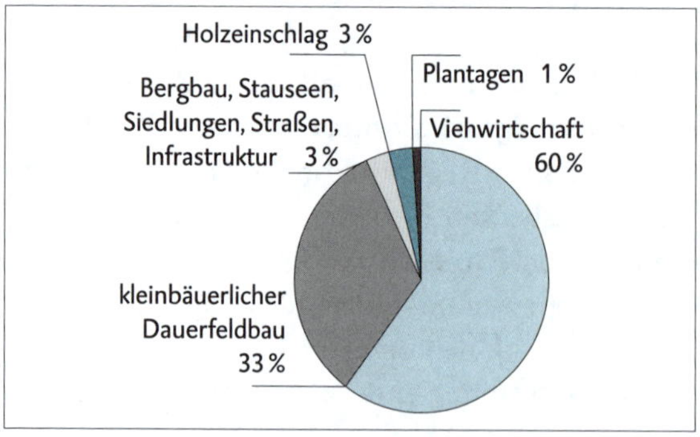

M 44: Ursachen der Regenwaldvernichtung im Amazonasgebiet

Plantagen

Plantagen produzieren tropische Nahrungsmittel wie Bananen, Kaffee, Kakao, aber auch pflanzliche Rohstoffe wie Kautschuk oder Palmöl für den Weltmarkt, sogenannte **Cash Crops**. Deshalb lassen vor allem kapitalkräftige europäische und nordamerikanische, aber auch einheimische Großkonzerne riesige Flächen tropischen Regenwaldes roden, um dort **agroindustrielle Großbetriebe** zu errichten. Die von ihnen gepflanzten **Baum- und Strauchkulturen** greifen nur geringfügig in den tropischen Mineralstoffkreislauf ein, da sie **im Aufbau dem tropischen Regenwald entsprechen**: Ihr dichtes Blätterdach dämpft den Aufprall des Regens, ihre Wurzeln schützen den Boden vor Erosion, sodass oft eine mehrjährige Nutzung möglich ist. Zudem ermöglichen die Bestands- und Ernteabfälle die Ausbildung einer dünnen Humusschicht, die auch Dünger speichern kann. Allerdings sind die Plantagenböden meist nach zwanzig Jahren erschöpft. Flächenreserven für Neuanpflanzungen bieten dann nur noch die bestehenden Regenwälder der Umgebung.

In den letzten Jahren kommt es durch den Anbau von Ölpalmen oder Zuckerrohr zur Ausweitung der Plantagenflächen. Der Bedarf an diesen nachwachsenden billigen Agrartreibstoffen ist durch die Verteuerung fossiler Energieträger und die Absicht der Industrienationen, den Ausstoß von Treibhausgasen zu verringern, sehr groß. Dabei spielt bei den Biokraftstoffen vor allem die CO_2-Neutralität eine Rolle. Das bedeutet, dass bei der Verbrennung von biogenen Kraftstoffen nur so viel klimaschädliche CO_2-Emissionen in die Atmosphäre abgegeben werden, wie die Pflanze bei ihrem Wachstum zuvor aus der Atmosphäre entnommen hat. So werden jedes Jahr in den Tropen knapp 50 000 km^2 für neue Plantagenflächen durch Umwandlung von Regenwaldgebieten angelegt.

Ein weiteres ökologisches Problem ist die Anfälligkeit der **Monokulturen** für Schädlings- und Pilzbefall, was nur durch den hohen Einsatz von Pflanzenschutzmitteln verhindert werden kann. Giftige Rückstände der Pflanzenschutzmittel reichern sich im Boden, in Flüssen und im Grundwasser an.

Holzeinschlag

Die Vernichtung der Regenwälder folgt einem zerstörerischen Zyklus: Holzfäller schlagen die wertvollen Bäume und „öffnen" die intakten Regenwälder, um die Holzstämme abtransportieren zu können. Auf den Straßen strömen Siedler und Viehzüchter in die Wälder und verbrennen das, was die Holzfäller übrig gelassen haben.

Der tropische Regenwald produziert einen weltweit begehrten Rohstoff: tropische Edelhölzer. Die vielfältigen Baumarten haben im Überlebenskampf wertvolle Eigenschaften entwickelt: Abwehrstoffe, die vor Fäulnis und Insekten schützen, besonders hartes, bunt gefärbtes oder extrem leichtes Holz. Zudem haben Edelhölzer wegen des langsamen, gleichmäßigen Wachstums eine feine Maserung, sehr gerade, dicke Stämme, keine Astlöcher und eine besonders schöne Färbung. Deshalb erwerben internationale Konzerne im Regenwald Konzessionen zum Holzeinschlag. Im Kongo kontrolliert z. B. eine ausländische Holzfirma 47 000 km^2 Holzeinschlagsgebiet – eine Fläche so groß wie Niedersachsen.

Da auf einem Hektar Regenwald höchstens zehn Edelhölzer wachsen, durchforschen die Baumsuchtrupps den Wald nach geeigneten Bäumen. Um die Edelhölzer zu fällen und abzutransportieren, schlagen die Holzfäller breite Schneisen in den Wald. Mit schweren Maschinen werden die gefällten Bäume zu in den Wald getriebenen Abfahrtsstraßen gezogen und dort auf große Lkws verladen. Diese **selektive Holznutzung**, die im Gegensatz zum Kahlschlag dem Wald nur einzelne Bäume entnimmt, bleibt jedoch nicht ohne Folgen für die Umgebung: Beim Fällen reißt der Baumriese 20 bis 30 Bäume und zahllose andere Pflanzen mit sich. Die schweren Maschinen walzen Bäume sowie Sträucher nieder und verletzten die empfindliche Humusschicht des Bodens. Um ein bis zwei Stämme aus einem Hektar entnehmen zu können, werden 70 % der restlichen Vegetation schwer geschädigt. Doch da die Schäden an der Natur nicht bezahlt werden müssen, sind für multinationale Konzerne tropische Hölzer billiger als die Hölzer der nördlichen oder gemäßigten Breiten, obwohl sie um die halbe Erde transportiert werden.

Rohstoffabbau

Aufgrund ihrer Lage auf alten kristallinen Schilden ist der Untergrund unter den Regenwäldern Amazoniens oder des Kongobeckens in Afrika reich an Bodenschätzen wie Eisen- und Kupfererze, Nickel, Zinn, Coltan, Gold oder Diamanten. Zum Beispiel findet man im Hügelland von Carajás in Brasilien das reichste Eisenerzlager der Welt, das mit geschätzten 18 Mrd. t und einem Eisengehalt von 66 % den gesamten **Weltbedarf** Jahrhunderte lang decken könnte. Jährlich werden dort 50 Mio. Tonnen Eisen, aber auch 10 Tonnen Gold gefördert, dazu 360 000 Tonnen Aluminium produziert. Um diese auf einer Fläche von 830 000 km^2 – der Größe Bayerns – im Tagebau geförderten Rohstoffe exportieren zu können, wurde eine rund 900 km lange Eisenbahnlinie an die Küste gebaut. Eisenerzmine, die Verkehrsinfrastruktur, neue Siedlungen und besonders die Eisenhütten führen zu enormen Verlusten an Regenwald.

Denn die Eisenhütten benutzen zum Schmelzen des Erzes Holzkohle. Bei der momentanen Roheisenmenge von 2,5 Mio. t verkohlen jährlich ca. 6 000 km^2 Regenwald zu Holzkohle.

Hydroenergieerzeugung

Um den steigenden Energiebedarf zu decken und die Einfuhr der teuren Energieträger Erdöl und Kohle gering zu halten, wird in den Entwicklungs- und Schwellenländern der Tropen zunehmend Strom in Wasserkraftwerken erzeugt. Da in den immerfeuchten Tropen die anfallenden Wassermengen zwar hoch, jedoch das Relief meist eben und die Fließgeschwindigkeit der Flüsse gering ist, benötigen die Wasserkraftwerke zur effektiven Stromerzeugung lange Staudämme und riesige Stauseen, in denen Tausende km^2 Regenwald verfaulen – optimale Bedingungen für die Erreger bzw. Überträger von Malaria und Bilharziose.

2.4 Maßnahmen zum Schutz des Regenwalds

Wichtige Ansätze zum Schutz tropischer Wälder gehen auf die **Agenda 21** zurück. In diesem entwicklungs- und umweltpolitischen Aktionsprogramm für das 21. Jh. wurde auf der „Konferenz für Umwelt und Entwicklung der Vereinten Nationen" (UNCED) in Rio de Janeiro (1992) ein Leitpapier zur **nachhaltigen Entwicklung** der tropischen Regenwaldgebiete beschlossen. Doch deren Umsetzungsvorschläge wie der „Tropenwaldaktionsplan", die „Konvention zu biologischer Vielfalt" oder die „Einrichtung eines weltweiten Schutzgebietssystems bis 2010" sind allesamt unverbindlich und haben deshalb bisher keine spürbaren Erfolge für den Schutz der Regenwälder gebracht. Denn in den meisten Entwicklungsländern ist der Schutz von Primärwäldern politisch nicht relevant und daher eine ökologische Waldbewirtschaftung derzeit nicht durchführbar. Holzprodukte aus Raubbau werden weiter weltweit gehandelt und verkauft, denn es fehlt an gesetzlichen Maßnahmen und den notwendigen Kontrollen, um Geschäfte mit illegalem Holz zu sanktionieren.

Ebenso müssten die tieferliegenden Ursachen für die Zerstörung der tropischen Wälder bekämpft werden, wie z. B. die ungerechte agrarsoziale Situation der heimischen Bevölkerung. Der Tropenwald verschwindet am schnellsten in Ländern, die an hoher Verschuldung, Arbeitslosigkeit, Überbevölkerung und Armut leiden. Holzeinschlag und Landwirtschaft sind dort meist die wichtigste Einkommensquelle für die lokale Bevölkerung. So brauchen die

Regenwaldländer einen wirksamen Schuldenerlass und mehr Maßnahmen zur Verbesserung der Lebenssituation der Bevölkerung, um die Vernichtung der Regenwälder zu stoppen.

Zahlreiche Organisationen und auch Privatpersonen haben es sich zur Aufgabe gemacht, den Regenwald zu schützen und dem Raubbau entgegenzuwirken. Wichtige Maßnahmen zum Erhalt des tropischen Regenwaldes sind:

- Ausweisung von Schutzgebieten, in denen die wirtschaftliche Nutzung stark eingeschränkt ist,
- Sicherung angepasster Nutzung der Regenwälder durch Ausweisung von Sammlerreservaten zur Gewinnung z. B. von Heilpflanzen, Kautschuk, Paranuss, Baumölen und -harzen,
- Erlass von Regeln und Gesetzen zur Kontrolle und Bekämpfung von Waldbränden,
- Forstmanagement mit nachhaltigem Holzeinschlag, das heißt, dass nicht mehr Holz aus dem Wald entnommen werden darf, als auf natürliche Weise wieder nachwachsen kann. Zudem werden Konzessionen zur Waldnutzung mit der Auflage verbunden, vernichtete Wälder aufzuforsten,
- Verwendung von Holz mit „Forest Stewardship Council"-Zertifikat (FSC) als Nachweise für Holz aus einer ökologisch und sozial vertretbaren, nachhaltigen Forstwirtschaft.

Übungsaufgaben: Ökologische Folgen unangepasster Landnutzung in den immerfeuchten Tropen

'gabe 15 In M 45 sind charakteristische Anbauprodukte der tropischen Landwechselwirtschaft dargestellt.
Zeigen Sie auf, inwiefern sich Brandrodung und Landwechselwirtschaft an die mineralstoffarmen Ferralsole des tropischen Regenwalds angepasst haben.

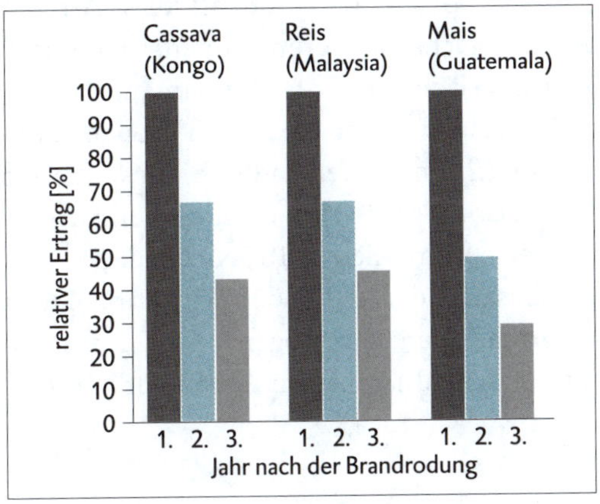

M 45: Charakteristische Anbauprodukte der tropischen Landwechselwirtschaft

fgabe 16 Erläutern Sie die Auswirkungen der Rodung tropischer Regenwälder auf das regionale und globale Klima.

fgabe 17 Ordnen Sie tabellarisch den menschlichen Eingriffen in den Regenwald die damit verbundenen Zielsetzungen zu.

3 Das Ökosystem der wechselfeuchten Tropen

3.1 Abgrenzung und Lage der wechselfeuchten Tropen

Die wechselfeuchten Tropen sind der Teil der Tropen, der durch den saisonalen Wechsel von trockeneren und feuchteren Perioden bzw. Trocken- und Feucht- oder Regenzeiten charakterisiert wird. Dazu steigt mit abnehmender Niederschlagshöhe die Variabilität der Niederschläge, die Einfluss auf die Vegetation und die Bodenbildung nimmt. Große Teile Südamerikas, Afrikas, Südasiens und Australiens liegen in den wechselfeuchten Tropen, die je nach Definition ca. 15 % der gesamten Festlandsfläche der Erde einnehmen.

Von den immerfeuchten Tropen einerseits und den trockenen Tropen andererseits unterscheiden sich die wechselfeuchten Tropen dadurch, dass in ihnen jeweils über mehrere Monate hinweg saisonal aride und humide Verhältnisse herrschen. Entsprechend der Dauer der sommerlichen Regenzeit ergibt sich eine breitenkreisparallele Abfolge der Zusammensetzung der Vegetation. Diese äußert sich in zonalen Vegetationsformationen, den sogenannten Savannen (spanisch „Grasebene"), mit einem unterschiedlich hohen Anteil von Gräsern und Holzgewächsen.

3.2 Die Savannen der wechselfeuchten Tropen

Die Feuchtsavanne

Mit dem Übergang von den immerfeuchten zu den wechselfeuchten Tropen ändert sich der saisonale Rhythmus der Vegetation, sodass mit dem Auftreten von ariden Monaten gleichzeitig auch viele Bäume ihre Blätter verlieren. Der immergrüne Regenwald geht in einen halbimmergrünen (regengrünen) Wald über, zu dem auch die Monsunwälder Süd- und Südostasiens gehören.

Die typischen klimatischen Verhältnisse der Feuchtsavannenzone unterscheiden sich bereits deutlich von den inneren Tropen. So nehmen die Temperaturunterschiede im Jahresverlauf mit einem heißen Frühjahr, einem warmen Sommer und einem vergleichsweise kühlen Winter zu. Allerdings sind die jahreszeitlichen Temperaturunterschiede noch immer geringer als die tageszeitlichen. Wesentlich bedeutsamer sind die **hygrischen Bedingungen**. Zwar weisen die mittleren Jahresniederschläge immer noch zwischen 1 500 und 2 000 mm auf, aber die Niederschlagsverteilung zeigt eine niederschlagsarme bis -freie, kühlere und eine niederschlagsreiche, wärmere Jahreszeit. Die Dauer der Trockenzeit beträgt bis zu fünf aride Monate.

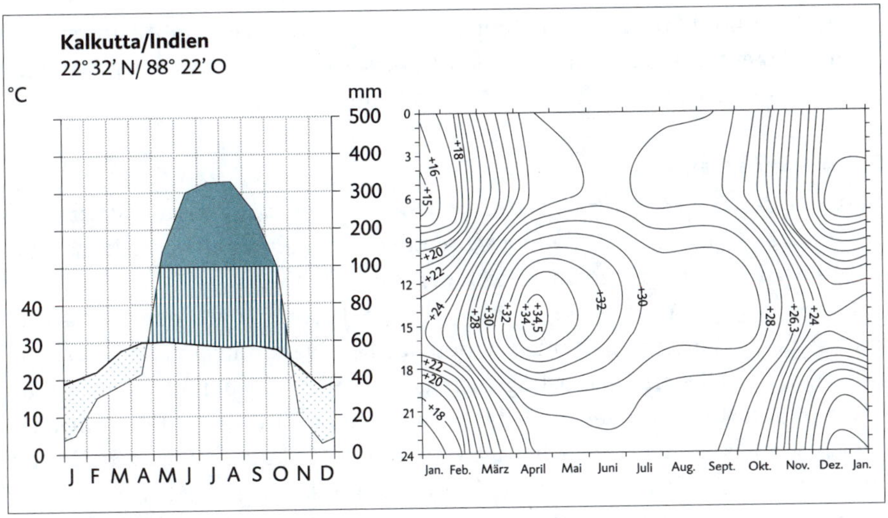

M 46: Kalkutta: Klima- und Thermoisoplethendiagramm

Die Pflanzengesellschaft einer typischen Feuchtsavanne ist dem Jahresgang der Niederschläge und den unterschiedlichen Bodenverhältnissen angepasst. Holzgewächse und Gräser, die in anderen Ökozonen miteinander konkurrieren, wachsen nebeneinander. Die **Gräser** entwickeln ein weitverzweigtes Wurzelsystem, das eine optimale Ausnutzung des Wassers gewährleistet. In der Trockenzeit sterben sie bis auf den geschützten Vegetationskegel, die Spitze des Blattsprosses, schnell ab, da sie keinerlei Verdunstungsschutz besitzen. Die **Holzpflanzen** haben im Vergleich zu den Gräsern ein tiefer reichendes Wurzelsystem und gelangen so in Bodenschichten, die von den Gräsern nicht erreicht werden. Obwohl die Holzpflanzen durch Laubabfall die Transpiration einschränken, benötigen sie auch in der Trockenzeit ausreichende Wassermengen.

Wo stets mit Niederschlagsmengen von über 1 000 mm zu rechnen ist, dürften aus klimatischen Gründen überhaupt keine natürlichen Grasländer anzutreffen sein. Viele der als Feuchtsavanne bezeichneten Pflanzengesellschaften sind deshalb anthropogenen Ursprungs. Dies gilt im Besonderen für Afrika, wo der „**Savannisierungsprozess**" vermutlich infolge der **Brandrodung** zur ackerbaulichen Nutzung und der Beweidung durch Viehherden einsetzte. Dabei blieben wirtschaftlich verwertbare Bäume von der Brandrodung ausgespart. Die Umwandlung der Waldgebiete in landwirtschaftliche Nutzflächen war mit zunehmender Bodenerosion, Verminderung der Ertragskraft der Böden und dem Brachfallen der Flächen nach wenigen Anbaujahren verbunden. So entstanden sogenannte **Sekundärsavannen**, anthropogen bedingte ausgedehnte Parklandschaften mit lichtem Baumbestand.

Die Trockensavanne

Die Zone der Trockensavanne erstreckt sich zonal von ca. 12 bis 18° Breite beiderseits des Äquators. Auf den Ostseiten der Kontinente reicht sie intrazonal sogar bis zur Tropengrenze im Bereich der Wendekreise.

Die Jahreswasserbilanz der Trockensavanne, berechnet aus dem Verhältnis von mittlerem Jahresniederschlag zu potenzieller Evapotranspiration, ist semiarid, d. h. der Niederschlag beträgt weniger als 50 % der potenziellen Evapotranspiration. Im Jahresverlauf fallen mindestens 500 bis zu 1 000 mm Niederschlag meist konvektiv als heftige Gewitter im Sommerhalbjahr. Im Mittel gibt es noch fünf bis sechs humide Monate, nur selten reichen vier humide Monate zur Ausbildung der Trockensavannenvegetation aus. Auffällig ist die Zunahme der **Niederschlagsvariabilität**. Das Beispiel von Niamey zeigt, dass in Trockenjahren der Jahresniederschlag nur etwa 50 % des langjährigen Mittels erreicht, in Feuchtjahren aber dieses um zwei Drittel übertrifft.

In den feuchteren Teilen der Trockensavanne kommt es zur Ausbildung regengrüner bzw. tropischer **Trockenwälder**. Die in der Trockenzeit laubabwerfenden Bäume besitzen bereits eine Schirmform und können im Stamm über längere Zeit Wasser speichern, wie der für Afrika charakteristische Affenbrotbaum oder Baobab. Die Gräser sind bis 1,50 m hoch, sie dominieren in den trockeneren Teilen der Trockensavanne.

In der Zone der Trockensavanne ist noch **Regenfeldbau** möglich, der aber nur eine Ernte im Jahr erlaubt. Anbaufrüchte für die Subsistenz sind Mais, Gerste und Hirsearten. Dort, wo Bewässerung möglich ist, werden Baumwolle und Erdnüsse als **Cash Crops** angebaut.

In dem Maße, wie der Ackerbau an Bedeutung verliert, gewinnt die **Viehhaltung** von Rindern an Bedeutung. Die zunehmende Intensivierung der landwirtschaftlichen Nutzung in Verbindung mit Brandrodung hat auch in der Trockensavanne zu einer Abnahme der Holzgewächse und dem Auftreten ausgedehnter baumloser Grasländer geführt.

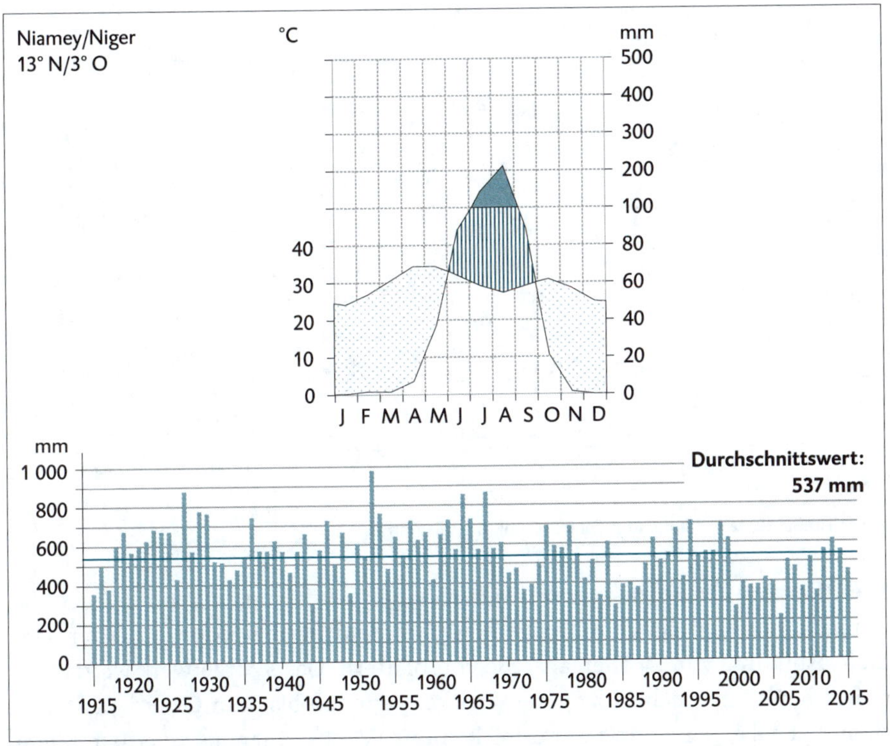

M 47: Niamey (Niger): Klimadiagramm und Jahresniederschlag 1915–2015

Die Dornsavanne

Die Zone der Dornsavanne bildet den **Übergang** von den wechselfeuchten Tropen zu den ariden Randtropen. Die Trockenzeit umfasst acht bis elf aride Monate, ein bis vier Monate im Jahresverlauf sind noch humid. Es fallen 250 bis 500 mm Niederschlag im Jahr, eine Schwankung der jährlichen Niederschlagsmenge um ein Drittel ist normal. Extreme **Dürrejahre** mit noch geringerem oder gar keinem Niederschlag treten dann auf, wenn die Konvektionsniederschläge der innertropischen Konvergenzzone in Richtung der Wendekreise ausbleiben, wie z. B. in den Perioden 1971–73, 1984 und 1991/92.

Das Thermoisoplethendiagramm von Timbuktu (M 48) zeigt noch das für die Tropen typische Tageszeitenklima mit einer Tagestemperaturamplitude von 14 bis 18 °C, die Amplitude der Jahrestemperatur beträgt nur 13 °C.

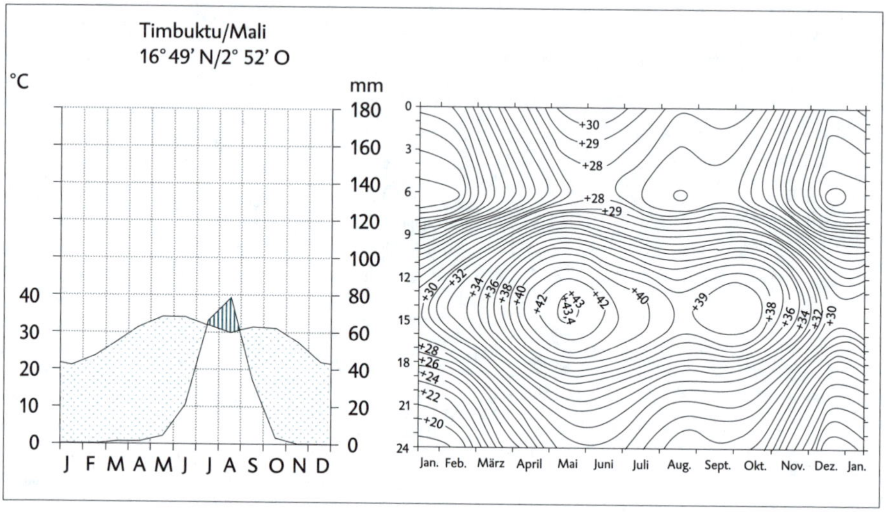

M 48: Timbuktu/Mali: Klima- und Thermoisoplethendiagramm

Die **Pflanzen** der Dornsavanne besitzen einen ausgeprägten Schutz gegen die Transpiration, z. B. durch die mit einer Wachsschicht überzogenen Blätter oder die Ausbildung von Dornen anstelle von Blättern. Das Wurzelwerk ist vertikal tiefreichend, um auch in längeren Trockenperioden bis zum Grundwasserhorizont zu gelangen. Die Gräser erreichen nur Wuchshöhen bis zu einem Meter und bedecken den Boden nur noch zu 40 %.

Eine azonale Gehölzformation ist der **Galeriewald** entlang der Uferböschungen der Flüsse. Hier erreichen die Baumwurzeln ganzjährig das Grundwasser und sind so nicht von den Niederschlägen abhängig. Satellitenbilder zeigen während der Trockenzeit eindrucksvoll die linienhafte Verbreitung dieser Wälder in einer graubraunen, ausgetrockneten Graslandschaft. In der Dornsavanne ist jenseits der **agronomischen Trockengrenze**, die bei ca. 250 mm Jahresniederschlag liegt, Regenfeldbau nicht mehr möglich. Die zunehmende Wahrscheinlichkeit längerer Dürreperioden erhöht das Risiko von Missernten und die Gefahr von Hungerkatastrophen, sodass allein noch Bewässerungsfeldbau an Flüssen oder unter Nutzung von Grundwasser einen Anbau lohnenswert macht. Die lichter werdende Pflanzendecke mit ihren Hartgräsern und Dornbüschen erlaubt nur die Haltung von Schafen, Ziegen und Kamelen, da diese Tiere wesentlich genügsamer sind als Rinder.

3.3 Desertifikation in der Sahelzone

Die Sahelzone, die eine Nord-Süd-Ausdehnung von ca. 200 km besitzt, stellt klimatologisch und vegetationsgeographisch einen fließenden Übergangsraum zwischen der Sahara im Norden und den Savannenregionen im Süden dar. Im Arabischen wird mit dem Begriff *Es-Sahil* die Ufer- und Randzone der lebensfeindlichen Wüste umschrieben, die bereits eine spärliche Nahrungsgrundlage für Weidetiere bietet. Südlich der Sahelzone schließt sich die Sudanzone an, das „Land der Schwarzen“, das seit jeher Bauernland ist.

Geoökologische Bedingungen in der Sahelzone

Das **Klima der Sahelzone** wird durch mehrere Faktoren charakterisiert:

- Der mittlere Jahresniederschlag beträgt im Nordsahel ca. 200 mm, im Süden der Sahelzone erreicht er 600–750 mm.
- Die durchschnittliche jährliche Niederschlagsvariabilität beträgt bis zu 50 %.
- Im Mittel konzentrieren sich die Niederschläge auf den Zeitraum zwischen Mitte Juni bis Mitte September, das Maximum liegt meist im August. Im südlichen Sahel kann die Regenzeit bereits im Mai einsetzen und bis Oktober anhalten.

Vegetationsgeographisch ist die nördliche Sahelzone Teil der Dornsavanne und die südliche Sahelzone Teil der Trockensavanne mit einer hohen Vielfalt von Gräsern, Sträuchern und Bäumen. Allerdings weist die Vegetation eine hohe Anfälligkeit gegenüber Eingriffen auf, wobei ökologische Schädigungen sich mittelfristig nicht von selbst regenerieren und langfristig zu dauerhaften Schäden führen können.

Die **Böden** sind meist nährstoffarm und wenig ertragreich. Die vorherrschenden sandigen Böden besitzen eine geringe Wasserspeicherkapazität und sind bei geringer Vegetationsbedeckung anfällig für Wind- und Wassererosion. Als besonders problematisch erweist sich ein über weite Teile der Sahelzone erstreckende **Altdünengürtel**. Nur das Wurzelgeflecht einer schütteren Grasvegetation verhindert, dass der in der Trockenzeit beständig wehende Nordostpassat (auch *Harmattan* genannt) die Sanddünen weiter nach Süden verfrachtet.

Traditionelle Landnutzungssysteme der Sahelzone

Aufgrund der ökologischen Voraussetzungen ist der nördliche Sahel saisonal als **Weideland** nutzbar. Infolge der hohen Variabilität der Niederschläge ist die Grasvegetation von Jahr zu Jahr höchst unterschiedlich ausgebildet, was eine hohe Mobilität der Viehherden und weite Wanderwege der **Nomaden** notwendig macht. Werden im nördlichen Sahel von den Nomaden überwiegend Kamele, Schafe und Ziegen gehalten, so ist im feuchteren Süden auch Rinderhaltung möglich.

Die Möglichkeiten einer **ackerbaulichen Nutzung** sind abhängig von der Wasserverfügbarkeit. Die Isohyete von 250 mm gilt als **agronomische Trockengrenze** für den Feldbau. Nur Hirse kann hier noch im Regenfeldbau angebaut werden, allerdings sind die Erträge mit 2 bis 6 dt/ha sehr gering. In niederschlagsreichen Jahren kann der Ertrag auch deutlich höher liegen, während aber in Dürrejahren ein völliger Ernteausfall droht. Wenn zusätzliche Bewässerung möglich ist, wie in Regionen mit einer sicheren Wasserversorgung etwa entlang von Flüssen oder im Umkreis von Tiefbrunnen, können auch höherwertige **Food Crops** wie Gemüse und Erdnüsse oder auch Baumwolle als **Cash Crop** angebaut werden.

Über Jahrhunderte hinweg waren die unterschiedlichen Formen der Landnutzung der Sahelbewohner den natürlichen Bedingungen angepasst. Diese Symbiose zwischen den Nomaden und Ackerbauern sowie dem natürlichen Ökosystem ermöglichte es, dass sich das Ökosystem immer wieder regenerieren konnte und so keine dauerhaften Schäden auftraten. Selbst mehrjährige **Dürreperioden** stellten in der Vergangenheit keine katastrophale Bedrohung für Menschen und ihre Tiere einerseits und das Ökosystem andererseits dar. Erst die Dürre zu Beginn der 1970er-Jahre offenbarte die Degradation und Zerstörung des sahelischen Ökosystems. Auf ausgedehnten Flächen der Dorn- und Trockensavanne breiteten sich Areale mit wüstenähnlichen Bedingungen aus, Sanddünen verschütteten Kulturflächen und Siedlungen, Nomaden und Bauern verloren ihre Existenzgrundlage und verließen fluchtartig ihre Heimat. Galten anfangs noch die ausgebliebenen Niederschläge als alleinige Ursache der Dürre- und Hungerkatastrophe, so wurde schnell sichtbar, dass der Mensch selbst das Ökosystem zerstört und den Prozess der **Desertifikation** (lat. „wüstmachen“ oder „verwüsten“) in Gang gesetzt hat. Große Teile des Sahels waren zu einer **„man-made desert“** geworden, einer vom Menschen gemachten Wüste.

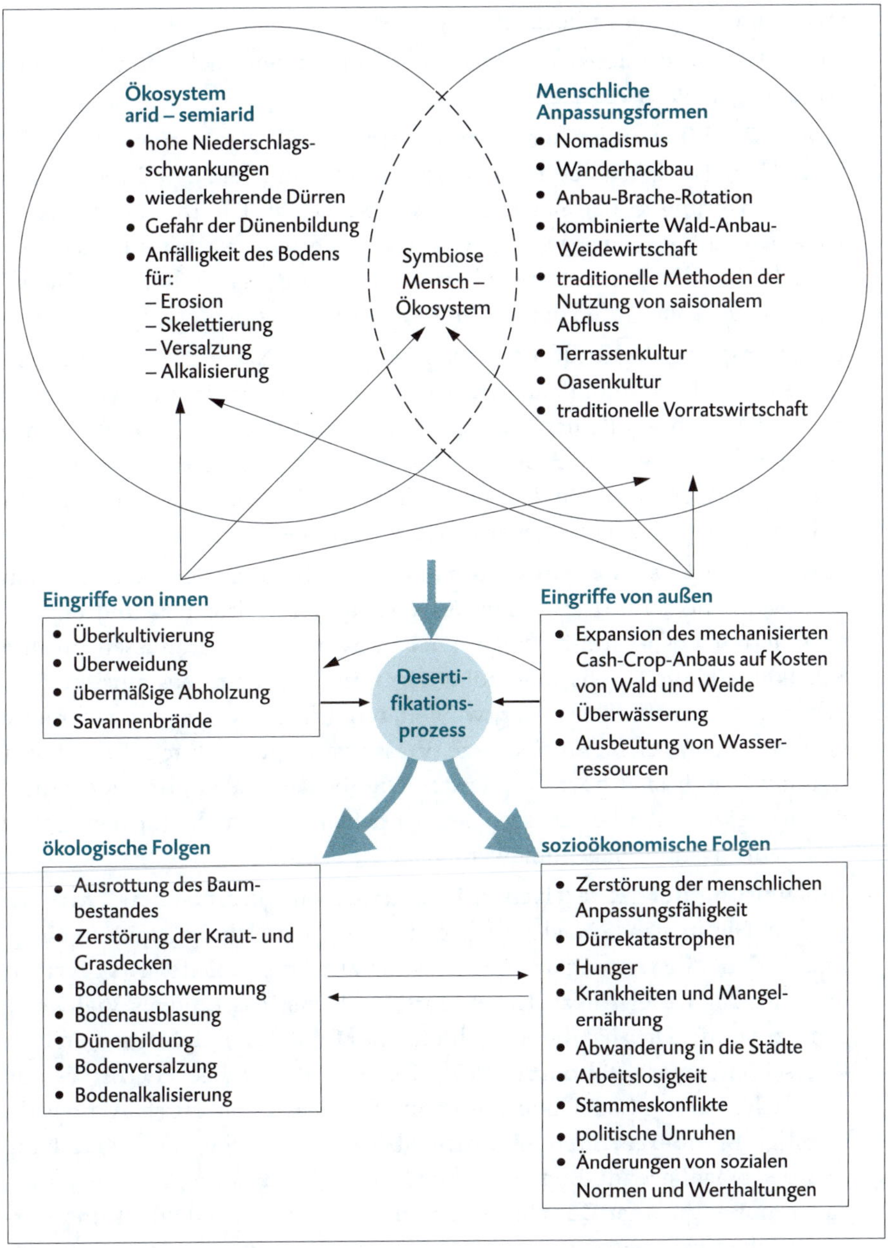

M 49: Desertifikationsschema

Ursachen und Folgen der Desertifikation

Die Ursachen für das Einsetzen der Desertifikation sind vielfältig und stehen häufig in enger Wechselbeziehung:

- **Hohes Bevölkerungswachstum:** Zwischen 1960, dem Beginn der nationalen Unabhängigkeit der meisten Sahelstaaten, und dem Jahr 2000 hat sich die Bevölkerung in der Sahelzone fast verdreifacht. Die Länder der Sahelzone weisen gegenwärtig weltweit die höchsten Wachstumsraten auf. Gründe sind die verbesserte medizinische Versorgung, die hohe Fertilitätsrate und der hohe Anteil der jungen Bevölkerungsgruppen.
- **Erhöhung der Viehbestände:** Die zunehmende Nachfrage in den Sahelstaaten nach Fleisch und anderen tierischen Produkten hat in Feuchtjahren zu einer Vergrößerung der Viehbestände geführt. Durch die Überweidung verändern sich die Vegetationsformationen derart, dass die für Tiere ungenießbaren Dornengewächse immer stärkere Verbreitung gewinnen, Gräser sich dagegen nicht mehr regenerieren und absterben.
- **Ausweitung des Cash-Crop-Anbaus:** Die Einbindung der Sahelstaaten in den Welthandel führt zu einer Ausweitung des weltmarkt- und exportorientierten Cash-Crop-Anbaus von Baumwolle oder Erdnüssen, die im Sahelklima ideale Wachstumsbedingungen finden. Allerdings müssen diese Pflanzen ausreichend bewässert werden, um die vom Weltmarkt geforderte Qualität zu erzielen. Eine sichere Wasserversorgung durch Fluss- oder Grundwasser besitzt höchste Priorität. Dies bedeutet aber gleichzeitig, dass die für Feldbau am besten geeigneten Flächen nicht mehr für den Anbau von Nahrungsmitteln genutzt werden.
- **Ausweitung der Ackerflächen jenseits der agronomischen Trockengrenze:** Die steigende Nachfrage nach pflanzlichen Nahrungsmitteln einerseits und die Ausweitung des Anbaus von Cash Crops andererseits führt zur Erschließung neuer Anbauflächen dort, wo bisher das Land als Viehweide genutzt wurde. Dies hat die Ausdehnung des Feldbaus nach Norden und das Überschreiten der agronomischen Trockengrenze zur Folge. Hierfür werden die Flächen erst gerodet und die natürliche Vegetation durch Abbrennen beseitigt. In Trockenjahren fehlt dann aber die natürliche Bodenbedeckung und der brachliegende Boden erodiert. Geschieht dies im Altdünengürtel, so kommt es zu einer Destabilisierung des gesamten Oberbodens und starken Sandverwehungen.
- **Anlage motorbetriebener Tiefbrunnen:** Im Rahmen internationaler Entwicklungshilfeprojekte wurden in der Sahelzone Tausende neuer Tiefbrunnen angelegt. Probebohrungen hatten den Nachweis erbracht, dass ausge-

dehnte und ergiebige Grundwasserreservoirs die Wasserversorgung dauerhaft sicherstellen würden. Die ständige Verfügbarkeit von frischem Wasser ließ aber im Umkreis der neuen Brunnen die Nomaden mit ihren Herden sesshaft werden. Die Viehbestände erhöhten sich und die Überweidung der Grasvegetation war die Folge. Die intensive Wasserförderung ließ aber den Grundwasserspiegel rasch absinken, die Wurzeln der Bäume und Sträucher erreichten den Grundwasserhorizont nicht mehr und die Holzgewächse vertrockneten.

- **Abholzen der Baumbestände:** Holz und Holzkohle sind die wichtigsten Brennstoffe in der Sahelzone. In den vergangenen Jahrzehnten hat sich der Brennholzverbrauch in den Sahelländern verfünffacht. Im Umkreis der Siedlungen kommt es zur unkontrollierten Abholzung des gesamten Baumbestandes, sodass selbst auf Satellitenbildern riesige Savannenflächen ohne jeglichen Baumbewuchs auffallen.

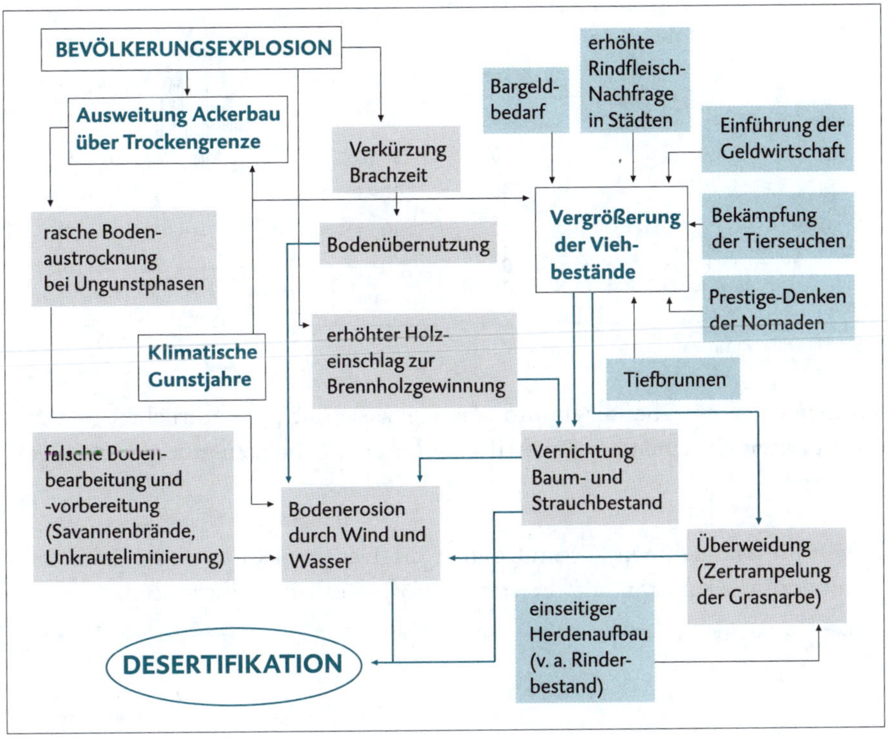

M 50: Desertifikation im Sahel

Übungsaufgaben: Das Ökosystem der wechselfeuchten Tropen

Aufgabe 18 Charakterisieren Sie mithilfe Ihres Atlasses die Vegetation in Burkina Faso in ihrer zonalen Abfolge und begründen Sie diese.

Aufgabe 19 Charakterisieren Sie die Grundzüge des Klimas der Sahelzone unter Berücksichtigung der Klimadaten von Gao und Kayes. Erklären Sie den Jahresgang von Temperatur und Niederschlag unter Einbeziehung der Druck- und Windsysteme im tropischen Afrika.

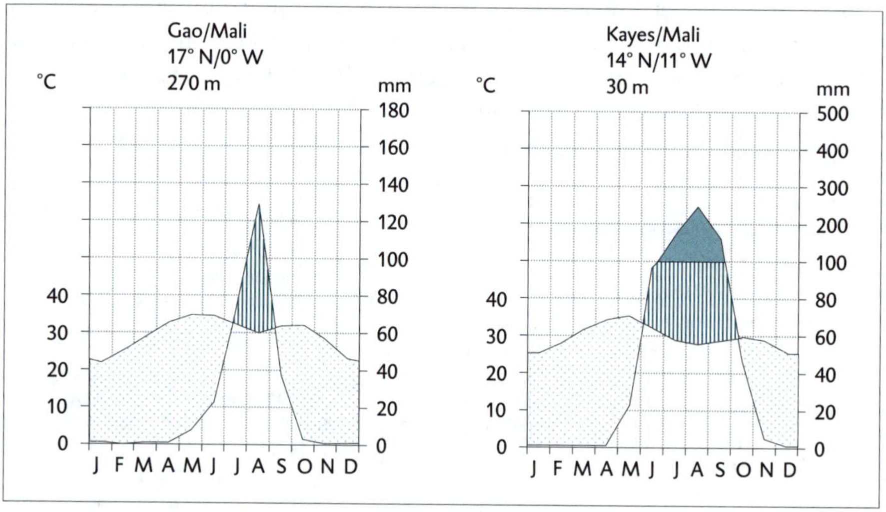

M 51: Klimadiagramme von Gao und Kayes (Mali)

Aufgabe 20 Skizzieren Sie ein Fließdiagramm, das die wesentlichen natürlichen und anthropogenen Ursachen der Desertifikation in der Sahelzone und deren Folgen wiedergibt.

Aufgabe 21 Zeigen Sie Maßnahmen auf, mit denen die Desertifikation in der Sahelzone verhindert werden kann, und bewerten Sie die Realisierungschancen.

Ökosystem kalte Zonen und menschliche Eingriffe

Die **subpolaren und polaren Zonen** faszinieren die Forschung seit Beginn des 19. Jh. Dennoch war Ende der 1960er-Jahre wohl mehr über die Oberflächengeologie unseres Erdtrabanten bekannt als über die hochsensiblen ökologischen Systeme der arktischen und antarktischen Räume. Derzeit erlebt die Polarforschung einen Aufschwung, nachdem erkannt wurde, dass die kalten Zonen unseres Planeten gleichsam ein klimageschichtliches Tagebuch der Erde darstellen.

Die **polaren Zonen** umfassen die Regionen der Erde zwischen den Polen und den zugehörigen Polarkreisen (66,5 ° nördlicher/südlicher Breite). Der Begriff **subpolar** bezieht sich auf die Übergangsbereiche zwischen den Rändern der Polargebiete und den Mittelbreiten.

1 Natürliche Grundlagen und Nutzungsmöglichkeiten der subpolaren Zone

1.1 Abgrenzung, Verbreitung und klimatische Kennzeichen

Die **subpolare Zone** wird in erster Linie durch klimatische Faktoren definiert. Sie stellt das räumliche Bindeglied zwischen gemäßigter und polarer Klimazone dar. Auf der Nordhalbkugel umfasst sie die Gebiete etwa zwischen 60 ° und 80 ° nördlicher, auf der Südhalbkugel zwischen 55 ° und 70 ° südlicher Breite.

Allgemeine **klimatische Kennzeichen** dieser Klimazone sind:

- **kühle, niederschlagsarme Sommer** mit Monatsmitteln etwa zwischen 5 und 12 °C,
- **kalte, trockene Winter** (geringe Wasserdampfspeicherfähigkeit) mit Monatsmitteln etwa unter –8 °C,
- **Jahresniederschlagssummen** in der Regel **unter 400 mm**, dennoch generell humide Verhältnisse infolge der niedrigen Temperaturen und der hieraus resultierenden niedrigen Verdunstungswerte,
- halbjähriger Wechsel von **sommerlichen Westwinden** und **winterlichen polaren Ostwinden**,

- **fehlende deutliche Jahreszeitenwechsel**, dennoch Vorherrschen eines thermischen (Maximum der Temperaturen im Sommer) und solaren Jahreszeitenklimas,
- in der Regel Jahresdurchschnittstemperaturen **unter dem Gefrierpunkt**,
- eher **geringe winterliche Schneebedeckung** (20 bis 30 cm Mächtigkeit),
- weite Verbreitung von **Permafrostböden**, also Böden, die im Untergrund ganzjährig gefroren sind und im Sommer nur oberflächlich auftauen (Versumpfungs-, Überschwemmungsgefahr). Auf der Nordhalbkugel ist die subpolare Zone im Norden Nordamerikas nahezu breitenkreisparallel in etwa auf Höhe der Hudson Bay verbreitet. In Asien umfasst sie den ans Nordpolarmeer angrenzenden nördlichen Streifen. Die nördlichsten Gebiete Skandinaviens werden in der Regel infolge des mildernden Effekts des Golfstroms nicht mehr zu dieser Zone gerechnet.

Auf der Südhalbkugel ist die Verbreitung der subpolaren Zone infolge der geringen Landmasse auf flächenmäßig äußerst geringe Areale im Süden Südamerikas begrenzt. In den Betrachtungen über Erschließungs- und Nutzungsmaßnahmen findet sie kulturgeographisch wegen der äußerst geringen Besiedlungsdichte kaum Beachtung.

Andere Veröffentlichungen beziehen polwärtige Teile der kontinentalen, kalten Zone der gemäßigten Breiten mit in die subpolare Zone ein.

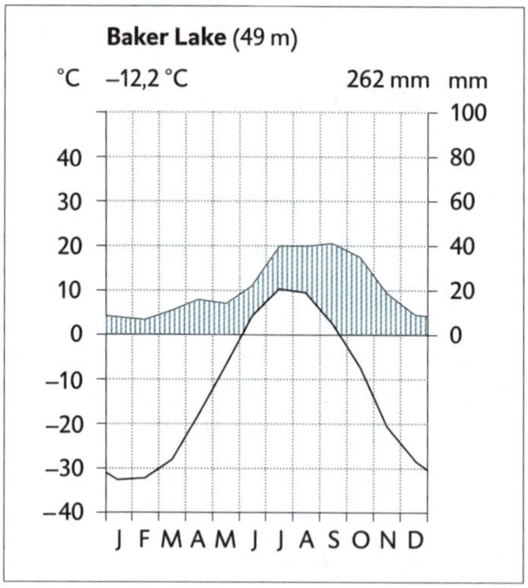

M 52: Klimadiagramm Baker Lake/Kanada

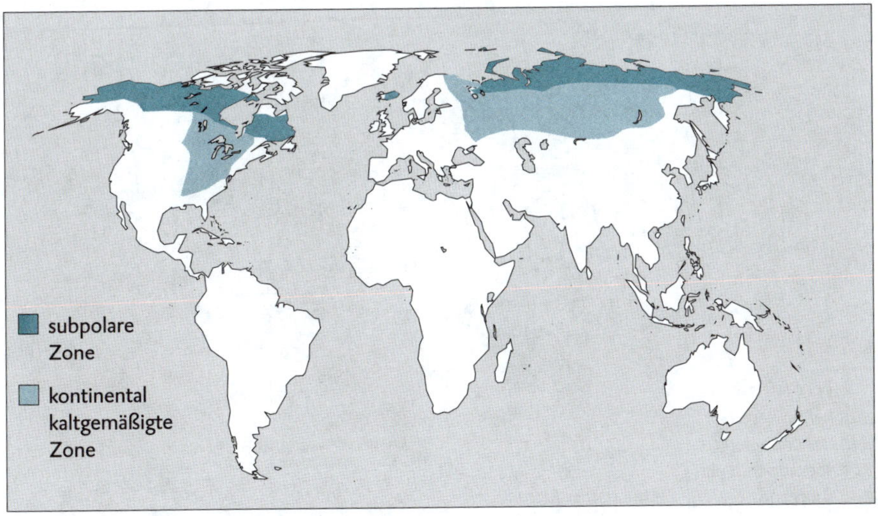

M 53: Verbreitung der subpolaren Klimazone

1.2 Wirkungsgefüge von Klima, Boden und Vegetation

Die klimatischen Merkmale der subpolaren Zone bestimmen in direkter Weise die Bodenbildungsprozesse und die Vegetationsbedeckung. Deshalb kann von einem **Wirkungsgefüge** zwischen Klima, Boden und (natürlicher) Vegetation gesprochen werden.

Grundsätzlich sind die **subpolaren Böden** nährstoffarm. Dies ist einerseits auf das nahezu völlige Fehlen chemischer Verwitterung (geringe Temperaturen, geringes Wasserangebot, eingeschränkte Umwandlung organischer Substanzen in Humus) zurückzuführen, andererseits auf die intensive mechanische Verwitterung (vorwiegend Frostsprengung) und die dadurch bedingte Grobstruktur und den hohen Skelettanteil der Böden. Außerdem sind weite Teile der subpolaren Zone zugleich Verbreitungsgebiete des **Permafrostbodens**. Darunter versteht man Bereiche, in denen der Untergrund bis mehrere Hundert Meter Tiefe nahezu ganzjährig gefroren ist und somit vertikale Verlagerungsprozesse weitestgehend einschränkt. Während der kurzen sommerlichen Periode tauen diese Böden lediglich oberflächlich auf. Hieraus folgt wegen der fehlenden Versickerungsmöglichkeiten eine starke sommerliche Vernässung (**Vergleyung**) der Oberfläche mit Versumpfungs-, Überschwemmungs- und **Solifluktionserscheinungen** (oberflächiges Bodenfließen).

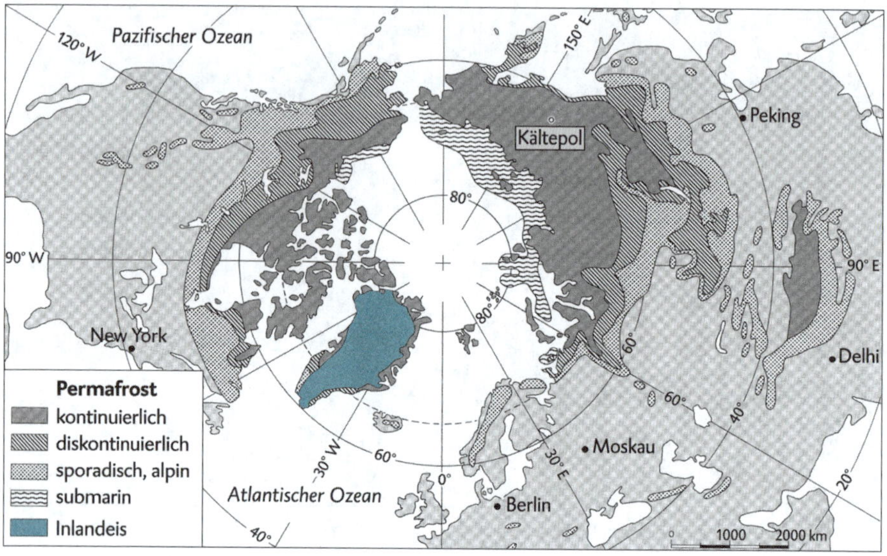

M 54: Verbreitung von Permafrostböden

Natürliche Vegetation und Böden im nördlichen borealen Nadelwaldgürtel

Bei der Betrachtung der Böden und der natürlichen Vegetation können räumlich zwei Bereiche unterschieden werden, nämlich der nördliche Teil der borealen Nadelwaldzone mit vorherrschenden Podsolböden und der nördlich angelagerte Tundrengürtel mit Tundrengleyen, Moor- und Frostmusterböden.

Der **boreale Nadelwald** wird im europäischen Raum als **Taiga** (jakutisch „Wald") bezeichnet. Die boreale Nadelwaldzone grenzt im Norden an die Waldtundra, im Süden an Laubwald- und Steppenzonen. Die Vegetationszeit (Periode mit zusammenhängenden Tagen von mindestens 5 °C Tagesmittel) beträgt hier lediglich drei bis sechs Monate; somit ist Wachstum von Laubbäumen kaum möglich. Die im Sommer nur oberflächig auftauenden Böden lassen weitgehend nur das Wachstum flachwurzelnder Bäume, vorwiegend Fichten, Lärchen und Zwergsträucher, zu. Infolge der ständigen Nadelstreuauflage einerseits und der nur kurzen Abbauperiode dieser Nadelstreu während der wärmeren Jahreszeit andererseits kommt es zu einer generellen **Versauerung** der Böden. Als Ergebnis entstehen saure Podsolböden auf meist sandig-steinigem Untergrund.

Der **Podsol** (auch: Bleicherde) ist ein saurer, nährstoffarmer Bodentyp, der durch eine abwärts gerichtete Verlagerung von Huminstoffen, Eisen- und Aluminiumhydroxiden entsteht. Podsole bilden sich auf Ausgangsgesteinen wie Granit oder Sandstein und werden durch eine dünne Humusauflage (schwache Tätigkeit der Bodenlebewelt) und geringen Tonmineralgehalt (Nährstoffarmut) gekennzeichnet. Zudem schränkt die wasserstauende **Ortsteinschicht** das Wurzelwachstum ein. Die typische Bodenhorizontierung zeigt eine dünne **Rohhumusauflage** (O), einen humosen Horizont (A_h), einen ausgebleichten Auswaschungshorizont (A_e), einen Anreicherungshorizont (Ortstein, bestehend aus Sesquioxiden, B_{hs}) und das Ausgangsgestein.

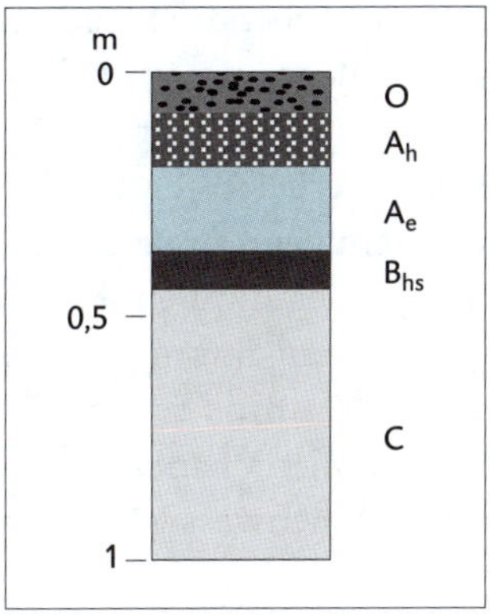

M 55: Profil eines Podsolbodens

Natürliche Vegetation und Böden im Tundrengürtel

Die **Tundra** (samisch „baumlos") ist die polwärtigste Vegetationszone der subpolaren Zone. Unterschieden werden hier in Abhängigkeit von der geographischen Breite die Vegetationsformationen Wald- und Wiesentundra, Flechtentundra, Flachmoortundra und Rasentundra. Richtung Pol nimmt in der Tundra die Vegetationsflächenbedeckung von etwa 80 % auf 10 % ab. Das Vegetationsjahr im Tundrengürtel ist geprägt durch eine acht- bis zehnmonatige Ruhephase, während derer die Pflanzen durch die Schneeauflage geschützt werden. Die eigentliche Vegetationsperiode dauert zwei bis vier Sommermonate (Juni bis September) und findet auf den meist durch das Permafrostphänomen stark vernässten (vergleyten) Böden statt.

Die generell infolge der spezifischen Klima- und Bodenbedingungen **artenarme Pflanzengesellschaft der Tundra** umfasst im wesentlichen Chamaephyten (Pflanzen, deren Knospen sich in der Regel unterhalb der Schneebedeckungshöhe befinden und deshalb die winterliche Kälte so überdauern), Hemikryptophyten (Knospen an der Erdoberfläche), Moose, Flechten und Zwergstraucharten.

Die weitgehend fehlende chemische und das bloße Vorhandensein physikalischer Verwitterung (Frostsprengung) hemmt die Bildung größerer Mengen Feinmaterial. Flechten, Moose und Gräser liefern nur genügend organisches Material für die Ausbildung eines dünnen A_h-Horizonts, der infolge des gehemmten mikrobiellen Abbaus weitgehend nur aus **Rohhumus** besteht. Der Dauerfrostboden staut im sommerlichen Auftaubereich das Grund- und Oberflächenwasser im **Gley-Horizont** (G).

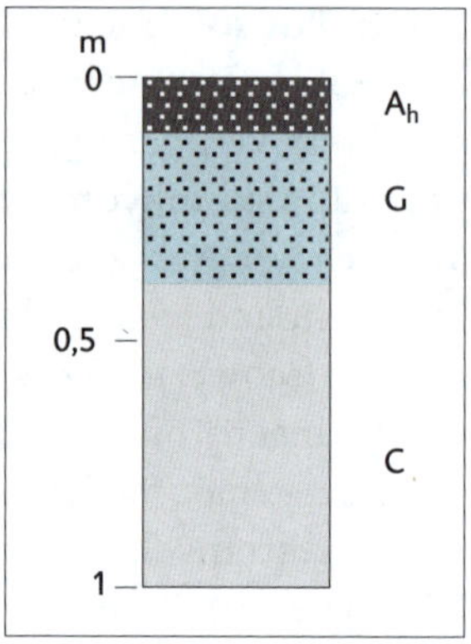

M 56: Profil eines Tundrengleys

Frostschuttböden treten in der Tundrenzone im Übergangsbereich zwischen subpolarer und polarer Zone auf. Die Frostsprengung bewirkt nur noch eine Zersetzung oberen Bodenbereichs in groben Gesteinsschutt mit äußerst geringen Mengen Feinanteil. Somit kann man bezüglich der Frostschuttböden nicht von „Böden“ im eigentlichen Sinn sprechen.

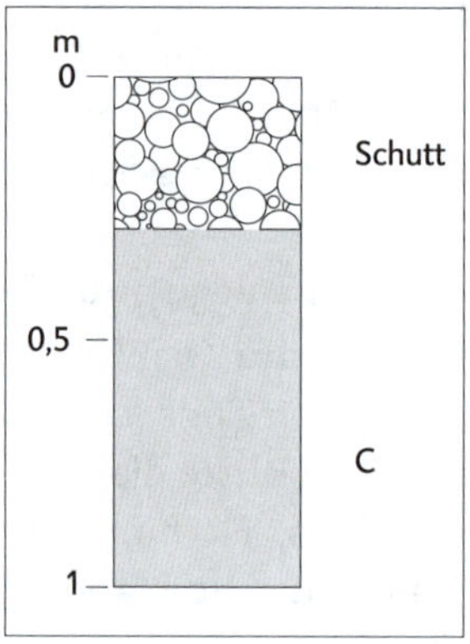

M 57: Profil eines Frostschuttbodens

1.3 Raumnutzung in der subpolaren Zone

Der Großteil der subpolaren Gebiete, insbesondere der Tundrenbereich, liegt weit jenseits der **Ackerbaugrenze** und kann lediglich weidewirtschaftlich genutzt werden. Deshalb hat sich z. B. in Lappland, Nordamerika und Nordasien bis heute die **Rentierhaltung** und -zucht erhalten, wobei früher umherziehende Stämme, heute meist halb- oder vollsesshafte Familien an die jahreszeitlichen Wanderungen der Rentiere gebunden sind (Wanderung der Tiere im Winter zu den waldnahen, südlicheren Weiden).

Auf den subpolaren Inseln ist die **Schafhaltung** wirtschaftlich bedeutend. Die Tiere werden im Frühjahr auf die Hochlandweiden getrieben, im Herbst wieder in die tiefer gelegenen Weidegebiete zurückgebracht.

Bei der **historischen Entwicklung** des bevölkerungsarmen subpolaren Nordkanadas spielten Inuit (abwertender Begriff: Eskimos) und andere indigene ethnische Gruppen eine entscheidende Rolle. Ihre Lebensgrundlage war in der Vergangenheit an den Küsten vor allem durch die **Jagd** auf Wale und Robben, im Landesinneren auf Karibus, Elche, Biber und Enten konzentriert. Hauptmerkmale dieser Jagdtätigkeit waren einerseits die vollständige Verwertung der gejagten Tiere, andererseits der Naturalaustausch der Jagdprodukte unter den verschiedenen Stämmen. Auch in heutiger Zeit konzentrieren sich diese ethnischen Gruppen auf die Jagd, benutzen allerdings moderne Geräte und Technologien (z. B. Gewehre und Schneemobile). Dies führt mitunter bereits trotz der äußerst dünnen Besiedlung zu ökologischen Überlastungserscheinungen (z. B. Überjagung, regionale Ausrottung von Karibuherden).

Der **Ressourcenreichtum der borealen Nadelwaldzone** gründet sich auf die gewaltigen Torf-, Holz-, Erz- und Erdölvorkommen sowie auf den Wasserreichtum. Zurzeit werden etwa neun Zehntel des jährlichen weltweiten Holzbedarfs für die Papierherstellung allein aus dieser Zone gedeckt. Von einer **ressourcenschonenden Holznutzung** kann derzeit nur in Finnland gesprochen werden, wo strenge forstwirtschaftliche Maßnahmen für einen aufeinander abgestimmten Ablauf von Holzentnahme und Aufforstung sorgen und somit Nachhaltigkeit garantieren. In weiten Teilen des subpolaren Sibiriens sind bei der Exploration von Erzen und fossilen Energiestoffen und bei der Holzgewinnung dagegen raubbauähnliche Vorgehensweisen zu beobachten.

1.4 Hemmfaktoren bei der Nutzung der subpolaren Zone

Zu den grundlegenden **Hemmfaktoren** bei der Erschließung und Nutzung subpolarer Klimazonen gehören beispielsweise:

- widrige Temperaturverhältnisse, die sich in tiefen absoluten Temperaturen und Mitteltemperaturen ausdrücken; **wind-chill-Effekte**, die sich durch die oft baumlosen Bereiche und die daraus resultierenden höheren Windgeschwindigkeiten verstärken,
- **kurze Vegetationsperiode**, die die Eigenversorgung mit landwirtschaftlichen Produkten weitgehend einschränkt,
- **hohe Kosten** für Aufbau bzw. Erhalt von Dauersiedlungen infolge der extremen klimatischen Verhältnisse;
- Problem der **winterlichen Vereisung am Nordpolarmeer**, dadurch fehlende oder mangelhafte Verkehrs-/Transportanbindung über die Küsten/Meere,

- weite Verbreitung von **Permafrostböden**: oberflächiges sommerliches Auftauen mit Folgeerscheinungen wie Überschwemmung und Versumpfung; Probleme beim Bau durch Temperaturunterschiede zwischen Gebäude und Untergrund; dadurch langsames Einschmelzen der Gebäude in den gefrorenen Boden; Notwendigkeit der Anlage tief reichender Fundamentpfosten,
- Problem der enormen **Raumgröße** (besonders in Nordasien); dadurch erhebliche Kosten bei der Verkehrserschließung und dem Transport von Gütern (Beispiel Sibirien),
- Eisstaugefahr in den subpolaren Bereichen Sibiriens durch zeitlich nacheinander folgendes Auftauen des Flusseises von Süden nach Norden,
- wenig dichte Infrastruktur im Vergleich zu mittleren Breiten.

1.5 Raumerschließung und ökologische Folgen der Ressourcennutzung

Das ökologische Gefährdungspotenzial bei der Erschließung und Nutzung subpolarer Regionen ist vielfältig. Beispiele von **ökologischen Schadensmechanismen** sind:

- veraltete und **lecke Erdöl- und Erdgasleitungen**; dadurch ständiger Ausfluss von Rohöl in den Untergrund; Erdöl wird infolge der weitgehend fehlenden chemischen Verwitterung und der minimierten biologischen Bodenaktivität auch langfristig kaum biologisch abgebaut,
- **hoher Landschaftsverbrauch** für die Schaffung von Erschließungstrassen im Tundrenbereich und im borealen Nadelwaldgürtel,
- Umweltbelastungen durch **aufgegebene Militärstandorte** in Nordsibirien aus der Zeit des „Kalten Kriegs“ mit teilweise stark toxischen Reststoffen,
- Belastung der Tier- und Pflanzenwelt an den subpolaren Küsten als Folge des **Erdöltransports** (Störungen durch die Schifffahrt, Ölverschmutzung),
- verstärkte **UVB-Einstrahlung** infolge der Ausdünnung der polaren/subpolaren Ozonschicht und hieraus resultierende gesundheitliche Risiken (z. B. Hautkrebserkrankungen),
- hohe **Luftschadstoffbelastung** durch abgelegene, kaum ökologisch kontrollierbare Industriekomplexe (siehe nachfolgendes Beispiel Norilsk), zudem fehlende Gesetzgebung zur Vermeidung ökologischer Schäden,
- generell **retardierte** (verlangsamte) **Abbaumechanismen von Schadstoffen** und folglich lange Verweildauer in Atmosphäre, Boden und Gewässer.

Beispiel Norilsk/Sibirien

Norilsk gilt mit etwa 170 000 Einwohnern als die am nördlichsten gelegene größere Stadt der Erde. Sie befindet sich etwa 300 km nördlich des nördlichen Polarkreises in der Großregion Krasnojarsk im Nordwesten des mittelsibirischen Berglands in der Nähe des Flusses Jenissei. Die Region Norilsk verfügt über keinen überregionalen Eisenbahnanschluss, lediglich über eine Anbindung an den weiter westlich gelegenen eisfreien Polarmeerhafen Dudinka über den Fluss Jenissei, der regelmäßig von Eisbrechern freigeräumt wird. Norilsk verfügt über einen großen Reichtum an natürlichen Ressourcen. Hierzu zählen Kupfererz, Nickelerz-, Platinerz- und Kobalterzvorkommen sowie Lagerstätten hochwertigster Steinkohle. Deshalb wurde bereits 1935 unter Sowjetführung beschlossen, hier eine dauerbesiedelte Stadt entstehen zu lassen. Insbesondere während der Stalin-Ära wurden hier Industriestandorte für die Nickelverhüttung durch Zwangsarbeit von bis zu 70 000 Strafgefangenen errichtet.

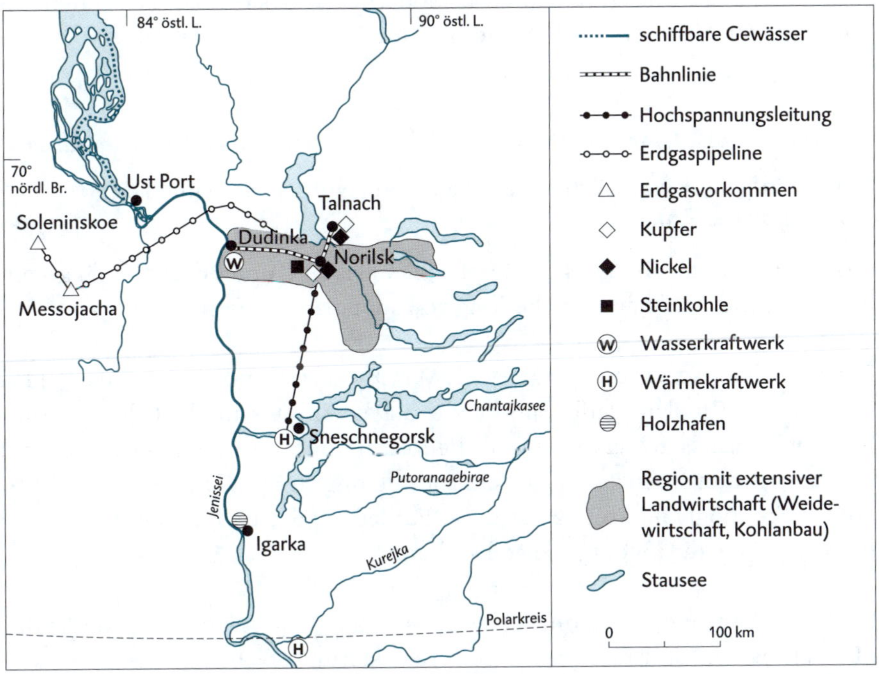

M 58: Standortbedingungen im Raum Norilsk in den 1990er-Jahren

Seit den frühen 1990er-Jahren produziert der russische Konzern MMC Norilsk Nickel als Weltmarktführer. Das Unternehmen ist der einzige nennenswerte Arbeitgeber in der Region und wird als derzeit größter Einzelluftverschmutzer der Welt bezeichnet. Norilsk selbst wird laut aktueller Liste des New Yorker Blacksmith Instituts zu einem der zehn ökologisch am schlimmsten betroffenen Orte der Welt erklärt.

Die stark umweltschädigende Wirkung geht von Schadstoffemissionen aus, vor allem Schwefeldioxiden, Kohlenmonoxiden und Stickoxiden. Diese entweichen einerseits ungefiltert aus den veralteten Anlagen der Nickelhütten und wirken andererseits durch die fehlende räumliche Trennung von Industrie- und Wohngebieten auf die Stadt selbst direkt ein. Diese fehlende räumliche Trennung wiederum ist Folge der geschichtlichen Entwicklung der Stadt quasi als Strafgefangenenlager (Gulag), das in direkter Nähe zu den Industriestandorten geplant wurde.

Seit 2013 führt der Konzern erste Modernisierungsmaßnahmen durch. Bis 2022 soll der Ausstoß an Schwefeldioxid um 75 % gesenkt werden.

Übungsaufgaben: Natürliche Grundlagen und Nutzungsmöglichkeiten der subpolaren Zone

Aufgabe 22 Beschreiben Sie die ökologische Empfindlichkeit der Tundrenvegetation gegenüber einer touristischen Erschließung von subpolaren Gebieten.

Aufgabe 23 Der World Conservation Congress der World Conservation Union (IUCN) hat Kanada und Russland aufgefordert, die allgemeine Gesundheit des borealen Nadelwaldgürtels zu schützen und die Rechte und Interessen der Einwohner bei Entscheidungen in der Frage der Landnutzung zu respektieren.
Stellen Sie mögliche Motive für diese Forderung dar und erläutern Sie zwei Problemkreise, die ihr entgegenstehen könnten.

Aufgabe 24 Erläutern Sie mögliche Konflikte, die sich aus den rohstofferschließenden Maßnahmen in Alaska für die indigene Bevölkerung ergeben können.

2 Naturraum Antarktis

2.1 Abgrenzung, Größe und Naturausstattung

Es gibt folgende Möglichkeiten zur **Abgrenzung** der Antarktis:

- **Südlicher Polarkreis** (66,5° südliche Breite): Er beschreibt auf weiten Strecken die Grenze des Inlandeisrands (Inlandeis: Eismassen auf dem Kontinent) und umfasst dabei die beiden großen antarktischen Schelfeisbereiche (Schelfeis: zusammenhängendes, schwimmendes Eis über den Flachmeerbereichen des Kontinentalschelfs). Diese Abgrenzung erfasst zwar die antarktischen Festlandsmassen, nicht aber die klimatisch ebenso typisch antarktischen Meeresteile und Inseln.
- **Antarktische Konvergenz:** auf etwa 50° südliche Breite verlaufender zirkumpolarer Grenzsaum, an dem kaltes antarktisches (Temperatur ca. 4 °C) und wärmeres atlantisches und pazifisches Oberflächenwasser (Temperatur ca. 7–8 °C) aufeinandertreffen. Diese Abgrenzung entspricht in etwa der **10 °C-Februar-Isotherme** und umfasst typische Merkmale der Südpolargebiete, so etwa die Verbreitung von Eisbergen und antarktischen marinen Organismen.
- **60. südlicher Breitengrad:** politische Abgrenzung gemäß des **Antarktisvertrags** (siehe nachfolgende Kapitel).

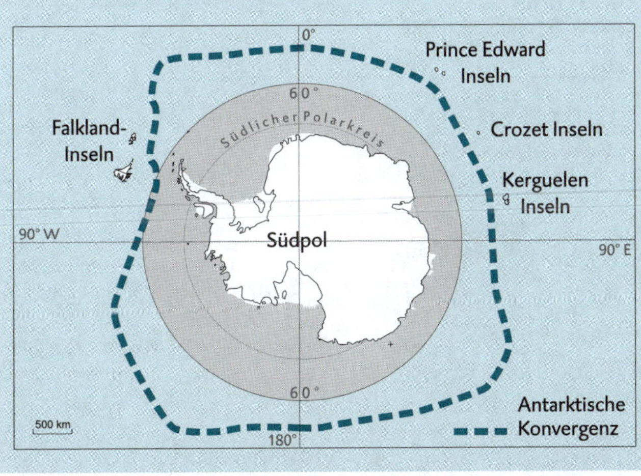

M 59: Abgrenzungsmöglichkeiten der Antarktis

Die Polargebiete der Südhalbkugel umfassen südlich der antarktischen Konvergenz eine Fläche von etwa 52 Mio. km² (10 % der Erdoberfläche). Der Festlandskontinent selbst erstreckt sich – zu 96 % mit Eis bedeckt – über 14 Mio. km².

Geologie und Geomorphologie

Die Antarktis war das Kernstück des **Urkontinents Gondwana** zwischen dem Kambrium (500 Mio. Jahre vor heute) und der Jurazeit (bis etwa 180 Mio. Jahre vor heute). Sie lässt sich heute tektonisch in den geschlossenen Festlandsblock der Ostantarktis und den kleineren Archipel-Bereich der Westantarktis untergliedern.

Westantarktis	Ostantarktis
Archipel-Charakter	Festlandsblock-Charakter
bis zu 600 Mio. Jahre alte, bis 5 000 m hohe Faltengebirgszüge (z. B. Transantarktisches Gebirge, Ellsworth-Land, andines Gebirge der Antarktischen Halbinsel) entstanden in drei Gebirgsbildungsphasen	Ostantarktischer Schild mit Sockel aus magmatischen und metamorphen Gesteinen bis 2,5 Mrd. Jahre Alter; überdeckt von einem 200 bis 400 Mio. Jahre alten, bis zu 2 500 m mächtigen Paket an terrestrischen, limnischen und fluviatilen Sedimenten (Beacon-Schichtung), die im Westen in den letzten 35 Mio. Jahren bei der Bildung des transantarktischen Gebirgszugs eingefaltet wurde
eher kleinkammerige Morphologie aus Gebirgskämmen und Plateaus geologisch komplexe Struktur	Kraton-Charakter: geologisch stabile, schildartige Struktur nahezu völlige Eisüberdeckung

M 60: Geologisch-geomorphologische Teilräume der Antarktis

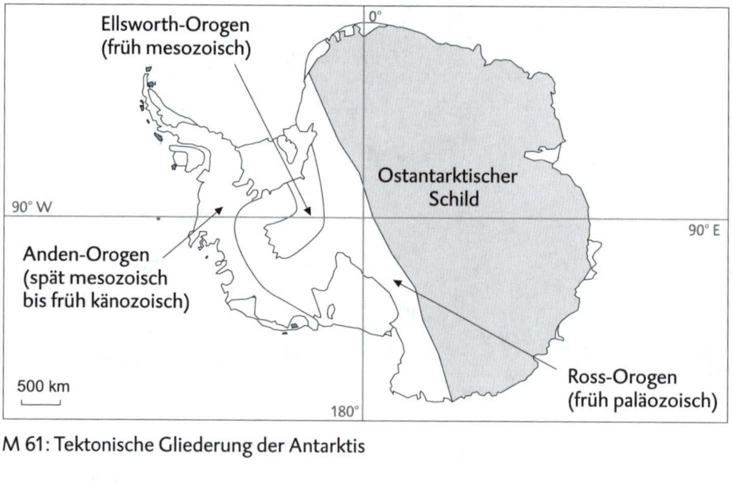

M 61: Tektonische Gliederung der Antarktis

Klimatische Gegebenheiten

Die kurzwellige Strahlung, die auf die Antarktis trifft, ist über das Jahr hinweg äußerst **ungleichmäßig verteilt:** Am Südpol dauern Polartag und Polarnacht in etwa ein halbes Jahr. Außerdem ist die **Strahlungsintensität** in der Antarktis infolge des flachen Sonneneinstrahlungswinkels (am Südpol steht die Sonne maximal 23,5° über dem Horizont) gering. Die Solarstrahlung wird zum einen auf eine große Fläche verteilt, zum anderen wird ein großer Teil der Strahlung auf dem langen Weg durch die Atmosphäre gestreut und absorbiert und erreicht somit nicht die Erdoberfläche. Infolge der starken Schnee- und Eisbedeckung der Antarktis ist die **Albedo** (Reflexionskraft) an der Erdoberfläche sehr hoch (bei Neuschnee etwa 85 %, bei Altschnee und Eis etwa 55 %).

Aus den oben genannten Faktoren ergeben sich für die Antarktis **sehr niedrige absolute und Jahresdurchschnittstemperaturen**. Die inländische Jahresdurchschnittstemperatur beträgt etwa –55 °C. Die absolut tiefste Temperatur mit –89,2 °C wurde an der Vostok-Station auf dem Polarplateau gemessen.

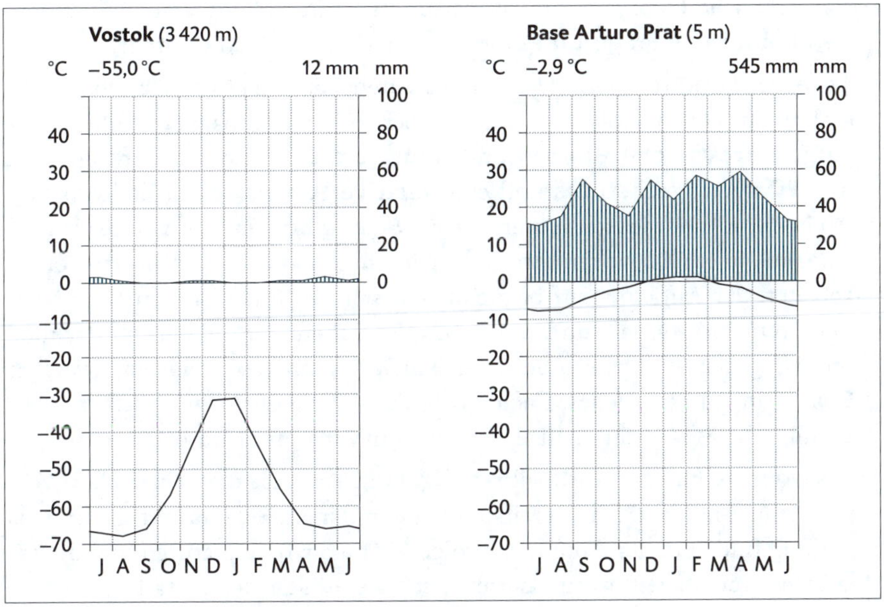

M 62: Antarktische Klimastationen, links: Hochlage, rechts: Randlage

Die Zentralantarktis ist mit Jahresniederschlagssummen um die 100 mm **äußerst niederschlagsarm**. Die geringen Niederschläge resultieren aus den tiefen Temperaturen und der damit zusammenhängenden **geringen Wasserdampfspeicherfähigkeit** der Luftmassen. Die Antarktis stellt so gesehen das **größte Trockengebiet der Erde** dar. Die Randgebiete, die einer stärkeren sommerlichen Erwärmung unterliegen und zudem Feuchtigkeit aus den Meeresgebieten bekommen, erhalten bis ca. 250 mm Jahresniederschlag.

Die **hohen Windgeschwindigkeiten** in der Antarktis entstehen aus ursprünglich warmen, in der Höhe in zentralantarktische Hochdruckgebiete einströmenden Luftmassen, die abkühlen, nach unten strömen und den Küsten zufließen (Fallwinde). Solche **katabatischen Winde** erreichen mitunter Geschwindigkeiten über 300 km/h.

2.2 Das antarktische Ökosystem – Fragilität und Gefährdung

Das antarktische Ökosystem muss als äußerst störanfällig betrachtet werden. Diese **ökologische Fragilität** resultiert aus verschiedenen Faktoren:

- Tiefe Temperaturen, geringe Strahlungsintensität und geringe Photosyntheseaktivität: Hieraus folgen eine gegenüber anderen Klimazonen äußerst **geringe terrestrische Biomassenproduktion**, eine enorme **Verzögerung des Pflanzenwachstums** und eine **relative Artenarmut** (Biodiversität). An Nadelholzgewächsen mit etwa 8 cm Stammdurchmesser wurde z. B. ein Alter bis über 500 Jahren ermittelt. Die Phytomasse beträgt in den Randgebieten der Antarktis auf begünstigten, schnee- und eisfreien Rohböden höchstens 0,7 kg/m^2 und sinkt mit Erreichen der Inlandeisbedeckung schnell gegen null. Flechten erreichen auf sonnenexponierten, eisfreien Gesteinen ein jährliches flächenmäßiges Wachstum von höchstens 1–3 mm/Jahr, Moose ein vertikales Wachstum von unter 1 mm/Jahr.
- **Bodenentwicklung und Nährstoffgehalt**: Prozesse der chemischen Verwitterung und damit die Bereitstellung von feinem Substrat für die Bodenbildung finden in der Antarktis infolge der tiefen Temperaturen und der relativen Feuchtigkeitsarmut kaum statt. Die Böden der Antarktis werden allenfalls von physikalischer Verwitterung im Bereich der periglazialen Regionen (Grenzregionen zwischen vereisten und nicht vereisten Gebieten) betroffen. Typischerweise entstehen dort die in allen Polargebieten auftretenden **Frostmusterbodenformen** (Textur- und Strukturböden) mit fehlender Bodenhorizontierung und **geringem Nährstoffgehalt**, die lediglich minimale Standortvoraussetzungen für das Pflanzenwachstum bieten.

- Hohe **marine** versus geringe **terrestrische, tierische Biomassenproduktion:** Die terrestrische Fauna der Antarktis ist auf ein Minimum reduziert. Höhere Tiere (Makrofauna, wie z. B. Säugetiere, Vögel, Reptilien und Amphibien) fehlen. Der tierische Reichtum der Antarktis beschränkt sich auf die **marinen Bereiche**. Dort leben warmblütige Wirbeltiere wie Wale, Robben, Seevögel und Pinguine in weitgehend **endemischen** Vorkommen. Die **antarktische Fischwelt** besteht aus dorschartigen Fischen und Grundfischen mit hoher Anpassungsfähigkeit, wie etwa Gefrierschutzproteinen. Motor für die Nahrungsketten ist das **antarktische Zooplankton** mit Arten von Krillkrebsen, Hüpferlingen, Medusen, Pfeilwürmern, Rippenquallen und Fischlarven.

M 63: Krill

M 64: Kaiserpinguine

2.3 Problematik der Erschließung und Nutzung

Den Erschließungsmaßnahmen in der Antarktis stellen sich u. a. folgende Probleme entgegen:

- **extrem kurze Vegetationszeit**, langsame und **geringe Biomassenproduktion** infolge klimatischer Bedingungen und fehlendem Licht für die Photosynthese,
- **geringe** jährliche bzw. fehlende **Sonneneinstrahlung** im Winter, extrem tiefe absolute und Durchschnittstemperaturen, besonders im Zentralbereich,
- **wind-chill-Effekte:** weitaus tiefer gefühlte Temperaturen im Vergleich zu den gemessenen durch beschleunigte Wärmeabfuhr aus dem Körper bei Windexposition,
- mächtige **Eisbedeckung:** allgemeine Unwegsamkeit,
- weitgehend humuslose, **nährstoffarme bis nährstofflose Böden** in den wenigen eisfreien Regionen,
- **Lawinengefahr** an Steilhängen, Hanginstabilität im Sommer,

- **Oberflächenanhebungen** durch Pingo-Bildung (Eislinsen im Untergrund) einerseits, **Absenkungen durch Thermokarst** (z. B. Einschmelzen von wärmeren Gebäuden oder Versorgungsleitungen in den Untergrund) andererseits,
- **Überflutungen** durch frühsommerliche Schneeschmelze in den wärmeren Randbereichen, Entstehung von subglazialen Wassertaschen, randglazialen Stauseen, mitunter auch Versumpfungserscheinungen (Problem für die Verkehrserschließung, z. B. die Anlage von Landepisten),
- **winterlicher Wassermangel** (Problem der Wasserbereitstellung und Abwasserentsorgung),
- im **Übergangsbereich Kontinent-Meer:** Entstehung von Eisbergen und Eisinseln (aus Gletschereis) und von Packeis, treibenden Eisschollen und Presseisrücken (durch Winddrift übereinandergetürmte Eismassen); dadurch Behinderung der Küstenerschließung.

2.4 Motivationen für die Erschließung der Antarktis

Die Antarktis kann infolge ihrer Erdöl-, Erdgas-, Eisenerz-, Kohle-, Gold-, Silber-, Titan-, Uran- und Platinvorkommen sowie des Fischreichtums der angrenzenden Meeresteile als **rohstoffreich** bezeichnet werden. Die geschätzten Vorkommen an antarktischem Erdöl belaufen sich auf 6,5 Mrd. Tonnen, die an Erdgas auf 122 Billionen m^3 (zum Vergleich – weltweite Erdölvorkommen 2019: 245 Mrd. Tonnen, Erdgas: 199 Billionen m^3). Die Krillvorkommen gelten als größte Eiweißreserven der Erde. Die Antarktis ist somit als potenzieller Lieferant mineralischer, metallischer und organischer Rohstoffe für einige Staaten der Erde von größtem Interesse, gerade angesichts eines steigenden Weltnahrungsmittelbedarfs und des drohenden Versiegens von Vorkommen fossiler Energieträger. Ein Abbau von Bodenschätzen wurde jedoch bislang wegen der extremen klimatischen Bedingungen und der Eisüberlagerung als nicht wirtschaftlich erachtet.

In den vergangenen 30 Jahren hat sich außerdem das Interesse von Tourismusanbietern zunehmend auf die antarktischen Regionen gerichtet. In erster Linie werden heute Kreuzfahrten im Bereich der Antarktischen Halbinsel, Bergsteigerexpeditionen und Antarktis(teil)durchquerungen angeboten.

2.5 Territorialansprüche verschiedener Staaten

Im Gegensatz zur Arktis zeigt die Antarktis abgesehen von etwa 40 Forschungsstationen **keine permanente Besiedlung** und **keine Urbevölkerung**. Teilgebiete der Antarktis werden von sieben Staaten beansprucht. Diese Ansprüche sind völkerrechtlich nicht anerkannt.

Begründungen der Territorialansprüche

- **Großbritannien:** Besitzergreifungen während Forschungsreisen im 19. Jh. (z. B. Süd-Shetlands 1819, Süd-Orkneys 1821)
- **Argentinien:** wissenschaftlicher Nachweis, dass Grahamland und die vorgelagerten Inseln die direkte geotektonische Fortsetzung Südamerikas darstellen und Argentinien der räumlich am nächsten gelegene Anlieger ist
- **Chile:** Lage als Anliegerstaat; wissenschaftlicher Nachweis, dass Grahamland die Fortsetzung der Anden ist
- **Norwegen:** erste Landung, Vermessung und Kartierung der beiden Inseln Bouvet und Peter I. (1927 und 1929); starke Aktivitäten auf dem Gebiet der Erforschung der Antarktis; Ersterreichung des Südpols durch Roald Amundsen 1911
- **Frankreich:** Entdeckung der Antarktis im Jahre 1840
- **Australien:** intensive australische Expeditionen im 19. Jh.; natürlicher Anlieger der südwärts gelegenen antarktischen Küste
- **Neuseeland:** Teilnahme an diversen australischen und britischen Antarktis-Expeditionen

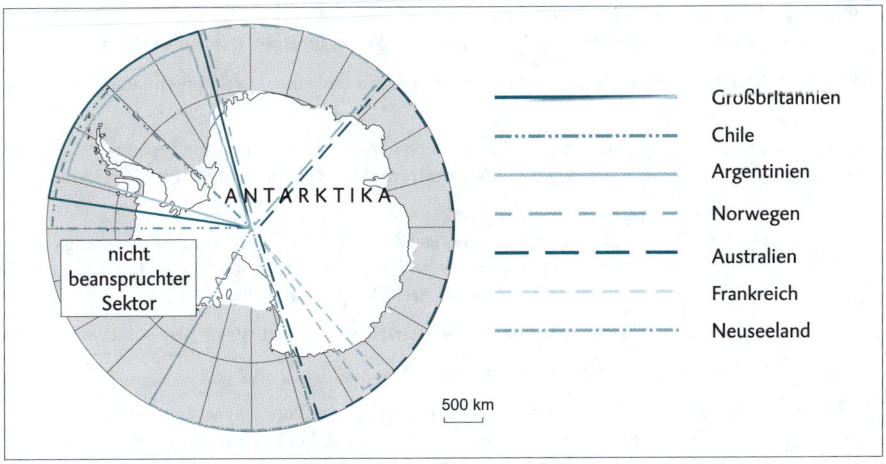

M 65: Gebietsansprüche in der Antarktis

2.6 Vereinbarungen zum Schutz der Antarktis

Bislang stellt die Antarktis einen vom Menschen wenig beeinflussten Naturraum dar. Allerdings zeigt dieses Ökosystem in den letzten Jahrzehnten deutliche Veränderungen, die einerseits durch den direkten Einfluss von Menschen in diesem Raum bewirkt werden (etwa durch Forschungs- und Tourismusaktivitäten), andererseits dort als Ergebnis globaler Prozesse sichtbar werden. Letztere betreffen vorwiegend den **globalen Klimawandel** und seine direkten Folgen in der Antarktis, wie etwa das Abbrechen großer Eistafeln im Bereich der Antarktischen Halbinsel oder der generelle Rückgang des Eisvolumens.

Die Geschichte zum Schutz der Antarktis ist eng verbunden mit dem **Antarktisvertrag**. Darunter ist nicht ein einzelner Vertrag zu verstehen, sondern ein im Laufe der Jahrzehnte kontinuierlich ergänztes Vertragswerk:

1947	US-Admiral Byrd wirft die Flaggen der UN-Staaten als Zeichen eines Ideals der Brüderschaft aller Völker über dem Südpol ab
1958	Im Internationalen Geophysikalischen Jahr werden Verhandlungen für einen Vertrag zum Schutz der Antarktis aufgenommen
1959	Unterzeichnung des ersten **Antarktisvertrages** von Argentinien, Australien, Belgien, Chile, Frankreich, Großbritannien, Japan, Neuseeland, Norwegen, der Sowjetunion, der Südafrikanischen Union und der USA
1961	Ratifizierung des **Antarktisvertrages**, der das Gebiet südlich 60° südlicher Breite umfasst; Vereinbarungen: friedliche Nutzung der Antarktis, internationale Zusammenarbeit mit ungehindertem Informationsaustausch in der Forschung, Verbot militärischer Aktivitäten, Zurückstellung von Gebietsansprüchen, Einfuhrverbot radioaktiver Abfälle
1964	Erstellung eines Maßnahmenkatalogs zum Schutz der antarktischen Tier- und Pflanzenwelt
1972	CCAS (Convention for the Conversation of Antarctic Seals): Maßnahmenkatalog zum Schutz von Seeelefant, Seeleopard, Weddell-, Krabbenfresser-, Ross- und Pelzrobbe
1980er-Jahre	Greenpeace und WWF (World Wildlife Fund) fordern einen „Weltpark Antarktis"
1982	CCAMLR (Convention on the Conversation of Antarctic Marine Living Resources): Limitierung der Fangmengen von Krill zum Schutz des gesamten marinen Ökosystems
1988	CRAMRA (Convention on the Regulation of Antarctic Mineral Resource Activities): Nie in Kraft getretenes Ressourcenübereinkommen, das Exploration und Gewinnung mineralischer Rohstoffe unter sehr strengen Umweltschutzvorschriften und Kontrollen in bestimmten genehmigungspflichtigen Einzelfällen zulassen sollte
1989	Forderung der Vereinten Nationen, die Antarktis als Weltnaturschutzpark auszuweisen
1991	Verlängerung des Antarktisvertrages bis 2041
1991	Umweltschutzprotokoll zum Antarktisvertrag (Madrid-Protokoll): Verbot des Abbaus von Rohstoffen, Belassung der Antarktis als Naturreservat, Bestimmungen zur Erhaltung der antarktischen Fauna und Flora, der Abfallbehandlung und -entsorgung, der Vermeidung von Meeresverschmutzung

1994	Die Internationale Walfangkommission (IWC) errichtet ein für 50 Jahre geltendes, 21 Mio. km^2 großes Walschutzgebiet rund um die Antarktis
1998	Gesetz zur Ausführung des Umweltschutzprotokolls zum Antarktisvertrag: Alle Tätigkeiten in der Antarktis, die in der Bundesrepublik Deutschland organisiert werden oder von ihrem Hoheitsgebiet ausgehen, werden unter einen Genehmigungsvorbehalt gestellt. Somit bedürfen sowohl alle deutschen Forschungstätigkeiten als auch alle touristischen Aktivitäten in der Antarktis einer Genehmigung durch das Umweltbundesamt
seit 1961	Nahezu jährlich stattfindende Konsultativ-Tagungen (z. B. **2018:** Buenos Aires, **2019:** Prag). Diese sogenannten Antarctic Treaty Consultative Meetings (ATCMs) widmen sich der Verbesserung der internationalen wissenschaftlichen Kooperation vor dem Hintergrund des weltweit angestrebten antarktischen Umweltschutzes

M 66: Zur Geschichte des Antarktisvertrages und weiterer Schutzmaßnahmen

Die Artikel des Antarktisvertrags beschreiben heute die Nutzung der Antarktis für friedliche Zwecke, die Zustimmung zur wissenschaftlichen Forschung und zur Zusammenarbeit, das Verbot von Kernwaffenversuchen und der Lagerung radioaktiver Abfälle, das Zurückstellen territorialer Ansprüche und die Ernennung von Beobachtern sowie die Bekanntgabe von Stationen und Expeditionen.

Die Antarktis ist ein sehr empfindliches Ökosystem und deshalb hier einige Verhaltensregeln für Landgänge:

- Abstand halten – besonders zu nistenden Tieren! Küken fliehen bei einigen Metern Entfernung panisch und brütende Tiere verlassen bei zu großer Annäherung das Nest, was meist den Verlust des Geleges bedeutet. Niemals Vogelkolonien durchqueren oder einzelne Tiere oder Gruppen vom Wasser oder Nistplatz abschneiden!
- Unauffällige Bewegungen – keine Hastigkeit, kein Rufen!
- Die wenigen Pflanzen – wie Moospolster – nicht betreten; das antarktische Ökosystem ist hochsensibel und braucht Jahre für die Erholung.
- Keinen Müll wie Zigarettenkippen oder Papiertaschentücher hinterlassen; wieder alles an Bord zurücknehmen!
- Keine Lebensmittel auf den Landgang mitnehmen!
- Niemals die Gruppe verlassen!
- Historische Hütten und Forschungsstationen nur in Begleitung eines offiziellen Vertreters besuchen!

Tourist beim Besuch der Antarktis

M 67: Antarktis-Knigge

Es ist verboten ...

- Säugetiere oder Vögel zu töten, zu verletzen, zu fangen oder zu berühren sowie Pflanzen zu beschädigen oder zu entfernen,
- auf die heimische Tier- und Pflanzenwelt schädigend einzuwirken insbesondere durch Benutzen von Luft-, Wasser- oder Landfahrzeugen sowie die Verwendung von Sprengstoffen oder Schusswaffen in einer Weise, die Vogel- oder Säugetieransammlungen an ihrem artgerechten Verhalten hindert, durch das Stören von Brutvögeln, von Vögeln in der Mauser oder von Vogel- und Säugetieransammlungen durch Menschen zu Fuß, wenn angemessene Sicherheitsabstände und Lärmpegel nicht eingehalten werden, durch das Betreten und Befahren von Pflanzen, das Abstellen oder Lagern von Material, Ausrüstungen und Fahrzeugen aller Art mit der Folge, dass Pflanzen oder ihr Nährboden davon Schaden nehmen, durch das Durchführen sonstiger Tätigkeiten, die zu einer nachteiligen Veränderung des Lebensraums von Tieren und Pflanzen führen,
- Schutzgebiete zu betreten, zu befahren oder in nicht angemessener Höhe zu überfliegen,
- Tiere, Pflanzen (inkl. Saatgut), Mikroorganismen oder nicht keimfreie Erde in das Gebiet der Antarktis zu verbringen,
- verbotene Stoffe/Produkte (Pestizide, Styroporverpackungen, Schmier- und Treibstoffe, FCKW-haltige Treibgasbehälter, nicht untersuchte Geflügelprodukte) in das Gebiet des Antarktisvertrages einzuführen,
- Abfälle in der Antarktis offen zu verbrennen,
- Abfälle aller Art (außer Küchen- und Sanitärabwasser) in der Antarktis zurückzulassen.

M 68: Auszug aus den Richtlinien des Alfred-Wegener-Instituts zum Verhalten von Expeditionsteilnehmern in der Antarktis

Übungsaufgaben: Naturraum Antarktis

fgabe 25 Die chilenische Antarktisstation Presidente E. Frei liegt auf King George Island, einer der Antarktischen Halbinsel vorgelagerten Insel.
Erläutern Sie die im Klimadiagramm ersichtlichen, für antarktische Verhältnisse eher als mild einzustufenden klimatischen Gegebenheiten.

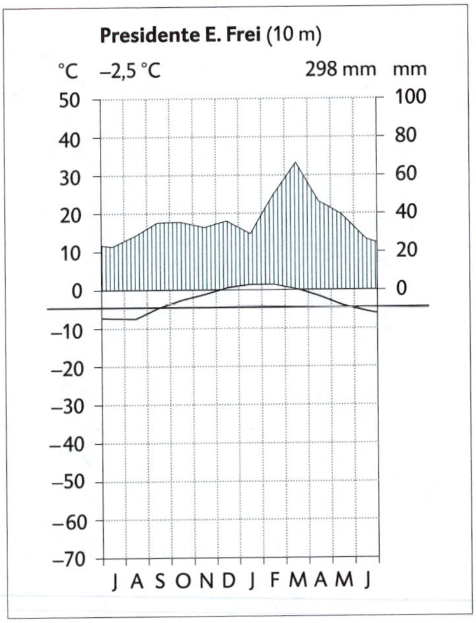

M 69: Klimadiagramm Presidente Eduardo Frei

fgabe 26 Erläutern Sie den Begriff der ökologischen Fragilität des antarktischen Ökosystems im Vergleich zu den Mittelbreiten.

fgabe 27 Erarbeiten Sie zwei mögliche Szenarien, die sich aus dem weiteren Abschmelzen antarktischer Eismassen bei anhaltender Klimaerwärmung global ergeben könnten.

Wasser

1 Wasser als Lebensgrundlage

Wasser ist für den Menschen Lebensmittel Nummer eins. Ohne Wasser wäre die Entstehung von Leben auf unserem Planeten nicht möglich gewesen. Dem Schutz der weltweiten Wasserressourcen kommt hinsichtlich der zukünftigen Sicherung der Existenzgrundlage der Menschheit besondere Bedeutung zu.

1.1 Kulturelle und ökologische Bedeutung

Die herausragende Rolle des Wassers auf unserem Planeten als **Lebensgrundlage**, **ökologischer** und letztendlich auch **kultureller Stabilisator** ergibt sich aus ganz spezifischen Eigenschaften und Aufgaben. Beispiele hierfür sind:

- Der **Körper aller Lebewesen** besteht zu einem erheblichen Anteil aus Wasser. Im Organismus übernimmt das Wasser lebensnotwendige Transport-, Regulierungs- und Austauschfunktionen. Organismen geben ständig Wasser an ihre Umgebung ab, deshalb sind sie andererseits auf eine regelmäßige Wasseraufnahme und damit auf verfügbares Wasser angewiesen.
- Das Vorhandensein von Wasser ist **Grundvoraussetzung für die landwirtschaftliche Produktion** und die Versorgung einer wachsenden Weltbevölkerung mit Lebensmitteln.
- Wasser stellt eine der wichtigsten **Ressourcen für die industrielle Produktion** und die Energieversorgung dar und trägt somit auch zur wirtschaftlichen und politischen Stabilität eines Raums bei.
- Wasser ist zentraler **Bestandteil des globalen Ökosystems**. Es bildet ein komplexes Wirkungsgeflecht mit anderen ökologischen Teilsystemen und übernimmt in verschiedenen Aggregatzuständen im Kreislauf zwischen Atmosphäre (z. B. in Luftströmungen), Ozeanen (z. B. in Meeresströmungen) und Kontinenten lebensnotwendige thermische Speicher-, Energieaustausch- und Steuerungsfunktionen.
- Wasser trägt wesentlich zur **Bodenbildung** (z. B. als Transportmedium für Mineralien) und zur Formung von Landschaften (z. B. Talbildung) bei.

1.2 Globale Wasserressourcen und natürlicher Wasserkreislauf

Die Erdoberfläche wird heute zu etwa 70 % von geschlossenen Wasserflächen bedeckt. Da das in der Atmosphäre und in tieferen Oberflächenregionen gebundene Wasser mengenmäßig nur schwer berechenbar ist, ist eine genauere Quantifizierung des auf der Erde in den drei **Aggregatzuständen** fest, flüssig und gasförmig vorkommenden Wassers nur annäherungsweise möglich. Das **Gesamtwasservolumen der Erde** beträgt derzeit knapp 1,4 Mrd. km³. Dieses Volumen entspricht einem Würfel mit einer Kantenlänge von 1 100 km. Jedoch ist hiervon lediglich 2,5 % Frischwasser, von dem wiederum ein großer Teil, nämlich allein 70 % in Gletschern und Polarkappen sowie in schwer zugänglichen Boden- und Grundwasserbeständen gebunden ist. Lediglich 0,3 % der Frischwasservorräte oder 0,0075 Prozent allen Wassers auf der Erde sind für den Menschen relativ leicht in Seen und Flüssen zugänglich. Dieses Volumen entspricht einem Würfel mit einer Kantenlänge von nur 45 km.

Aggregatzustand	Anteil am Gesamtwasser	Speicherorte
fest	1,766 %	Gletscher, Polarkappen, Schneeauflage, Dauerfrostboden
flüssig	98,233 %	Meerwasser, Frischwasser in Seen und Flüssen, Grundwasser, Sumpfwasser, Bodenfeuchtigkeit
gasförmig	0,001 %	Atmosphärischer Wasserdampf

M 70: Globale Wasseranteile nach Aggregatzuständen

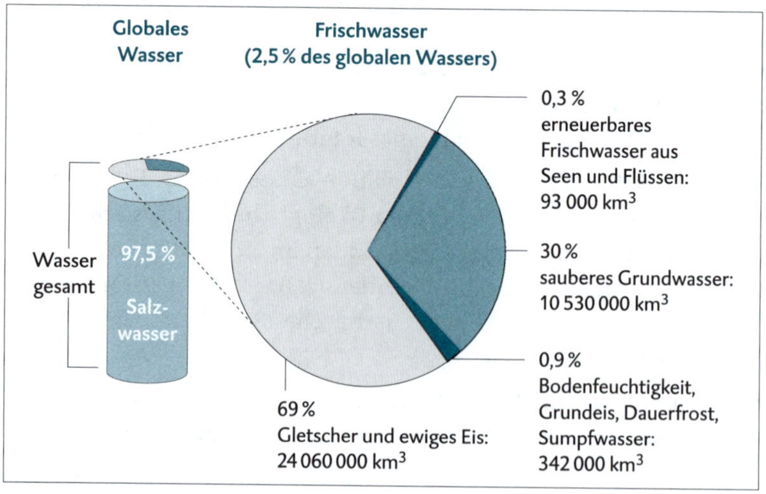

M 71: Verteilung des globalen Wassers

Die Wasseranteile der Atmosphäre, der Ozeane und der an und unterhalb der Erdoberfläche gelegenen Speicher stehen in einem natürlichen hydrologischen Kreislauf miteinander in Verbindung. Der natürliche **Wasserkreislauf** ist genauer betrachtet die zeitliche Abfolge der Orts- und Zustandsänderungen des Wassers, nämlich des Grundwassers, der Hydrometeore (alle Formen kondensierten Wassers in der Atmosphäre), des Abflusses und des Niederschlags. Er beschreibt somit die Zirkulation des Wassers in fester, flüssiger und gasförmiger Form in der Erdatmosphäre, auf der Erdoberfläche und im obersten Bereich der Erdkruste. Dieser Wasserkreislauf wird durch Sonnenenergie und Gewichtskraft in Bewegung gehalten. Die Sonnenenergie bewirkt, dass von den Oberflächen der Ozeane, Flüsse, Seen und von der Landoberfläche (z. B. aus Biomasse) ständig ein Teil des Wassers zu Wasserdampf verdunstet. Weil Wasserdampf spezifisch leichter ist als Luft, steigt er nach oben in die Atmosphäre, kühlt durch die zunehmend kältere troposphärische Umgebungstemperatur ab und kondensiert wieder zu kleinsten Wassertröpfchen oder Eiskristallen. Hierbei entstehen Wolken, die schließlich beim Erreichen des Sättigungsgrades Niederschlag in Form von Regen, Schnee oder Hagel abgeben.

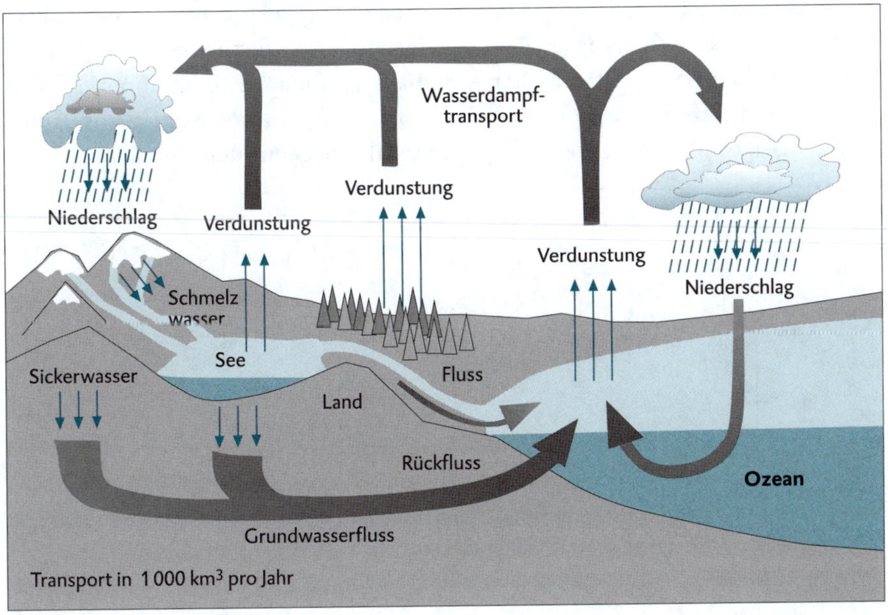

M 72: Globaler Wasserkreislauf

Die Niederschläge treffen auf die Erdoberfläche und gelangen über Fließgewässer bzw. den Grundwasserstrom in die Ozeane. Ein Teil bleibt in zwischenspeichernden Oberflächenbereichen (z. B. Biomasse und Bodenwasser). Durch Verdunstung und Kondensation, Schmelzen und Gefrieren ändert das Wasser im globalen Wasserkreislauf zudem ständig seine Aggregatzustände.

1.3 Wasserangebot und -verfügbarkeit in verschiedenen Regionen

Bedingt durch die unterschiedlichen Strahlungs-, Temperatur-, Niederschlags- und Verdunstungsverhältnisse ergeben sich auf der Erde drei Hauptzonen mit beträchtlichem Abfluss und enormem Wasserüberschuss sowie zwei Zonen, in denen die **Evapotranspiration** (Summe aus Transpiration und Evaporation, also der Verdunstung aus Fauna, Flora und der Bodenoberfläche) den Niederschlag erheblich übersteigt, sodass hieraus Wasserdefizite resultieren.

Als **Räume mit Wasserüberschuss** werden die polwärtigen Randbereiche der Subtropen, die Mittelbreiten, die subpolaren Gebiete, die innertropischen und inneren wechselfeuchten Tropen bezeichnet. **Räume mit Wasserdefiziten** sind die zwischen diesen Zonen gelegenen Teile der Tropen und Subtropen. Die hohen Polarbreiten stellen eine Besonderheit dar, da in ihnen infolge der geringen Luftfeuchtigkeit und des Vorherrschens von Kältehochs kaum Niederschläge fallen, die zudem längerfristig als Eis gebunden sind.

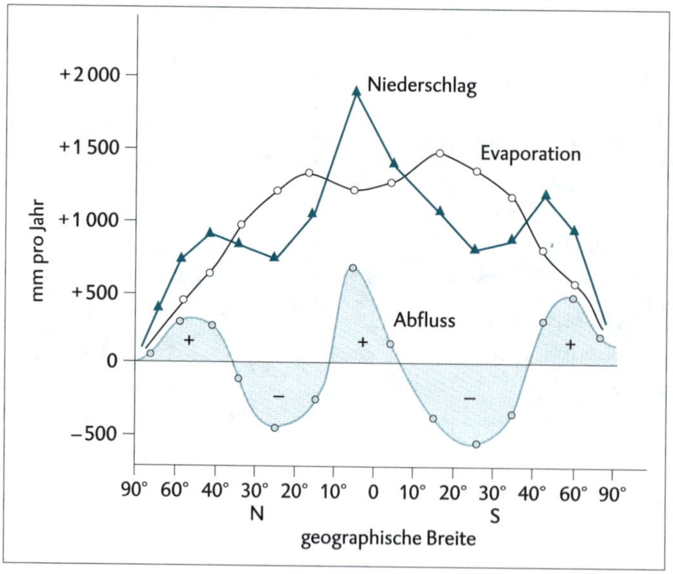

M 73: Niederschlag, Evaporation und Abfluss in unterschiedlichen Breitenlagen

Die **allgemeine Wasserhaushaltsgleichung** beschreibt auf globaler, zonaler oder regionaler Ebene die Beziehungen zwischen den Komponenten des Wasserkreislaufs:

N = V + A + (R – B)
Niederschlag = Verdunstung + Abfluss + (Rücklage – Aufbrauch)

Neben dem Parameter Niederschlag haben andere Einflussgrößen wie z. B. **Klimazonenzugehörigkeit**, Art des Bodens und des Geländes, geologische Situation, Art der Vegetationsbedeckung und/oder der Landnutzung Einfluss auf die allgemeine Wasserhaushaltsgleichung. In subtropischen Räumen verdunstet z. B. ein größerer Anteil des Niederschlages, somit verbleiben deutlich geringere Mengen für die Grundwasserneu- und Abflussbildung.

Im Wasserkreislauf wird Wasser ständig erneuert. Die **Erneuerungszeiträume** weichen jedoch je nach Vorkommen erheblich voneinander ab (in Flüssen alle 16 Tage, in der Atmosphäre alle 6 Tage, im Gletschereis, tief liegenden Grundwasserlagern und in den Meeren mehrere Tausend Jahre). Die den Menschen tatsächlich zur Verfügung stehende Wassermenge **(Wasserverfügbarkeit)** hängt neben den geophysikalischen Faktoren des natürlichen Wasserkreislaufs in erster Linie heute von anthropogenen Einflussfaktoren wie z. B. Wasserverbrauch und Bevölkerungswachstum ab.

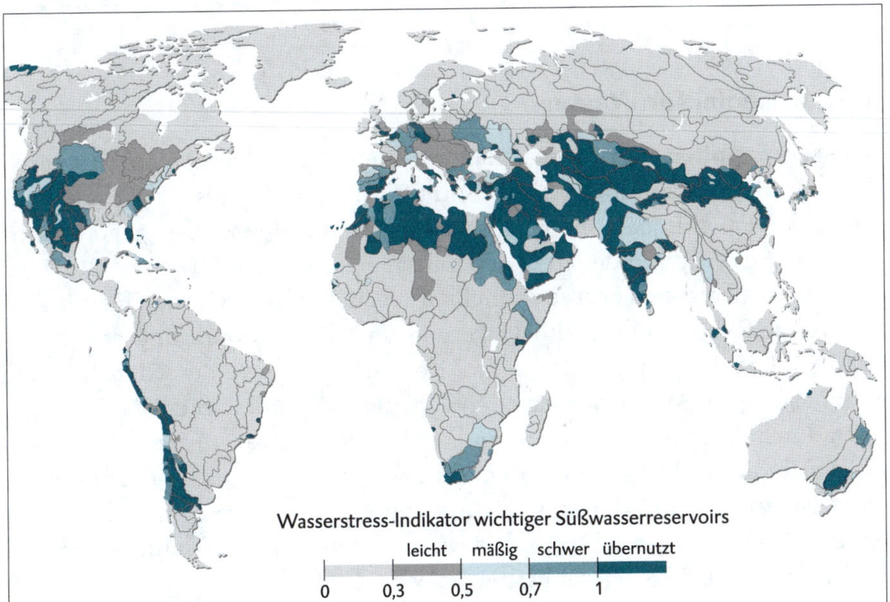

M 74: Verfügbarkeit von Wasser weltweit

Die UNESCO zählt zu den verfügbaren Süßwasserressourcen erneuerbare und nicht erneuerbare Grundwasservorkommen, Süßwasservorräte in Seen (auch Stauseen) und Flüssen. Als Maß für die tatsächliche **Wasserverfügbarkeit** wird heute die **erneuerbare Wassermenge pro Person und Jahr** verwendet. In Ländern mit erneuerbaren Wassermengen von unter 1 700 m³ pro Jahr und Person herrscht bereits **Wasserknappheit**, unter 1 000 m³ pro Jahr und Person spricht man von akutem **Wassermangel**.

Wasserverfügbarkeit im Jahr 2000 (pro Einwohner und Jahr)	
USA	8 900 m³
Schweiz	6 520 m³
Deutschland	2 080 m³
Ägypten	850 m³
Algerien	450 m³
Saudi-Arabien	160 m³

Geschätzte Wasserverfügbarkeit im Jahr 2025 (pro Einwohner und Jahr)	
Burundi	280 m³
Äthiopien	980 m³
Kenia	190 m³
Nigeria	1 000 m³
Ruanda	350 m³
Südafrika	790 m³
Somalia	610 m³
Tansania	900 m³
Haiti	960 m³
Peru	980 m³

M 75: Wasserverfügbarkeit 2000 und 2025

1.4 Krisenfaktor Wasser

Wasserknappheit und **Wassermangel** können nach Ansicht von Zukunftsforschern in den kommenden Jahrzehnten zunehmend krisenauslösend wirken und die politischen und gesellschaftlichen Verhältnisse besonders in Ländern mit Entwicklungsdefiziten destabilisieren. Zwischen 1930 und 2017 hat sich der **Weltwasserverbrauch** mehr als versiebenfacht. Gründe hierfür sind die Verdreifachung der Weltbevölkerung und die Verdoppelung des durchschnittlichen Wasserverbrauchs pro Kopf. Der Prozess der Globalisierung erhöht stetig den Wasserverbrauch sowohl durch ökonomisches Wachstum als auch durch die räumliche Ausweitung verbrauchsintensiver Lebensstile. Während sich die Nachfrage in den Industrieländern seit etwa 1980 auf sehr hohem Niveau stabilisiert hat, wird in weniger entwickelten Ländern mit raschem Bevölkerungswachstum und wachsender Wirtschaftstätigkeit für die Zukunft mit hohen Steigerungsraten gerechnet.

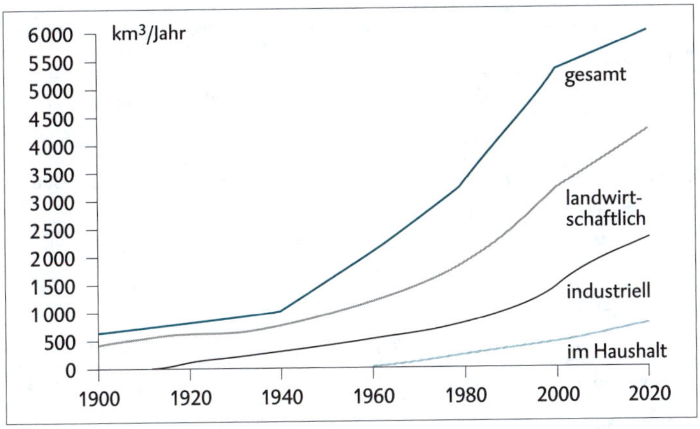

M 76: Anstieg der weltweiten Wassernachfrage

Neben quantitativen Wasserdefiziten kann die **sektorale Verteilung des Wasserverbrauchs** zu künftigen Nutzungskonflikten führen. Sie wird größtenteils vom sozioökonomischen Entwicklungsstand eines Landes bestimmt. Auffällig ist hierbei der besonders **große Anteil des für die Landwirtschaft nachgefragten Wassers** (weltweit 69 %). Dies ist vor allem Ergebnis der Ausweitung der Bewässerungslandwirtschaft mit dem Ziel der Ernährungssicherung in den Trockengebieten der Erde.

Im weitesten Sinn resultiert eine weltweite Wasserkrise aus dem Dilemma, dass der Mensch immer stärker in den natürlichen Wasserkreislauf eingreift, um die Diskrepanz zwischen **gleichbleibendem verfügbarem Wasserangebot und wachsender Nachfrage** auszugleichen. Neben dieser quantitativen wird zudem künftig eine qualitative Komponente der Wasserkrise infolge einer zunehmenden Verunreinigung des durch den Menschen genutzten Wassers bedeutend werden.

1.5 Wasserbilanz und Wassergewinnung – Beispiel Deutschland

Über den natürlichen Wasserkreislauf wird Brauch- und Trinkwasser aus Grund-, Oberflächen- oder Quellwasser gewonnen. Nach der Nutzung wird das Wasser in Kläranlagen gereinigt und gelangt wieder in die Vorfluter (Flüsse).

Der Gesamtwasserentnahme von etwa 36 Mrd. m³ (2017) steht in Deutschland ein potenzielles Dargebot (Menge an Grund- und Oberflächenwasser, die potenziell genutzt werden kann) von 188 Mrd. m³ Wasser gegenüber. Deutschland kann somit als ein wasserreiches Land bezeichnet werden.

Wasserhaushaltsgrößen in Milliarden Kubikmeter (Mrd. m^3)	2002	2004	2006	2008	2010	2017
Niederschlag	359	287	248	269	300	283
Zufluss von Oberliegern	87	61	69	66	71	73
Gebietsbürtiger Abfluss vom Bundesgebiet	150	84	94	100	108	108
Verdunstung	186	183	176	177	187	192
davon Verdunstung aus Wasserverbrauch	4,5	4,5	4,5	4,5	4,5	4,5
Evapotranspiration	181	178	171	172	182	186
Erneuerbare Wasserressourcen	**265**	**170**	**146**	**163**	**190**	**193**

M 77: Wasserbilanz für Deutschland

1.6 Anthropogene Beeinflussungen des Wasserkreislaufs

Die Auswirkungen menschlicher Eingriffe in den natürlichen Wasserkreislauf sind in ihrer interagierenden Komplexität kaum abzuschätzen. Die folgende Tabelle zeigt Beispiele drastischer Eingriffe und deren potenzielle Folgen.

Eingriffe	mögliche Folgen
Einleitung ungeklärter Industrie- und Haushaltsabwässer	Verschmutzung und Vergiftung, pflanzliches und tierisches Artensterben, Verschmutzung der Küstengewässer und Zerstörung der Fischbrut
Einleitung von Nitraten u. Phosphaten (Massentierhaltung und aus der Düngung) und Pestiziden	Verunreinigung von Oberflächengewässern und Grundwasser
Freisetzung von Luftschadstoffen (private Haushalte, Verkehr und Industrie)	Beeinträchtigung des Grund- und Oberflächenwassers in Form von „saurem Regen“
flussbauliche Maßnahmen: Begradigungen, Abflussregulierungen und Rückhaltebauten	Veränderung des natürlichen Abflussverhaltens und der Verdunstungsraten, Zunahme der Fließgeschwindigkeiten, Abwandern von Fischarten
übermäßige Nutzung von Grundwasservorräten	absinkender Grundwasserspiegel, Erdsenkungen, Veränderung der Druckverhältnisse und Einbruch von Salzwasser in küstennahe Grundwasserkörper
Verbrauch fossilen Grundwassers	Aufbrauch und fehlende Regenerierung
Rodung für die Ausweitung landwirtschaftlicher Flächen	sinkende Retardierungsfunktion der Vegetation, erhöhter Oberflächenabfluss, Erosion
globale anthropogen bedingte Klimaveränderung	Veränderungen des Weltökosystems, Meeresspiegelanstieg, veränderter Wärmeenergietransport durch veränderte Meeresströmungen

M 78: Eingriffe in den Wasserhaushalt

Übungsaufgaben: Wasser als Lebensgrundlage

gabe 28 Erläutern Sie die wesentlichen thermischen Funktionen, die das Wasser der Erde in Atmosphäre und Hydrosphäre übernimmt.

gabe 29 Beschreiben und begründen Sie das mögliche Wasserangebot an den beiden Klimastationen in M 79. Berücksichtigen Sie hierbei neben der Niederschlagsmenge andere klimatische Einflussfaktoren.

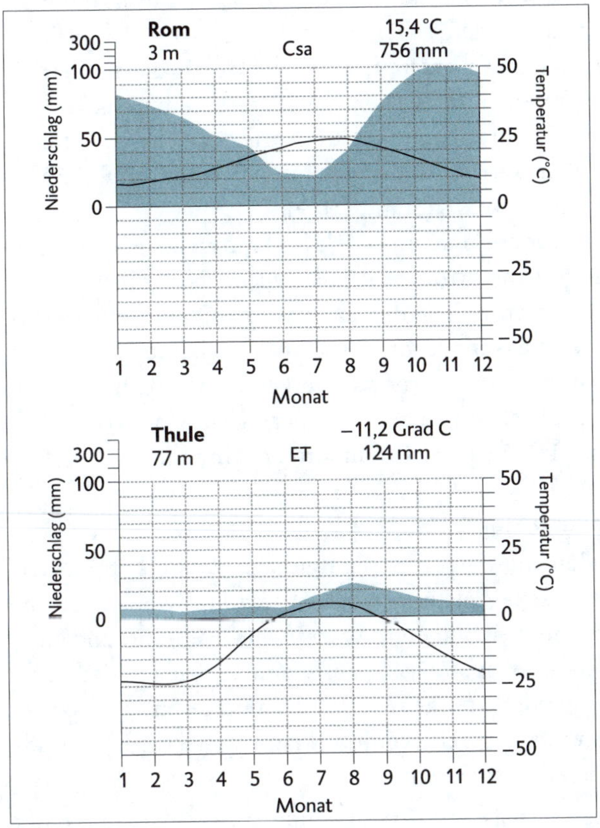

M 79: Klimadiagramme Rom und Thule

fgabe 30 Stellen Sie mögliche Nutzungskonflikte dar, die sich aus der jahreszeitlichen Wasserknappheit im Mittelmeerraum ergeben.

2 Wasser als Produktionsfaktor

2.1 Wasserkraft als industrieller Standortfaktor

Die Geschichte der Nutzung der Wasserkraft geht weit zurück in die Vergangenheit. Die frühen Hochkulturen an Nil, Euphrat und Tigris, am Gelben Fluss und am Indus nutzten die Flüsse als Antriebsmittel für Arbeitsmaschinen vielfältigster Art. In Europa entstanden die ersten wichtigen Gewerbezentren dort, wo die Wasserkraft Mühlen und Hammerwerke antrieb.

Heute dient die **Hydroenergie** fast ausschließlich zur Umwandlung in elektrische Energie. Weltweit werden gegenwärtig knapp 18 % des elektrischen Stroms in Wasserkraftwerken erzeugt, mehr als durch die in Betrieb befindlichen 500 Kernkraftwerke. Norwegen deckt fast seinen gesamten Strombedarf mit Hydroenergie, Brasilien rund 80 %. In der Schweiz sind es rund 60 %, in Österreich über die Hälfte der gesamten Stromproduktion, in Deutschland dagegen lediglich rund 3 % (Stand 2019).

Da die Investitionskosten für den Bau eines Wasserkraftwerks enorm sind, ist der aus Wasserkraft gewonnene Strom zunächst teurer als der in Wärmekraftwerken erzeugte. Die Kostenfreiheit der nahezu unbegrenzt zur Verfügung stehenden **Ressource Wasser** macht sich erst dann bemerkbar, wenn die Stromerlöse die Baukosten eines Wasserkraftwerkes erwirtschaftet haben. Da auch die Instandhaltungskosten vergleichsweise gering sind, besitzen Wasserkraftwerke eine sehr lange Lebensdauer von mehreren Jahrzehnten.

Wasserkraftwerke – Typen und Standorte

Ein Wasserkraftwerk wandelt die Bewegungsenergie des Wassers in elektrische Energie um. Die elektrische Leistung eines Wasserkraftwerkes ist abhängig von der Menge des durchfließenden Wassers, der Fallhöhe und dem Wirkungsgrad der technischen Anlage. Wasserkraftwerke erzielen in der Regel einen sehr hohen Wirkungsgrad, da mehr als 90 % der nutzbaren Hydroenergie in elektrische Energie umgewandelt werden. Man unterscheidet grundsätzlich drei Typen von Wasserkraftwerken:

- **Laufwasserkraftwerke:** Laufwasserkraftwerke nutzen die Strömung eines Flusses zur Stromerzeugung. Das Wasser wird mithilfe einer Wehranlage aufgestaut und der durch die Stauung entstehende Höhenunterschied zur Stromerzeugung genutzt. Charakteristisch ist eine niedrige Fallhöhe bei relativ großer, jedoch oft jahreszeitlich schwankender Wassermenge. Die Energieabgabe wird hier durch die Fließgeschwindigkeit und den Wasserstand bestimmt. Dieser Kraftwerkstyp kommt am häufigsten zum Einsatz und dient in der Regel zur Deckung der **Grundlast**. Bei einigen Kraftwerken besteht die Möglichkeit, bei geringem Energiebedarf Wasser aufzustauen, um es als Energiereserve zu speichern.

- **Speicherkraftwerke:** Speicherkraftwerke stauen Wasser in Staubecken oder -seen und wandeln die gespeicherte Energie in Strom um. Über ein starkes Gefälle und mit hohem Druck werden die Generatoren angetrieben. Weil diese in kürzester Zeit in Betrieb genommen werden können, kann die Stromproduktion entsprechend der Nachfrage auch zu Spitzenzeiten gut reguliert werden. Pumpspeicherkraftwerke befinden sich zwischen zwei Staubecken. Wird wenig Strom benötigt, kann das Wasser in das höher gelegene Becken zurückgepumpt werden. Die Energie wird dort gespeichert und bei höherer Nachfrage wieder in Strom umgewandelt. Mit diesem natürlichen Energiespeicher werden Tages- oder Saisonschwankungen ausgeglichen.
- **Meerwasserkraftwerke:** Seit 1966 ist das erste **Gezeitenkraftwerk** der Welt in Betrieb, das in der Mündung der Rance an der französischen Atlantikküste die Energie aus dem ständigen Wechsel von Ebbe und Flut nutzt. Dagegen sind Wellen- oder Meeresströmungskraftwerke, die die Bewegungsenergie der Meereswellen bzw. -strömungen nutzen, noch weitgehend im Versuchsstadium.

Vor- und Nachteile der Nutzung der Hydroenergie müssen beim Bau von Wasserkraftwerken im Einzelfall immer sorgsam gegeneinander abgewogen werden.

Vorteile	Nachteile
Erneuerbare Energieform in großem Maßstab	Hoher Landschaftsverbrauch bei der Anlage von Stauseen und Wehranlagen
Vermeidung von klimarelevanten Treibhausgasen	Eingriffe in das natürliche Ökosystem der Flüsse und Beeinträchtigung von Natur und Landschaft
Flussregulierung und Hochwasserschutz, Verbesserung der Schiffbarkeit von Flüssen durch gleichbleibenden Wasserstand	Versandung der Stauseen durch Flusssedimente
	Gefahr von Überschwemmungen nach einem Dammbruch
	Verhinderung der natürlichen Überschwemmung von Uferregionen zur Bewässerung und Bodenregeneration

M 80: Pro und Contra der Wasserkraftnutzung

Billiger Strom aus Wasserkraftwerken – ein wichtiger Standortfaktor der Aluminiumindustrie

Bei der Gewinnung von Aluminium werden drei Stufen unterschieden, die in den meisten Fällen räumlich voneinander getrennt sind und für die aufgrund verschiedener Produktionsbedingungen auch sehr unterschiedliche Standortfaktoren maßgeblich sind:

- der Bauxitabbau,
- die Tonerdewerke, in denen aus dem Rohstoff Bauxit reines Aluminiumoxid (Tonerde) gewonnen wird,
- die **Aluminiumhütten**, in denen in einem Elektrolyseverfahren aus der Tonerde reines Aluminium abgeschieden wird.

Für die Verhüttung von zwei Tonnen Tonerde zu einer Tonne Aluminium benötigt man ca. 14 000 kWh elektrische Energie. Eine mittlere Aluminiumhütte verbraucht im Jahr demnach so viel Energie wie 150 000 Privathaushalte. Die **Standortwahl** für die Aluminiumhütten wird hauptsächlich von der Höhe der Stromkosten bestimmt, die regional unterschiedlich bis zu 40 % der Produktionskosten ausmachen. Als Energiequelle für die Stromerzeugung kommen Wasserkraft, Stein- und Braunkohle sowie Erdgas infrage. Geringe Bedeutung als Standortfaktoren besitzen die Lohnkosten und die Kosten für den Transport des Rohaluminiums zu den weiterverarbeitenden Betrieben (jeweils ca. 10 % der Produktionskosten). Seit Jahrzehnten treffen die europäischen und nordamerikanischen Global Player der Aluminiumindustrie ihre weltweiten Standortentscheidungen auf der Grundlage langfristiger Stromlieferverträge mit den Kraftwerksbetreibern.

Traditionell hatten die Aluminiumhütten ihre Standorte in den hoch entwickelten Ländern in Europa, Nordamerika und in Russland. Bevorzugt waren die abseits der großen Bevölkerungs- und Industriezentren liegenden Standorte neuer Wasserkraftwerke, wo Aluminiumhütten häufig die alleinigen Großabnehmer waren und so langfristige Lieferverträge mit garantierten Niedrigpreisen aushandeln konnten. Beispiele für diese **traditionelle Standortverteilung** sind:

- in Deutschland die erste, 1898 errichtete Aluminiumhütte in Rheinfelden,
- in den USA und Kanada die Aluminiumhütten entlang des St. Lorenz-Stroms (seit 1895),

- in den USA die Aluminiumhütten entlang des Tennessee (seit 1914) und des Columbia River (seit 1940),
- in Russland die Errichtung von Aluminiumhütten in den sibirischen Territorialen Produktionskomplexen (TPKs) am Jenissei und seinen Nebenflüssen bei Bratsk, Irkutsk und Abakan (seit 1961).

Gegenwärtig zeigt sich in der Aluminiumindustrie eine **geographische Neuausrichtung** angesichts der stark steigenden Energiekosten in den bevölkerungsreichen, hoch entwickelten Industrieländern. Neue Aluminiumhütten entstehen vor allem in Schwellenländern, wo neue Staudammprojekte billige elektrische Energie liefern und hierfür Großabnehmer dringend gesucht werden.

- **Beispiel Brasilien:** Nach China ist Brasilien der zweitgrößte Produzent von Hydroenergie. Strom aus Wasserkraft hat einen Anteil von mehr als 70 % am Energiemix. Das 1985 in Betrieb genommene Wasserkraftwerk am Tucuruí-Staudamm im Amazonastiefland versorgt die Aluminiumhütten in Bacarena bei Belem und in São Luís, die sich überwiegend im ausländischen Besitz befinden, mit billiger elektrischer Energie. Ein zusätzlicher Standortvorteil ist die Nähe zur weltweit größten Bauxitlagerstätte am Rio Trombetas. Das Rohaluminium wird fast ausschließlich für den Export nach Europa, Japan und Nordamerika produziert. Das umstrittene Belo-Monte-Wasserkraftwerk am Rio Xingu, einem Seitenfluss des Amazonas, wurde 2019 fertiggestellt und soll das drittgrößte Wasserkraftwerk der Welt sein. Die Planungen hatten 1975 begonnen. Bis 2011 kämpften Umweltschutzgruppen und die vom Staudammbau betroffenen indigenen Völkern gegen das Projekt. Brasiliens Energiebedarf wird durch das Wirtschafts- und Bevölkerungswachstum weiterhin wachsen. Aufgrund von langanhaltenden Trockenperioden und dem damit einhergehenden Wassermangel will das Land in Zukunft verstärkt auf eine Diversifizierung des Energieerzeugung setzen und Wind- und Solarenergie ausbauen.
- **Beispiel Malaysia:** Die Regierung Malaysias beabsichtigte bis 2020 in der Region Sawarak auf der Insel Borneo den Bau von 12 neuen Wasserkraftwerken, von denen heute erst drei Anlagen in Betrieb sind. Die Steigerung der Stromproduktion um das Sechsfache wird für den Aus- und Neubau mehrerer Aluminiumhütten benötigt. Auftraggeber des Projekts sind vor allem chinesische Unternehmen, die den Export von Aluminium aus Malaysia nach China für dessen rasch wachsende Industrie planen.

- **Beispiel Island:** Auch zu Beginn des 21. Jh. ist die Exportwirtschaft Islands stark vom Fischfang geprägt. Jetzt versucht die Regierung mithilfe der Aluminiumindustrie, die bereits ein Drittel der Exporte tätigt, die Wirtschaft zu modernisieren. Um weiteren Unternehmen der Branche einen Anreiz zu bieten, in Island zu investieren, setzt man auf konkurrenzlos niedrige Energiepreise. 2007 wurde trotz der Widerstände vieler Bevölkerungsgruppen der Bau des 200 m hohen Karahnjukar-Dammes im Osten des Landes fertiggestellt – ein gigantisches Wasserkraftprojekt, dessen einzige Aufgabe es ist, die in unmittelbarer Nähe an der Küste liegende neue Aluminiumhütte mit elektrischer Energie zu versorgen. Der Liefervertrag mit einem amerikanischen Aluminiumkonzern, in dem extrem niedrige Strompreise garantiert werden, gilt 20 Jahre lang. Durch die 400 neuen Arbeitsplätze erhofft sich die Regierung einen wirtschaftlichen Aufschwung in der dünn besiedelten Region.

2.2 Bewässerungslandwirtschaft in den ariden Tropen und Subtropen

Die Bewässerung landwirtschaftlicher Flächen dient zum Ausgleich der jahreszeitlich oder ganzjährig fehlenden Niederschläge, häufig auch zur Düngung durch mitgeführte Nährstoffe. Bewässerung ermöglicht den Anbau jenseits der Grenze des Regenfeldbaus, der sogenannten **agronomischen Trockengrenze**, die je nach Temperatur, Verdunstung, Bodenstruktur und Kulturpflanze zwischen 250 und 1 000 mm Jahresniederschlag liegt. Neben der Erschließung neuer Anbauflächen in Trockengebieten bewirkt die Bewässerung auch beim Regenfeldbau eine Steigerung der landwirtschaftlichen Produktion.

Vorteile des Bewässerungsfeldbaus

- Steigerung der Flächenerträge durch gleichmäßige und reichliche Verfügbarkeit von Wasser,
- Übergang vom saisonalen zum Dauerfeldbau,
- Möglichkeit mehrerer Ernten pro Jahr,
- Anbau ertragreicherer Kulturpflanzen mit hohem Wasserbedarf,
- Vermeidung der Gefahr von Missernten in Dürrejahren,
- Sicherung der Existenzgrundlage der Bauern selbst bei geringem Flächenbesitz.

Voraussetzungen für eine nachhaltige Bewässerungslandwirtschaft

- Hohe Investitionen an Kapital und Arbeitskraft für die Einrichtung und den Unterhalt der Bewässerungsanlagen,
- organisierte Zusammenarbeit aller Beteiligten,
- genaue Kenntnisse der natürlichen Bedingungen zur Vermeidung ökologischer Schädigung des Wasserhaushaltes und des Bodens,
- Berücksichtigung traditioneller Wasserrechte zur Vermeidung gesellschaftlicher Konflikte,
- Anlage von Entwässerungssystemen (Drainagen) zur Verhinderung von Versumpfung, Versalzung und Versauerung des Bodens durch überschüssiges Wasser.

Die **Bereitstellung des Bewässerungswassers** erfolgt aus oberirdischen Gewässern wie etwa Flüssen oder Seen, aus dem Grundwasser oder durch die Speicherung von Regenwasser in Zisternen oder Stauseen.

	Oberflächenbewässerung	Beregnung	Tropfbewässerung
Verdunstungsverluste	hoch	hoch	gering
Versickerungsverluste	mittel	gering	gering
Wassernutzungseffizienz	40–50 %	60–70 %	80–90 %
Versalzungsgefahr	gering	hoch	gering
Verschlämmungsgefahr	mittel	hoch	mittel
Methanausgasung	ja	nein	nein
Installationskosten	gering	hoch	hoch
geeignete Böden	schwere Böden, kein Gefälle	alle Böden, kein bis leichtes Gefälle	alle Böden, jedes Gefälle
mögliche Kulturarten	stauwassertolerante Arten, z. B. Reis	alle	hauptsächlich Dauerkulturen z. B. Wein, Obst und Gemüse

M 81: Bewässerungsmethoden im Vergleich

Die **Bewässerungsmethoden** sind sowohl von den natürlichen Bedingungen wie Herkunft und Verfügbarkeit des Wassers oder der Intensität der Verdunstung als auch den traditionellen Bewässerungstechniken und dem Wasserbedarf der angebauten Nutzpflanzen abhängig. Folgende Methoden kommen vorwiegend zum Einsatz:

- Flächenhafte Bewässerung durch Überschwemmung des Bodens,
- Furchenbewässerung,

- Anlage von Terrassen mit natürlichem Wasserabfluss,
- Berieselung und Beregnung der Flächen,
- Tröpfchenbewässerung **(Trickle Irrigation)** aus den im Boden verlegten Schlauchleitungen.

Feldfrucht	Steigerung des Ertrags durch Trickle Irrigation	Veränderung des Wasserverbrauchs durch Trickle Irrigation	Veränderung der Gesamtproduktivität durch Trickle Irrigation
Bananen	50 %	–45 %	> 170 %
Baumwolle	25 %	bis –60 %	bis 250 %
Weintrauben	25 %	–50 %	> 100 %
Zuckerrohr	bis 33 %	bis –65 %	bis 200 %
Süßkartoffeln	40 %	–60 %	200 %
Tomaten	bis 50 %	bis –39 %	bis 150 %

M 82: Trickle Irrigation und traditionelle Bewässerung im Vergleich

Die **Bewässerungsgebiete** umfassen schätzungsweise weltweit ca. 20 % der Acker- und Dauerkulturflächen, auf denen über ein Drittel der gesamten Nahrungsmittelproduktion erzielt wird. Die größten bewässerten Flächen besitzen China, Indien, die USA und Pakistan, während der Anteil der bewässerten Flächen an der gesamten Nutzfläche mit über 90 % in Ägypten und den Staaten auf der arabischen Halbinsel am höchsten ist. In Europa beschränkt sich die großflächige Bewässerung auf die Anrainerstaaten am Mittelmeer.

Region	Ackerfläche (in 1 000 ha)	Bewässerte Ackerfläche (in 1 000 ha)
Welt	1 369 110	274 166
Afrika	177 251	12 538
Asien	495 039	192 962
Europa	291 102	24 406
Nord- und Zentralamerika	259 589	31 395
Südamerika	96 142	10 326
Australien und Ozeanien	49 987	2 539

M 83: Bewässerungslandwirtschaft weltweit

Traditionelle und moderne Bewässerungslandwirtschaft in Nordafrika

Wo in den ariden Trockenräumen das kostbare Gut Wasser verfügbar ist, liegen **Oasen**, kleine grüne Inseln umgeben von Wüste. Hier ist nur Bewässerungsfeldbau möglich mit Oberflächenwasser aus Fremdlingsflüssen wie dem Nil oder dem Niger südlich der Sahara bzw. mit Grundwasser. Dieses Wasser gewinnen die Oasenbauern aus Brunnen, die bis an den Grundwasserhorizont reichen, oder Quellen, die meist am Hangfußbereich von Gebirgen liegen. Durch ein ausgeklügeltes Kanalnetz wird dann das Wasser zu den Feldern und Gärten der Oasenbewohner geleitet. Die gerechte und sparsame Verteilung des Wassers und seine Bezahlung werden von Wasserwächtern beaufsichtigt. Auf den Feldern werden vorwiegend Gerste und Hirse angebaut, die die große Hitze vertragen und nur wenig Wasser benötigen. Die kleinen, intensiv genutzten **Oasengärten** hingegen werden in Form des **Stockwerksanbaus** bewirtschaftet. Unter den weit ausreichenden Dattelpalmen, die den darunter wachsenden Pflanzen Schatten spenden, wachsen Feigen-, Granatapfel- und Orangenbäume. Darunter werden Luzerne als Viehfutter und Gemüse als food crop oder cash crop angebaut.

In der Vergangenheit waren Oasen wie etwa die **Brunnenoase Ouargla** in Algerien auch wichtige Versorgungs- und Handelsorte für Karawanen und durchziehende Nomaden. Heute dagegen dienen viele Oasen der Erdölwirtschaft als Versorgungsstationen oder nehmen am aufblühenden Wüstentourismus teil. In der Landwirtschaft führte aber erst die Entdeckung von tief liegenden Grundwasserschichten zu einem **Strukturwandel** hin zu einer modernen marktorientierten und intensiven Bewässerungslandwirtschaft.

Der „Große Künstliche Fluss“ – staatliche Wasserprojekte in Libyen

Auf der Suche nach Erdöllagerstätten entdeckte man unter der libyschen Wüste in einer Tiefe von 4 000 m **fossile Grundwasservorräte**, die in niederschlagsreichen Perioden vor ca. 20 000 Jahren entstanden sind. Diese eröffnen Libyen, dem durch Erdöleinnahmen reichsten Staat Nordafrikas, die Möglichkeit, sich durch Inwertsetzung neuer Bewässerungsflächen in der Wüste selbst zu versorgen. Bisher musste der Staat 60 % seiner Lebensmittel, bei Getreide sogar 90 % des Bedarfs durch teure Importe decken. In der Wüste fördern in den sogenannten **Hightech-Oasen** Motorpumpen mehrere Tausend Liter Grundwasser pro Minute, die dann mit Karussellbewässerungsanlagen auf den bisherigen Wüstenflächen Getreide und Futterpflanzen beregnen. Seit den 1990er-Jahren wird das Wasserprojekt des **„Großen Künstlichen Flusses“** realisiert. Zwei Wasserpipelines transportieren das fossile Grundwasser über 1 000 km weit aus der Sahara an die libysche Küste. Hier werden neue landwirtschaftliche Flächen bewässert, Industrieanlagen und Haushalte mit Brauch- und Trinkwasser versorgt. Fraglich ist allerdings die Rentabilität der Nutzung des Wassers für die Landwirtschaft, denn die tatsächlichen Kosten betragen umgerechnet auf den Wasserpreis bis zu einem Euro pro Kubikmeter. Berücksichtigt man auch noch, dass die Vorräte des fossilen Grundwassers höchstens 100 Jahre ausreichen, so macht eine solche Verschwendung der Ressource Wasser langfristig keinen Sinn. Trotzdem wurde dieser Sachverhalt in Libyen nicht öffentlich diskutiert, denn das Mega-Wasserprojekt mit seinen Gesamtkosten von fast 30 Mrd. US-$ galt als Prestigeobjekt der libyschen Staatsführung unter Muammar al-Gaddafi.

Huertas – Spaniens Bewässerungslandwirtschaft an der Mittelmeerküste

Huertas nennen die Spanier die landwirtschaftlich intensiv genutzten Küstenebenen am Mittelmeer. Seit dem Mittelalter nutzen die Bauern z. B. in der **Huerta von Murcia** das aus den Bergen kommende **Flusswasser** und erzielen auf den besonders nährstoffreichen Schwemmlandböden im Bereich der Flussmündungen zwei bis drei Ernten pro Jahr. Zitronen- und Orangenpflanzungen und der intensive Gemüseanbau erbringen reiche Ernten und sichern den Lebensunterhalt der Landbesitzer. Der Bau der Bewässerungskanäle und deren Instandhaltung erfolgt in Gemeinschaftsarbeit, kleine Dämme und Gräben verteilen das Wasser gleichmäßig auf den Feldern.

Der Beitritt Spaniens zur Europäischen Union 1986 bot den Landwirten neue Absatzchancen für ihre Produkte. Von nun an konnten spanische Agrarprodukte zollfrei in allen EU-Staaten verkauft werden, auch in den Ländern, in denen besonders im Winter die Nachfrage nach frischem Obst und Gemüse besonders groß ist. Neue **innovative Anbaumethoden** mit Plastikgewächshäusern und Folientunneln ermöglichen in Südspanien, hier vor allem in der **Region Almeria**, auch im Winterhalbjahr den Gemüseanbau. Plastikschläuche mit feinen Düsen versorgen die Pflanzen mit ausreichend Wasser, dem auch Dünge- und Pflanzenschutzmittel beigegeben werden. Das frische Gemüse wie Tomaten und Paprika oder auch Erdbeeren werden sofort nach der Ernte sortiert, verpackt und in Kühllastwagen über das weit verzweigte europäische Autobahnnetz nach Norden transportiert.

Die intensive Bewässerungslandwirtschaft birgt aber auch **Nachteile**. Immer größere Flächen werden in Küstennähe von Folienhäusern bedeckt, an vielen Stellen türmen sich Plastikabfälle und Verpackungsmaterial. Das verfügbare Oberflächenwasser reicht schon lange nicht mehr für die Bewässerung der Felder. Immer tiefer reichende Motorpumpen fördern Grundwasser, sodass der Grundwasserspiegel stetig absinkt und die nicht bewässerten Böden und deren Vegetation austrocknen. An manchen Stellen dringt bereits Salzwasser in die leer gepumpten Grundwasserhorizonte ein. Die **Verschwendung** des kostbaren Wassers beklagen aber auch die Tourismusbranche, Gewerbebetriebe und vor allem die Einwohner, die immer höhere Preise für ihr Trinkwasser bezahlen müssen.

2.3 Nutzungskonflikte um die Ressource Wasser

Wenn die existenzielle Ressource Süßwasser knapp ist, kommt es schnell zu Konflikten um deren Nutzung.

Soziale Konflikte werden etwa ausgelöst durch die Einführung bzw. Erhöhung des Wasserpreises oder eine ungerechte Verteilung des verfügbaren Wassers unter den Nutzern. So müssen die Einwohner der Megastädte in **Kalifornien** ein Mehrfaches des Wasserpreises bezahlen als die großen Agrarbetriebe, die im Bewässerungsfeldbau sogar Reis anbauen. Durch die Niedrighaltung des Wasserpreises subventioniert der Staat die intensive Landwirtschaft, die ihrerseits ohne Bewässerung überhaupt nicht möglich wäre. In den **Entwicklungsländern** ist eine Verteuerung des Trinkwassers vor allem für die ärmeren Bevölkerungsgruppen kaum zu verkraften, sodass diese dann gezwungen sind, verunreinigtes Grundwasser zu nutzen, und so die Gefahr der Ausbreitung von Krankheiten und Seuchen steigt.

Ökonomische Konflikte haben ihre Ursache meist in der unzureichenden Verfügbarkeit der Ressource Wasser. So kommt es in den Mittelmeerländern vor allem in den ariden Sommermonaten zu Nutzungskonflikten zwischen der Landwirtschaft, der Industrie und der Tourismusbranche. Gerade in der heißen Jahreszeit ist der Wasserverbrauch in der Landwirtschaft besonders hoch. Gleiches gilt für den Wasserbedarf in den touristischen Zentren. Die steigenden Ansprüche der Touristen wie etwa Swimmingpools in den Hotels oder neue Freizeitanlagen haben in **Spanien** den durchschnittlichen täglichen Wasserbedarf für jeden Feriengast auf heute über 800 Liter ansteigen lassen. So benötigt ein Golfplatz täglich genauso viel Wasser wie eine Stadt mit 20 000–50 000 Einwohnern. Deshalb ist es nicht verwunderlich, dass Spanien den höchsten Wasserverbrauch von über 265 Liter pro Tag und Einwohner in Europa hat (zum Vergleich: Deutschland 121 Liter pro Tag und Einwohner, 2013). Betroffen ist aber auch die Energiewirtschaft. Obwohl in den Sommermonaten der Strombedarf wegen der unzähligen Klimaanlagen besonders hoch ist, müssen viele Wasserkraftwerke vom Netz genommen werden, da in den Stauseen der Wasserstand zu niedrig ist. In vielen Gemeinden in Südspanien, aber auch auf den Balearen muss alljährlich im Sommer das Trinkwasser mit Tanklastwagen zu den Einwohnern transportiert werden, da die Brunnen der örtlichen Wasserwerke trockenfallen.

Ökologische Konflikte drohen etwa bei großflächigen Überflutungen aufgrund von **Staudammprojekten**. So wurde bei der Flutung des Tucuruí-Stausees im brasilianischen **Amazonastiefland** (vierfache Fläche des Bodensees) zur Vermeidung zusätzlicher Kosten auf eine Rodung des tropischen Regenwaldes verzichtet. Die anaerobe Zersetzung der riesigen Biomasse erfolgt jetzt unter Freisetzung toxischer Gase wie Schwefelwasserstoff, Methan und Ammoniak und einer erheblichen Geruchsbelästigung der Anwohner. Der geringe Sauerstoffgehalt führt zu Fischsterben und zerstört eine der zentralen Lebensgrundlagen der Bevölkerung.

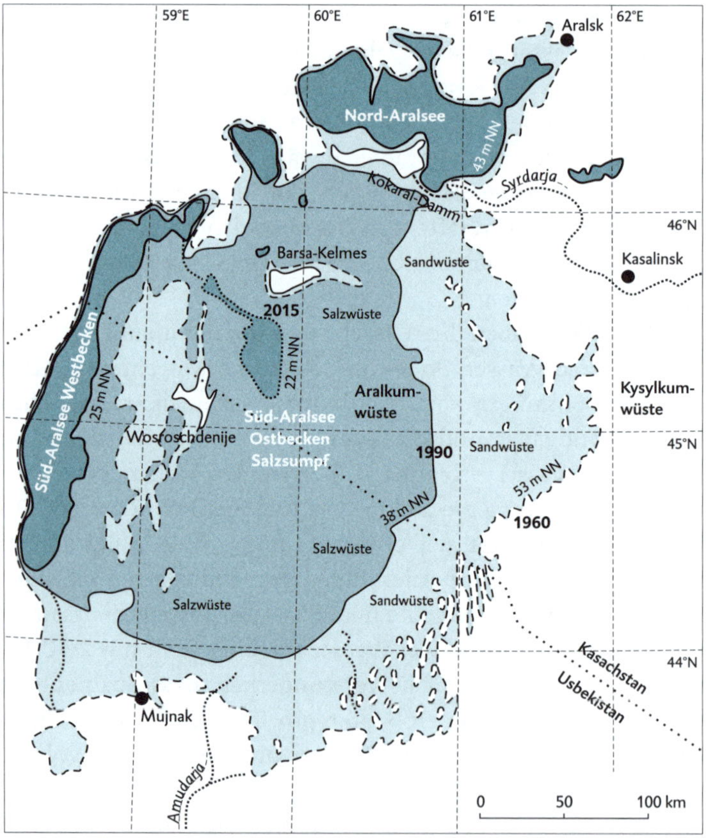

M 84: Ausdehnung des Aralsees im 20. und 21. Jh.

In Mittelasien hat die Ausdehnung der Bewässerungsflächen entlang des Amudarja und des Syrdarja eine **Umweltkatastrophe** ungeahnten Ausmaßes ausgelöst. Den Zuflüssen des **Aralsees** wurde in der Vergangenheit so viel Wasser entnommen, dass diese in manchen Jahren den See gar nicht mehr erreichten. Als Folge halbierte sich die Seefläche, das Wasservolumen nahm auf ein Viertel der ursprünglichen Menge ab. Durch die zunehmende Verlandung ist der einst viertgrößte Binnensee der Welt in mehrere Teile zerfallen. Mittlerweile empfinden Wissenschaftler die Bezeichnung „Großer Aralsee" als irreführend und verwenden daher die Begriffe „Nord-Aralsee" bzw. „Süd-Aralsee" (West- und Ostbecken).

Die Hydrodynamik des Rest-Aralsees ist sehr groß. Jedes Jahr sieht das südliche Ostbecken daher anders aus, je nach Zuflüssen und Sommerverdunstung. Die Salzkonzentration im See hat sich verfünffacht, Tendenz steigend. Die Fischereiwirtschaft, einst der wichtigste Erwerbszweig der Bevölkerung, ist völlig zum Erliegen gekommen. Stürme und Winde, die über den ausgetrockneten Seeboden fegen, wirbeln Salze und Giftstoffe wie Chemikalien und Pestizide auf, die einst mit dem Flusswasser in den See gespült wurden. Die Lebensbedingungen der ortsansässigen Menschen haben sich dramatisch verschlechtert. Ärzte berichten über zunehmende Krebs-, Magen- und Darmerkrankungen. Die Säuglingssterblichkeit ist extrem hoch, die Lebenserwartung liegt um 20 Jahre niedriger als der Durchschnitt in den Anrainerstaaten. Eine Rettung des Aralsees erscheint nur dann möglich, wenn die Zuflüsse den See wieder kontinuierlich erreichen. Hierzu müsste die Bewässerungslandwirtschaft deutlich eingeschränkt werden, aber welche Alternative gibt es für die Betroffenen?

Übungsaufgaben: Wasser als Produktionsfaktor

gabe 31 Begründen Sie, warum seit Jahren bestehende Aluminiumhütten in Europa und den USA nicht mehr erweitert oder sogar stillgelegt werden, während in Schwellenländern wie Brasilien oder Malaysia internationale Konzerne modernste Anlagen neu errichten.

gabe 32 In den 1970er-Jahren startete die libysche Regierung ein großes Neulandprojekt im Bereich der Kufraoasen, das heute nicht mehr weiterverfolgt wird. Stattdessen wird durch das Wasserprojekt „Great-Man-Made River" Wasser aus der Sahara in die Küstenregionen transportiert.

Stellen Sie mithilfe von M 85 und geeigneter Atlaskarten die Voraussetzungen für diese Projekte dar und erklären Sie den Strategiewechsel.

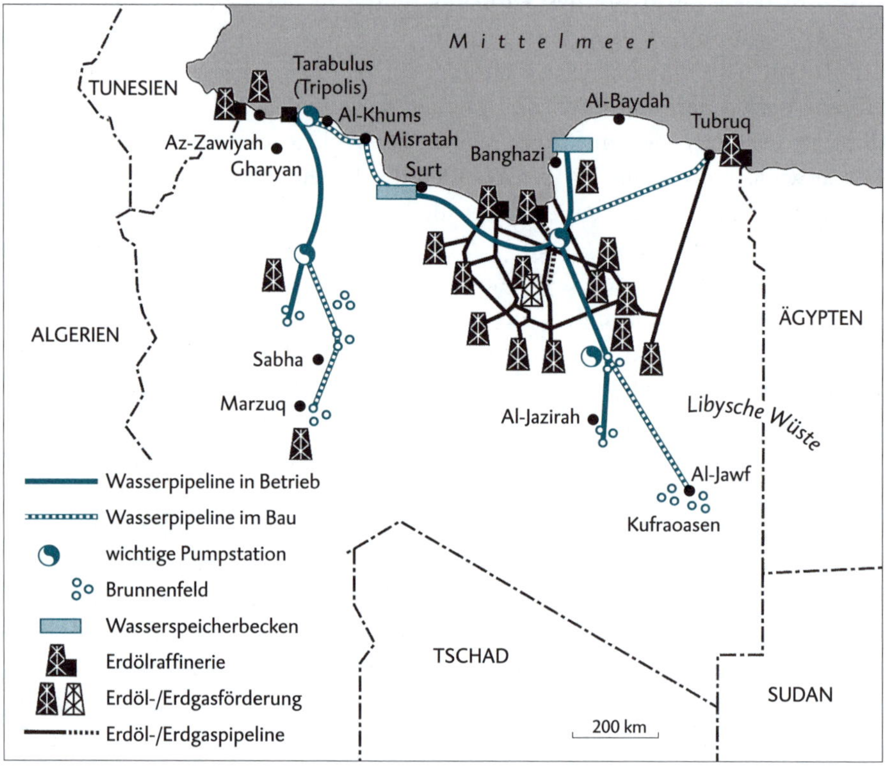

M 85: Wasser- und Erdöl-Ressourcen in Libyen

Aufgabe 33 Alljährlich berichten die Medien in den Sommermonaten über die Folgen einer verheerenden Wasserknappheit im Süden Spaniens.
Diskutieren Sie die Ursachen dieser Wasserknappheit und zeigen Sie auf, wie die Folgen des Wassermangels möglichst gering gehalten werden können.

Aufgabe 34 Erläutern Sie mithilfe geeigneter Atlaskarten natürliche und anthropogene Ursachen für die zunehmende Verlandung des Aralsees und beschreiben Sie die ökonomischen und ökologischen Folgen für die Aralseeregion und deren Bewohner.

3 Flüsse als Lebensadern

3.1 Flüsse im Spannungsfeld unterschiedlicher Nutzungsansprüche

Flüsse und ihre Auen gehören zu den artenreichsten und am stärksten gefährdeten Naturräumen weltweit. Sie weisen ein dynamisches, kleinräumiges Mosaik unterschiedlicher Standortbedingungen auf, an das eine Vielzahl von Tier- und Pflanzenarten angepasst ist. Die Flussanrainer versuchen, diesen Naturraum entsprechend ihren **Nutzungsansprüchen** großflächig und dauerhaft umzugestalten. Diese Veränderungen vollziehen bzw. vollzogen sich in einem Jahrhunderte dauernden Prozess, in dem die Flüsse und ihre Talbereiche zu **Entwicklungsachsen** für Verkehr, Siedlungen und Industriestandorte wurden.

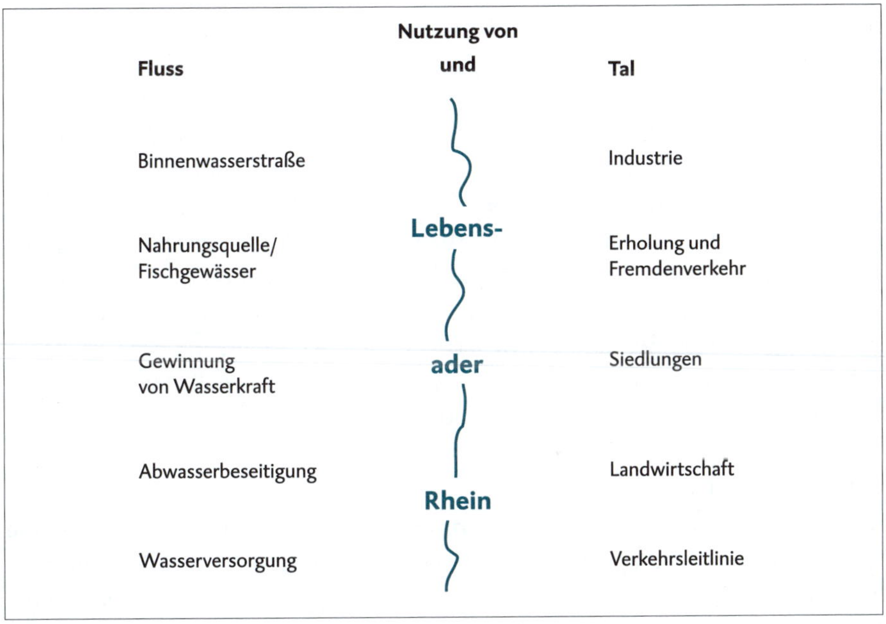

M 86: Lebensader Rhein

Wasserversorgung

Die Entnahme von Flusswasser für den menschlichen Gebrauch ist wohl die älteste Nutzung unserer Fließgewässer. Die direkte Entnahme von Trinkwasser aus den großen Flüssen war jedoch wegen der mitgeführten Schwebstoffe nur selten möglich. Deswegen nutzt man für die Trinkwasserversorgung das sogenannte **Uferfiltrat**, das aus Tiefbrunnen in Flussnähe entnommen wird. Das Flusswasser und das Grundwasser bilden hier einen gemeinsamen Grundwasserkörper, der aus den versickernden Niederschlägen und dem Gewässer gespeist wird. Zusätzlich kann dem Fluss direkt Wasser für die Industrie als Brauch- und Kühlwasser sowie für die Bewässerung landwirtschaftlicher Intensivkulturen wie z. B. Gemüse entnommen werden.

Abwasserbeseitigung

Flüsse werden als Vorfluter zur Einleitung der Abwässer kommunaler und industrieller Kläranlagen genutzt. In der Vergangenheit waren diese Abwässer nur unzureichend mechanisch grob gereinigt, sodass viele Chemikalien und Giftstoffe die Flüsse verunreinigten. Aus den Rückständen von Wasch- und Reinigungsmitteln, Fäkalien und Düngemitteln gelangen große Mengen von Nährstoffen wie Phosphate und Nitrate in den Fluss und fördern das Wachstum von Wasserpflanzen. Durch das vermehrte Absterben der Pflanzen wird bei der Zersetzung Sauerstoff verbraucht. Fällt der Sauerstoffgehalt unter ein Mindestmaß, so hört der Abbau organischer Verunreinigungen durch aerobe Bakterien auf. Im Flusswasser können sich giftige Stoffe wie Schwefelwasserstoff, Methan oder Ammoniak bilden und das Gewässer droht „umzukippen“ **(Eutrophierung)**. Fischsterben und Geruchsbelästigungen sind die Folge. Modernste Technik mit einer chemischen und biologischen Reinigung der Abwässer sorgt heute in Europa dafür, dass sich die Gewässergüte der Flüsse deutlich verbessert hat. Problematisch für die Reinhaltung der Flüsse sind dagegen **Störfälle** in Industriebetrieben und Kraftwerken oder Unfälle im Schiffsverkehr, durch die hochgiftige Chemikalien oder Öle die Wasserqualität und die Flora und Fauna im Fluss belasten.

Binnenschifffahrt

Binnenschiffe transportieren **Massengüter** kostengünstig und belasten die Umwelt kaum: Der spezifische Energieverbrauch pro Tonne Transportgut beträgt nur ein Zwanzigstel eines Lkw und es gibt keine Lärmbelästigung. Nachteilig sind die geringe Geschwindigkeit und die Beschränkung des Schiffverkehrs durch Hoch- und Niedrigwasser oder Vereisung.

M 87: Flüsse als Verkehrswege

In Deutschland besitzt das **Wasserstraßennetz** eine Länge von 7 400 km, auf dem etwa 6 % der gesamten Güterverkehrsleistung erbracht werden (2018). Seit der Eröffnung des Main-Donau-Kanals 1992 gibt es sogar eine durchgehende Binnenwasserstraße von der Nordsee bis zum Schwarzen Meer, deren Bedeutung durch die Zugehörigkeit fast aller 15 Anrainerstaaten zur EU stark angewachsen ist. An der Spitze des Transportaufkommens liegt der Rhein, der mit 84 % des gesamten Binnenschifffahrtsverkehrs die Hauptverkehrsader darstellt. Täglich überqueren bis zu 1 000 Schiffe die deutsch-niederländische Grenze auf ihrem Weg zwischen dem weltgrößten Seehafen Rotterdam und dem **weltgrößten Binnenhafen** Duisburg-Ruhrort.

Berufsfischerei

In Deutschland besitzt die Berufsfischerei an den Flüssen kaum noch Bedeutung. Mitte der 1970er-Jahre war wegen der schlechten Wasserqualität nicht nur die Fischmenge, sondern auch die Artenvielfalt deutlich zurückgegangen, im Rhein wurden damals gerade noch 23 Fischarten von ehemals 47 registriert. Edelfische wie der Lachs waren ausgestorben. Die Maßnahmen zur Verbesserung der Wasserqualität zeigen aber erste Erfolge und 1995 wurde im Oberrhein erstmals wieder ein Lachs gefangen.

Siedlungen und Gewerbestandorte

An den Flussufern, häufig an einer Furt, entstanden mit die ältesten Siedlungskerne Europas. Und auch heute sind die Flüsse wichtige **Leitlinien** der Siedlungstätigkeit. So liegen am Rhein 20 Großstädte mit mehr als 100 000 Einwohnern, Köln, Düsseldorf und Rotterdam haben sogar mehr als eine halbe Mio. Einwohner. Diese Städte sind auch bedeutende Industrie- und Gewerbezentren. Günstige **Standortfaktoren** sind die Nutzung der Flüsse als billige Transportwege für Massengüter und die Verfügbarkeit von Brauch- und Kühlwasser vor allem für die chemische Industrie und die großen Wärme- und Kernkraftwerke, die wiederum die Energieversorgung der Flussanrainer sicherstellen.

Entlang der **Rheinschiene** liegen fünf industrielle Ballungsräume:

- Basel-Mühlhausen-Freiburg: chemische Industrie, Nahrungsmittel-, Textil- und Metallindustrie,
- Straßburg: Zellstoff-, Nahrungsmittel-, Textil- und Metallindustrie,
- Rhein-Neckar: chemische Industrie,
- Köln-Ruhrgebiet: Elektro-, Eisen-, Stahl- und chemische Industrie,
- Rotterdam-Europoort: Werften, Raffinerien, chemische Industrie.

Erholung und Tourismus

Die Flusslandschaften besitzen seit dem 19. Jh. eine zentrale Bedeutung für den Fremdenverkehr. Bot früher das Baden im Fluss eine angenehme Abkühlung an heißen Sommertagen, so sind die sportlichen Aktivitäten auf dem Wasser wie Rudern oder Motorbootfahren heute von Interesse. Einen hohen Stellenwert besitzt auch die **Personenschifffahrt**, deren Angebote von täglichen Rundfahrten durch eine attraktive Flusslandschaft bis zu mehrtägigen Flusskreuzfahrten auf dem Rhein oder der Donau reichen. Jahr für Jahr besuchen z. B. Millionen Touristen aus aller Welt das Rheintal bei Bingen, wo sich der Fluss tief in die Mittelgebirgsschwelle eingeschnitten hat. Diese einmalige Landschaft wurde von der UNESCO als **Weltkulturerbe** anerkannt. Die Gegend ist ein Tourismuszentrum ersten Ranges und von größter wirtschaftlicher Bedeutung für die ansässige Bevölkerung.

3.2 Eingriffe in den natürlichen Wasserhaushalt

Einfache Wasserbaumaßnahmen erfolgten bereits im Mittelalter an den Flüssen, um Siedlungen vor Hochwässern zu schützen und Ufer zu befestigen. Seit dem 19. Jh. greift man durch großräumige wasserbauliche Vorkehrungen in die Flusssysteme ein, um die zunehmenden Nutzungsansprüche zu befriedigen.

Flussregulierung und Kanalisierung

Bis ins 19. Jh. war der Oberrhein ein unberechenbarer Fluss mit Seitenarmen und Mäandern, die sich immer wieder veränderten. Im Fluss selbst, der 3–4 km breit war, lagen allein zwischen Basel und Karlsruhe an die 2 000 Inseln und Sandbänke. Bei Hochwasser im Frühsommer zur Schneeschmelze in den Alpen oder nach langanhaltenden Regenperioden trat der Fluss bis auf 12 km Breite über die Ufer. Nach 1800 begann man mit der Flussbegradigung des Oberrheins mithilfe von Leitwerken und Uferbefestigungen und zwängte so den Fluss in ein 200 m breites Flussbett. In den ehemals sumpfigen Rheinniederungen entstanden neue Siedlungs- und Ackerflächen, die wegen der Bewässerungsmöglichkeiten mit Flusswasser ein Kerngebiet der heutigen Intensivlandwirtschaft bilden.

Dagegen behinderte die nach wie vor stark schwankende Wasserführung die Schifffahrt und den Bau von Laufwasserkraftwerken. Die zunehmende Transportkapazität der Lastkähne erfordert ganzjährig eine gewisse Mindesttiefe der Fahrrinne. Deswegen wurde der Oberrhein seit 1970 zwischen Basel und Iffezheim mit Schleusen und Staustufen kanalisiert, die auch zur Energiegewinnung dienen.

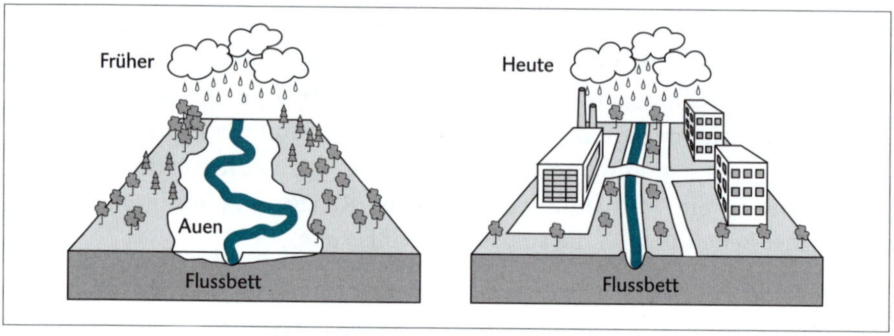

M 88: Veränderte Flussauen

Heute sind auch an der Donau und der Elbe umfangreiche Wasserbaumaßnahmen bis hin zur Kanalisierung längerer Flussabschnitte geplant oder bereits im Bau. Widerstand gegen diese Eingriffe in das Ökosystem kommt vor allem von Umweltschutzgruppen und der ansässigen Bevölkerung, die die Zerstörung der natürlichen Flusslandschaft und die ökologischen Gefahren wie Absenkung des Grundwasserspiegels, Erhöhung der Fließgeschwindigkeit und Zunahme der Hochwassergefahr beklagen.

Hochwasserschutz

Hochwasser ist Teil des natürlichen Wasserkreislaufes, das immer dann eintritt, wenn große Wassermengen in kurzer Zeit in den Bach- und Flusstälern zusammenlaufen. Quellen des Hochwassers sind der Regen und das abfließende Schmelzwasser aus den Gebirgen. Maßgebend für die Höhe von Hochwasser sind die Speicherwirkungen von Vegetation, Boden, Gelände und des Gewässernetzes. Jeder dieser Speicher ist in der Lage, bestimmte Wassermengen für einen gewissen Zeitraum zurückzuhalten.

Infolge der zunehmenden Regulierung der Fließgewässer ging ein Großteil der natürlichen Überschwemmungsflächen, die Flussauen, verloren. So kann die Hochwasserwelle schneller abfließen und die Abflussspitzen erhöhen sich zum Teil dramatisch. Im allgemeinen Sprachgebrauch werden Hochwasserereignisse mit Deichbrüchen und überfluteten Fluren und Siedlungen wie in der Vergangenheit an Rhein (1999, 2007), Donau (1999, 2011, 2013) und Elbe (2002, 2013) als Naturkatastrophen bezeichnet. In Wirklichkeit sind diese Schäden aber „man-made“, sie entstehen immer dort, wo der Mensch das Überflutungsgebiet der Flüsse für Siedlungs-, Gewerbe- und Verkehrsflächen beansprucht.

Die jüngsten Hochwasserkatastrophen haben aber bei allen Betroffenen ein Umdenken eingeleitet. Aktuelle Bauverordnungen verbieten die Ausweisung von neuen Siedlungsflächen in überflutungsgefährdeten Talbereichen. Landwirtschaftliche Flächen werden als natürliche Polder ausgewiesen, auf die bei drohendem Hochwasser Flusswasser abgeleitet wird, um so die Flutwelle abzuflachen. Natürliche Auenflächen werden unter Naturschutz gestellt, um eine Regeneration naturnaher Flora und Fauna zu ermöglichen.

Gewässergüte

Das Erscheinungsbild unserer Flüsse gab in den 1960er- und 1970er-Jahren Anlass zu ernsthafter Besorgnis. Mit zunehmender Industrialisierung und wachsender Bevölkerung nahm auch die Verschmutzung der Flüsse zu. Die Entsorgung gering gereinigter oder ungeklärter Abwässer in die Vorfluter hatte diese zu stinkenden Kloaken gemacht. Die natürliche Selbstreinigungskraft der Flüsse wurde überschritten, die Entnahme von Trink- und Brauchwasser für den menschlichen Gebrauch verboten. Das steigende Umweltbewusstsein in der Bevölkerung hat aber die Verantwortlichen in der Politik und Wirtschaft zum Gegensteuern gezwungen. Gesetzliche Vorgaben und deren lückenlose Kontrolle legen Obergrenzen für die direkte Einleitung von Schadstoffen in alle Gewässer fest. Immense Investitionen für neue moderne Kläranlagen und Kanalisationsnetze führten in den vergangenen Jahren zu einer deutlichen Verbesserung der Gewässergüte in unseren Seen und Flüssen. War früher das Baden in den Flüssen eher gesundheitsschädlich, so werben heute einige Fremdenverkehrsorte an Rhein und Elbe mit der Wiedereröffnung ehemaliger Flussbäder als Zeichen für die ökologische Regeneration und Sauberkeit ihres Flusses.

3.3 Risiken und Folgen von Staudammprojekten

Mitte des 20. Jh. galt der Bau von Großstaudämmen (Staudammhöhe über 15 m und über 3 Mio. m^3 Speichervolumen) weltweit als Inbegriff von Entwicklung und wirtschaftlichem Fortschritt.

Der Staudammbau erreichte in den 1970er-Jahren seinen Höhepunkt, als durchschnittlich jeden Tag irgendwo auf der Welt zwei oder drei neue Staudämme fertiggestellt wurden. Ebenso rasch ging aber seither auch die Zahl der neu in Angriff genommenen Projekte vor allem in Nordamerika und Europa zurück. Denn hier sind die meisten technisch günstigsten Standorte bereits erschlossen.

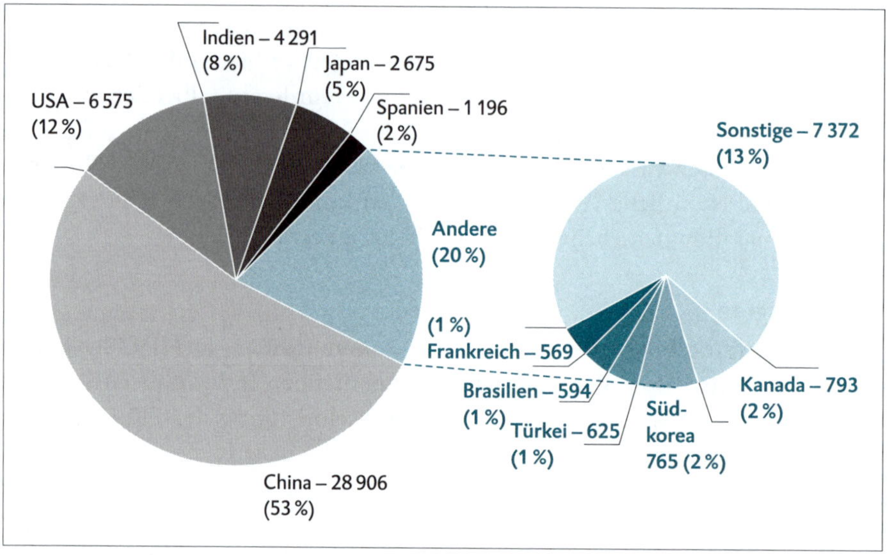

M 89: Anzahl von Großstaudämmen weltweit (2013, geschätzt)

Von den weltweit über 50 000 Staudämmen (2013) besitzen allein fünf Länder mehr als drei Viertel aller Anlagen, etwa zwei Drittel aller Bauwerke liegen in Entwicklungsländern. Die Ziele, die mit dem Bau von Großstaudämmen verknüpft sind, gelten in mehr oder weniger deutlicher Ausprägung für alle realisierten oder derzeit in Planung befindlichen Projekte:

- **Erzeugung von elektrischer Energie:** Die Hydroenergie stellt in 24 Ländern weltweit über 90 % des Strombedarfs. Die Sicherstellung einer preisgünstigen Stromversorgung gilt als Voraussetzung für die Industrialisierung und ökonomische Entwicklung eines Landes.
- **Bereitstellung von Wasser für die Bewässerung landwirtschaftlicher Flächen:** Die Hälfte aller Großstaudämme auf der Welt wurde allein für Bewässerungszwecke errichtet. Staudämme sollen die Nutzungskonflikte unter den größten Wasserverbrauchern aus globaler Sicht – Landwirtschaft (67 %), Industrie (19 %) und Städte und Haushalte (9 %) – entschärfen. Berechnungen internationaler Organisationen legen nahe, dass allein neue Bewässerungsmaßnahmen bis 2025 einen Anstieg des Wasserbedarfs um ca. 20 % erforderlich machen. Bereits heute sichern Staudämme und deren Wasser ein Sechstel der weltweiten Nahrungsmittelproduktion.
- **Hochwasserschutz und Flutkontrolle:** In mehr als 75 Ländern dienen Großstaudämme dem Schutz vor unkontrolliertem Hochwasser, das Dörfer und Städte verwüstet, infrastrukturelle Einrichtungen wie Straßen, Strom-

und Wasserleitungen beschädigt, landwirtschaftliche Flächen überflutet und Ernten zerstört. Bei Überschwemmungen verlieren auch heute noch Jahr für Jahr Zehntausende von Menschen vor allem in den unterentwickelten Ländern Asiens und Afrikas ihr Leben, ganz zu schweigen von den immensen wirtschaftlichen Schäden.

- **Schaffung von Arbeitsplätzen:** Moderne Staudämme gelten als Entwicklungspole in unterentwickelten Regionen. Die Verfügbarkeit der bereitgestellten Energie und die ganzjährige Binnenschifffahrt führen zur Ansiedlung neuer Industrie- und Gewerbebetriebe, die ebenso wie die Inwertsetzung neuer landwirtschaftlicher Nutzflächen eine Vielzahl neuer Arbeitsplätze schaffen. Großstaudämme setzen wirtschaftliche Impulse für die Verbesserung der Lebensbedingungen der Menschen und die Entwicklung bislang strukturschwacher Regionen.

„Staudämme sind für Mensch und Natur Fluch und Segen zugleich", bilanzieren Wissenschaftler, Techniker und Entwicklungshelfer abgeschlossene oder in Bau befindliche Projekte. Denn diese Megaprojekte bergen auch viele Risiken für alle Beteiligten.

- **Wirtschaftliche und finanzielle Risiken:** Großstaudämme sind Megaprojekte, nicht nur allein wegen der baulichen Dimensionen, sondern auch wegen der finanziellen Kosten. Die Baukosten betragen in der Regel bereits in der Planung mehrere Hundert Mio. Euro, die dann nach Abschluss der Arbeiten häufig weit überschritten werden. In den Entwicklungsländern wurden die Staudammprojekte in der Vergangenheit zur Hälfte von der Weltbank finanziert und auch Mittel der internationalen Entwicklungshilfe flossen in diese Baumaßnahmen. Aber selbst für die verbleibende Restfinanzierung mussten die Entwicklungsländer hohe Kredite aufnehmen, die zu ihrer Verschuldung beitragen und die Realisierung anderer notwendiger Entwicklungsmaßnahmen verzögern oder sogar verhindern.
- **Soziale Risiken:** Schätzungen gehen davon aus, dass weltweit 40 bis 80 Mio. Menschen durch den Bau von Staudämmen und -seen vertrieben oder umgesiedelt wurden. Viele von ihnen verloren dadurch ihre Existenzgrundlage, oft ohne Entschädigung. An den Planungen wurde die ansässige Bevölkerung kaum beteiligt. Fischer, Kleinbauern und ethnische Minderheiten wie etwa indigene Bevölkerungsgruppen fanden selten Fürsprecher bei den Regierungen und Betreiberunternehmen. Erst in den vergangenen Jahren formierte sich hier und da Widerstand, auch mit Unterstützung nichtstaat-

licher internationaler Organisationen, die die Verletzung der Menschenrechte der Betroffenen und die Zerstörung der Naturlandschaft beklagen.

- **Ökologische Risiken:** Der Bau von Mega-Staudämmen gefährdet das ökologische Gleichgewicht der Flüsse, zerstört wertvolle Feuchtgebiete und schädigt Flora und Fauna so stark, dass eine Regeneration kaum mehr möglich ist. Durch die Verringerung der Fließgeschwindigkeit bzw. das stehende Wasser in den Stauseen verschlechtert sich die Wasserqualität und die Anreicherung von Giftstoffen birgt gravierende Gefahren. Besonders groß sind die Risiken für die flussabwärts lebenden Menschen. Stauseen graben ihnen das Wasser ab, ehemalige Bewässerungsflächen fallen trocken. Die Dämme verringern den Sauerstoff- und Nährstoffgehalt in den Flüssen und reduzieren die Fischbestände. Tausende von Menschen verlieren ihre Existenzgrundlagen dort, wo niemand mögliche Folgen der Dammbauten bedacht hat. Selbst für die katastrophalen Erdbeben 2008 in China sehen Wissenschaftler eine mögliche Ursache in den gigantischen Wassermassen chinesischer Staudammprojekte, durch die ein zusätzlicher Druck auf die Erdkruste in erdbebengefährdeten Regionen verursacht wird.

Der Drei-Schluchten-Staudamm in China

Der **Drei-Schluchten-Staudamm** zählt zu den gewaltigsten Wasserbauprojekten weltweit. Kein anderes Bauwerk ist in den letzten Jahren so umstritten gewesen wie diese Talsperre.

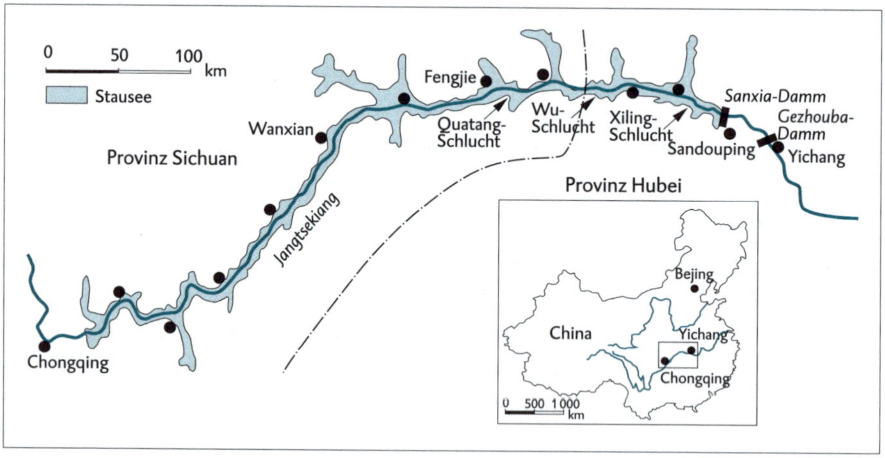

M 90: Das Drei-Schluchten-Projekt

Die Befürworter begründen die Notwendigkeit des Drei-Schluchten-Staudamms hauptsächlich mit der Verbesserung des **Hochwasserschutzes**. 1931 und 1935 kamen bei Hochwasserkatastrophen jeweils bis zu 150 000 Menschen ums Leben, 1954 starben 30 000 Menschen, über 30 000 km² Ackerland wurden überflutet, und bei der letzten großen Flut 1998 wurden über 1 300 Tote und bis zu 10 000 km² überflutete Ackerflächen gezählt. Doch die Kritiker bemängeln, dass die Hochwässer durch die Abholzung der Wälder und die Trockenlegung vieler Seen und natürlicher Überflutungsflächen für die Gewinnung von Ackerland am Oberlauf des Jangtse und seiner Nebenflüsse mitverursacht werden.

China deckt gegenwärtig noch über die Hälfte seines **Strombedarfs** durch Kohlekraftwerke, die bis zu 10 % der globalen CO_2-Emissionen verursachen. Da der Stromverbrauch durch den anhaltenden Wirtschaftsboom in China weiter rasant ansteigt, leistet die Nutzung der Hydroenergie einen wichtigen Beitrag zum Umweltschutz. Der gewonnene Strom trägt zur Deckung des Energiebedarfs der dicht besiedelten Küstenregion wie auch des noch weitgehend strukturschwachen Binnenlandes bei. Um die volle Leistung der installierten Turbinen zu nutzen, müsste der Stausee ganzjährig gefüllt sein. Dies hätte aber zur Folge, dass plötzlich auftretende Hochwässer und Flutwellen nicht zurückgehalten werden können.

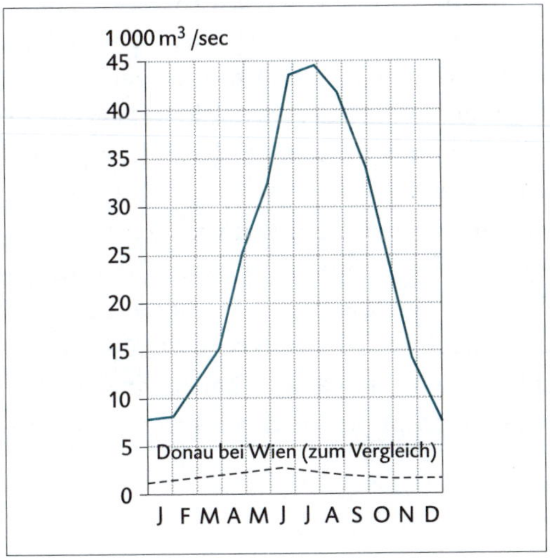

M 91: Mittlere monatliche Wasserführung des Jangtse (1 000 m³/s)

Bisher war die **Schiffbarkeit** des Jangtse durch die stark schwankende Wasserführung nur eingeschränkt möglich. Durch die Verbreiterung und Vertiefung der Fahrrinne im Stausee können nun größere Binnenschiffe bis zu 10 000 t Transportkapazität den Jangtse befahren. Die Reduzierung der Transportkosten und die Anlage neuer Flusshäfen lassen im Binnenland neue industrielle Wachstumspole entstehen. Die Schiffshebewerke am Staudamm arbeiten inzwischen problemlos.

Ein weiteres Projekt, das eng mit dem Staudammbau verbunden ist, ist die **Wasserüberleitung** aus dem Jangtse-Flusssystem in den trockenen Norden Chinas, wo ganze Regionen und viele Großstädte unter extremem Wassermangel leiden. Obwohl noch nicht alle geplanten Kanäle und Pumpstationen errichtet sind, fließt seit 2005 Wasser nach Norden und seit 2010 wird bereits Peking auf diese Weise mit Trinkwasser versorgt. Bis 2050 soll das gesamte Projekt fertiggestellt werden.

Die langfristigen ökologischen **Risiken** und Auswirkungen sind gegenwärtig jedoch noch nicht abzusehen. Ein großes Problem besteht in der Ablagerung von jährlich mehreren Mio. Tonnen Treibsand und Sedimenten im Stausee, wodurch das Projekt einen beachtlichen Teil seiner Speicherkapazität einbüßen würde. Außerdem stehen die zurückgehaltenen Sedimente flussabwärts nicht mehr als Nährstoffe zur Verfügung, die bei Hochwasser die Bodenfruchtbarkeit natürlich erhöhten. Darüber hinaus wird eine Vielzahl von Tier- und Pflanzenarten durch das Projekt bedroht, da deren natürlicher Lebensraum zerstört wird. Um bedrohte Tierarten wie den Flussdelfin oder den China-Alligator vor dem endgültigen Aussterben zu schützen, will die Regierung an einem abgesperrten Flussarm des Jangtse, der ökologisch noch weitgehend intakt ist, ein Naturschutzreservat einrichten.

Ein zentraler Kritikpunkt sind aber die notwendigen Maßnahmen zur Umsiedlung. Zwei Mio. Menschen, zum Großteil Bauern, mussten ihre ertragreichen Schwemmlandflächen in Flussnähe verlassen und auf höher gelegene Gebiete umziehen. Diese eignen sich jedoch wegen des felsigen Untergrunds kaum für eine intensive Bewirtschaftung und die versprochenen finanziellen Entschädigungen wurden häufig wegen Korruption von den lokalen Behörden nie an die Betroffenen ausbezahlt.

Der Drei-Schluchten-Staudamm am Jangtse/China: Das Staudammprojekt in Stichworten

Bauzeit:	1993–2009	
Abtragung von Erde und Felsen:	8,8 Mio. m^3	
Auffüllung von Erde:	3,1 Mio. m^3	
Verbauter Beton:	2,7 Mio. m^3	
Länge des Staudamms:	2 310 m	
Höhe der Staumauer:	185 m	
Speicherkapazität:	39 Mrd. m^3	
Wasseroberfläche:	1 085 km^2	(etwa doppelt so groß wie der Bodensee)
Länge des Stausees:	663 km	
Stromerzeugung:	18 000 MW	(entspricht ungefähr 16 Atomkraftwerken)
Baukosten geplant (1992):	25 Mrd. US-Dollar	
Baukosten nach Fertigstellung:	ca. 75 Mrd. US-Dollar	

Übungsaufgaben: Flüsse als Lebensadern

fgabe 35 Geben Sie unter Einbeziehung entsprechender Atlaskarten wichtige Ballungsräume und Industrieregionen entlang des Rheins an und erläutern Sie die Standortvorteile der am Fluss angesiedelten Industriebranchen.

fgabe 36 Beschreiben Sie mithilfe entsprechender Atlaskarten und M 92 die Eingriffe in das natürliche Abflusssystem der Elbe und zeigen Sie auf, inwieweit anthropogene Ursachen für das „Jahrhunderthochwasser" an der Elbe 2002 mitverantwortlich waren.

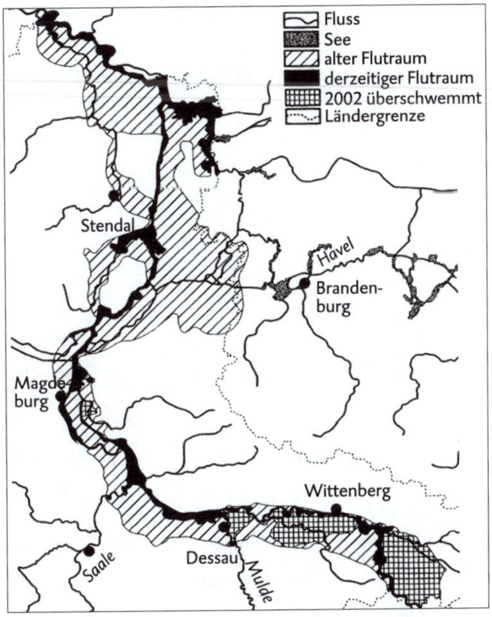

M 92: Überflutungsräume der Elbe

Aufgabe 37 Begründen Sie die Bedeutung der Binnenschifffahrt und die geplante weitere Kanalisierung von Flüssen vor dem Hintergrund der umweltpolitischen Diskussion in Deutschland.

Aufgabe 38 Beschreiben Sie unter Berücksichtigung von M 93 die natürlichen Voraussetzungen für den Bau des Assuan-Staudamms in Ägypten. Erläutern Sie die Erwartungen, die die ägyptische Regierung mit der Inbetriebnahme des Damms und des angeschlossenen Wasserkraftwerkes 1971 verknüpft hat, und diskutieren Sie mögliche Risiken dieser Wasserbaumaßnahme.

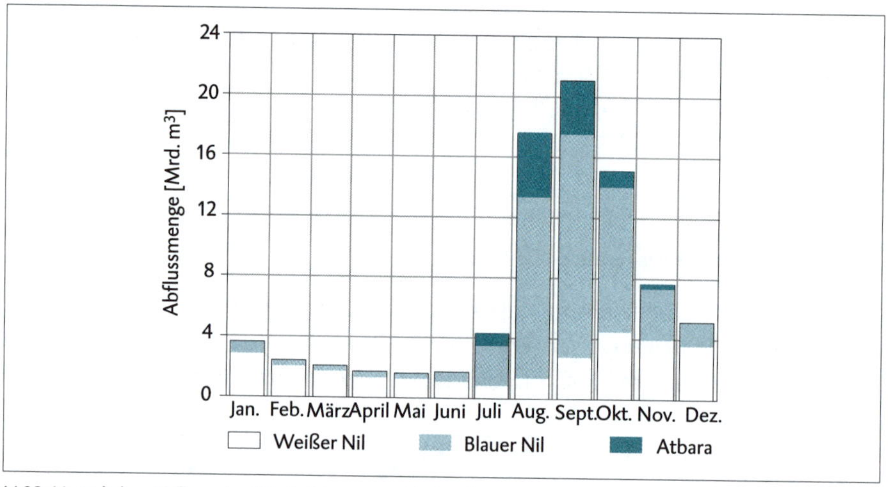

M 93: Natürlicher Abfluss des Nils bei Assuan in Mrd. m^3 (Mittel der Jahre 1912–1947)

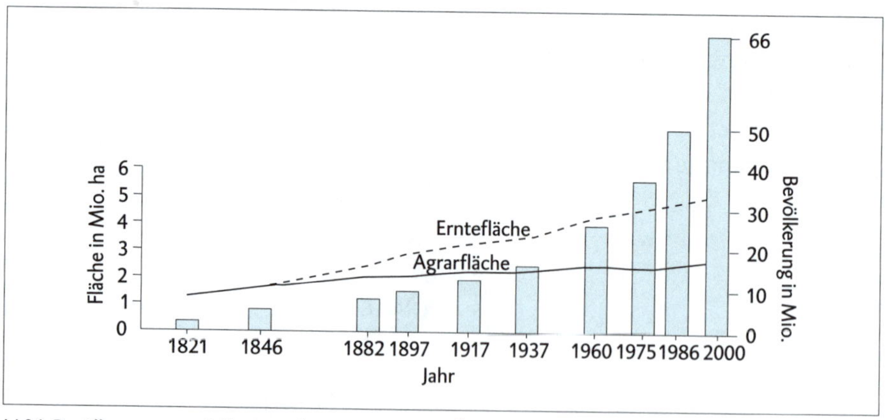

M 94: Bevölkerungsentwicklung und Agrarpotenzial in Ägypten

Rohstofflagerstätten und deren Nutzung

Seit im Jahr 1972 der Club of Rome seine Studie „Die Grenzen des Wachstums“ (englischer Originaltitel: „The Limits to Growth“) veröffentlicht hat, ist die Frage der Verfügbarkeit von Rohstoffen zu einem allgegenwärtigen Thema in Politik, Wirtschaft und Gesellschaft geworden.

Die Bereitstellung von Rohstoffen erscheint angesichts einer wachsenden Weltbevölkerung, einer Angleichung der Lebensbedingungen und der damit einhergehenden Zunahme des weltweiten Pro-Kopf-Verbrauchs an Energie und Ressourcen als zentrale Herausforderung für die Menschheit. Die Exploration von Lagerstätten, die Gewinnung und Aufbereitung, aber auch das Recycling und die Substitution von Rohstoffen sind aktuelle Problemfelder, die darüber entscheiden können, in welchem Umfang künftige Generationen in friedlichem Miteinander und angemessenem Wohlstand leben werden.

1 Verbreitung und Nutzung mineralischer Bodenschätze

1.1 Lagerstätten mineralischer Rohstoffe und deren Verbreitung

Unser mineralisches Rohstoffreservoir ist die äußere Erdkruste, die sich aus einer Vielzahl von Gesteinen zusammensetzt. 99 % ihrer Masse werden aber nur von neun der 92 natürlich vorkommenden Elemente gebildet, unter denen Sauerstoff (47 %) und Silizium (28 %) eine herausragende Stellung besitzen. Der Anteil von Aluminium beträgt 8 % und der von Eisen 5 %.

Als **Lagerstätten** werden abbauwürdige Konzentrationen nutzbarer mineralischer Rohstoffe bezeichnet, die sich auf der Erdoberfläche, dem Meeresboden oder in der Erdkruste gebildet haben. Geologen unterscheiden folgende Typen mineralischer Lagerstätten:

Primäre syngenetische Lagerstätten
Syngenetisch bedeutet, dass die metallischen Mineralien zur gleichen Zeit entstanden sind wie das Gestein, in dem sie eingeschlossen sind.
Weit verbreitet sind die syngenetischen Ablagerungen magmatischen Ursprungs. Das Magma kühlte zur Erdoberfläche hin ab und erstarrte, wobei die enthaltenen Verbindungen auskristallisierten. Wenn sich unter diesen Mineralverbindungen solche mit einer so hohen Konzentration befinden, dass die Metalle daraus wirtschaftlich gewonnen werden können, spricht man von einer **Erzlagerstätte**.
Sedimentäre syngenetische Erze wurden in einem See oder im Meer zusammen mit Sand, Ton usw. häufig in Schichten abgelagert. Zahlreiche Eisen- und Manganlagerstätten wurden auf diese Weise gebildet.

Primäre epigenetische Lagerstätten
Von einem in der Tiefe liegenden Magmakörper aus fanden, den Klüften und Spalten im Gestein folgend, mineralische Dämpfe den Weg an die Erdoberfläche. Dabei kühlten sie sich ab und die in ihnen enthaltenen Stoffen kristallisierten in einer ganz bestimmten Reihenfolge nacheinander aus. Diese **Ganglagerstätten** sind wirtschaftlich besonders wertvoll, weil auf natürlichem Wege eine stufenweise Anreicherung von Elementen erfolgt, die sonst nur in Spuren und gemischt auftreten.
Die Anreicherung von nutzbaren Mineralien kann auch unter dem Einfluss der Verwitterung erfolgen. Zu diesen **Verwitterungslagerstätten** zählen etwa die Eisenerzlagerstätten an den nordamerikanischen Großen Seen und die **Bauxitlagerstätten** in Südeuropa. Hier entstanden an Ort und Stelle kompliziert aufgebaute Aluminiumoxide, die derart angereichert den Verwitterungsboden zu einem Erz und den Abbau lohnend machen.

Sekundäre Lagerstätten
Die Erze primärer Lagerstätten können durch eine später einsetzende Erosion angegriffen und etwa durch Flüsse weitertransportiert werden. Kommt es dann an einer anderen Stelle zu einer erneuten Anreicherung, spricht man von einer sekundären Lagerstätte. So sind z. B. die berühmten Goldvorkommen des Witwatersrand in Südafrika sekundäre Lagerstätten, wo die Goldvorkommen in einer sedimentären Serie nur in einer bestimmten Schicht in großer Tiefe abbauwürdig sind.

Die Mehrzahl mineralischer Rohstofflagerstätten hat ihre Ursache in **plattentektonischen Vorgängen** während bestimmter geologischer Zeitabschnitte in ausgewählten Regionen der Erde. So entstanden im Tertiär die Kupferlagerstätten im Bereich der Anden als Folge der Krustenaufschmelzung und Magmabildung bei der Kollision der Nazca-Platte mit der amerikanischen Platte. Plattentektonische Vorgänge führten im Präkambrium vor vier Mrd. Jahren zur Bildung der reichen Buntmetalllagerstätten in den kontinentalen Schilden Kanadas, Australiens und Südafrikas.

Der modernen Meeresforschung verdanken wir wichtige Erkenntnisse über die Bildung mineralischer Lagerstätten auf dem Tiefseeboden. Allerdings ist etwa ein wirtschaftlicher Abbau der kartoffelförmigen Manganknollen, die in 4 000 bis 5 000 m Wassertiefe zwischen Hawaii und der amerikanischen Küste auf dem Meeresboden liegen, bei den heutigen Rohstoffpreisen noch nicht rentabel.

Lage und Typ der Lagerstätte bestimmen weitgehend die **Abbaumethoden** und die Technologie der Metallgewinnung. Die Ausbeutung der Lagerstätte erfolgt im **Tagebau**, wenn die Deckschichten nicht zu mächtig sind und deren Entfernung und Lagerung an anderer Stelle kostengünstiger ist als die Anlage von Schächten und Stollen eines Bergwerkes im **Untertagebau**.

1.2 Verfügbarkeit mineralischer Rohstoffe

Erste Befürchtungen und Ängste über zur Neige gehende Rohstoffvorräte wurden bereits vor Jahrzehnten geäußert, als man die weltweit verfügbaren Reserven und Ressourcen der wirtschaftlich bedeutendsten Rohstoffe den globalen Fördermengen gegenüberstellte.

Ressourcen sind diejenigen Mengen eines Rohstoffs, die zwar nachgewiesen sind, deren Förderung jedoch wirtschaftlich oder technologisch noch nicht möglich ist. Die **Reserven** bilden jene Teilmenge der Ressourcen, die gegenwärtig bereits wirtschaftlich genutzt werden kann.

Im Buchbestseller „Die Grenzen des Wachstums" des Club of Rome wurde 1972 prognostiziert, dass etwa die Bauxitlagerstätten bis zum Jahr 2003, Kupfer-, Blei- und Zinnerze bis zum Jahr 2000 sowie Gold und Silber bereits Mitte der 1980er-Jahre erschöpft seien. Tatsächlich sind aber alle diese Rohstoffe heute noch verfügbar.

	1972	2009	2011	2017
Bauxit	1 170	25 000	29 000	30 000
Kupfer	308	540	635	790
Zinn	4,35	6,10	2,15	4,7
Nickel	66,5	62,0	70,0	74,0
Eisenerz	100 000	180 000	170 000	170 000
Gold	0,011	0,042	0,027	0,054
Platin	0,013	0,071	0,091	0,069

M 95: Reserven wichtiger Rohstoffe in Mio. t

Der entscheidende Fehler der Vorhersagen war die Annahme, dass die Rohstoffreserven mit der veranschlagten exponentiellen Zunahme des Rohstoffverbrauchs immer weiter sinken würden. Mag die Annahme eines starken Anstiegs des Verbrauchs auch gerechtfertigt erscheinen, so hat sich aber gezeigt, dass damit die bekannten Rohstoffreserven keineswegs ab-, sondern im Gegenteil sogar zum Teil zugenommen haben.

Die zukünftige Verfügbarkeit eines Rohstoffes wird mithilfe der sogenannten **„statistischen Reichweite“** bestimmt, die dem Quotienten aus den derzeitigen Reserven eines Rohstoffes und seiner jährlichen Fördermenge entspricht. Die Zunahme der statistischen Reichweite hat folgende Ursachen:

- Exploration neuer Rohstofflagerstätten durch technologischen Fortschritt wie etwa Fernerkundung mit Satelliten,
- moderne Techniken bei der Gewinnung der Metalle aus den Erzen,
- Substitution durch weniger knappe oder erneuerbare Rohstoffe,
- Recycling von Rohstoffen.

Eine Abnahme der statistischen Reichweite eines Rohstoffes kann zu erhöhten Investitionen in die Prospektion neuer und die Exploration bereits bekannter Lagerstätten führen, sodass schließlich die statistische Reichweite wieder ansteigen kann.

Nach heutigem Kenntnisstand kann festgehalten werden, dass nur bei wenigen Rohstoffen eine Verknappung oder abnehmende Verfügbarkeit auf den internationalen Rohstoffmärkten zu befürchten ist. Selbst steigende Rohstoffpreise sind vielleicht mit Ausnahme von Erdöl kein Hinweis auf eine geringer werdende Förderung, sondern eher politisch und ökonomisch motiviert und beabsichtigt. Diese Gefahr besteht vor allem bei jenen Rohstoffen, deren Lagerstätten sich nur auf wenige Staaten weltweit konzentrieren und die dann durch Absprachen die Preise in die Höhe treiben können.

	Förderung	Reserven	Ressourcen	Reichweite in Jahren	
				Reserven	Ressourcen
Bauxit	241 Mio. t	29 000 Mio. t	> 55 000 Mio. t	157	> 346
Eisenerz	2 800 Mio. t	160 000 Mio. t	> 800 000 Mio. t	60	> 300
Kupfer	16 Mio. t	635 Mio. t	> 2 300 Mio. t	40	> 156

M 96: Förderung, Reserven, Ressourcen und Reichweiten von Metallrohstoffen 2011

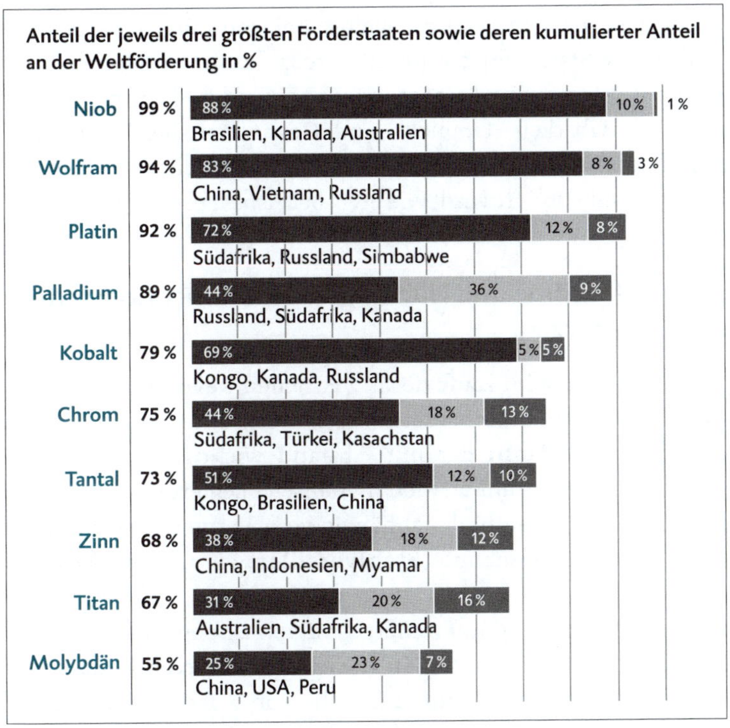

M 97: Länderkonzentration in der Förderung ausgewählter Rohstoffe (Daten: 2015–19)

Besonders bedrohlich erscheint diese Situation, wenn nicht nur wenige Förderländer, sondern einzelne Bergbauunternehmen den Weltmarkt ausgewählter Rohstoffe beherrschen und so den Preis den Abnehmern diktieren können.

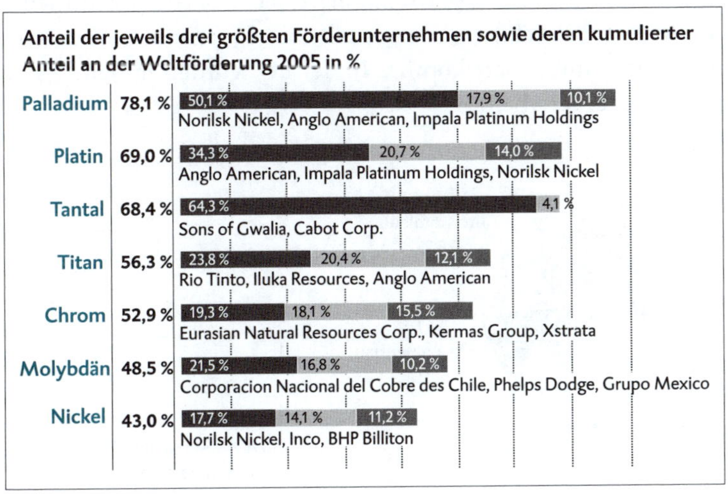

M 98: Marktbeherrschende Unternehmen in der Förderung ausgewählter Rohstoffe

Es ist davon auszugehen, dass in Zukunft weiter steigende Preise vermehrte Bemühungen in der Lagerstättenforschung und Prospektion verursachen und sich in der Folge die Rohstoffreserven sogar erhöhen werden. Darüber hinaus können begrenzte Verfügbarkeit, Umwelt- und Gesundheitsbedenken oder technologischer Fortschritt dazu führen, dass ein Rohstoff künftig teilweise oder sogar vollkommen substituiert wird, wie etwa bei Asbest bereits geschehen.

1.3 Globale Rohstoffströme und Nutzung mineralischer Rohstoffe – das Beispiel Eisenerz

Die Nachfrage nach Eisen stieg im Laufe der industriellen Revolution stark an. Lange Zeit galt die Eisen- und Stahlindustrie als Motor der technischen Entwicklung und bis heute ist **Stahl** der mit Abstand wichtigste metallische Werkstoff in der Industrie. Als Stahl werden metallische Legierungen bezeichnet, deren Hauptbestandteil Eisen und – abhängig vom Verwendungszweck – bis zu 2 % Kohlenstoff und sogenannte **Stahlveredler** wie Chrom, Mangan oder Nickel sind.

Alles Eisen hat seinen Ursprung in Eisenerzen, deren Eisengehalt zwischen 30 % in geringwertigen und bis zu 70 % in hochwertigen Erzen beträgt. Im **Hochofenprozess** wird das Eisenerz unter Zugabe von Koks zu Eisen reduziert und durch Schmelzen die Schlacke und das Roheisen getrennt. Die Weiterverarbeitung zu Rohstahl ist notwendig, da Roheisen im Gegensatz zu Rohstahl für die Bearbeitung wie Schmieden oder Walzen ungeeignet ist.

Deutschland steht auf der Rangliste der weltweiten **Stahlproduzenten** mit einer Produktion von 44 Mio. t (2018) auf dem siebten Platz. Davon wird ein Drittel im **Elektrostahlverfahren** hergestellt, bei dem Stahlschrott statt Eisenerz als Grundstoff zum Einsatz kommt. In der EU wurden im Jahr 2018 169 Mio. t Rohstahl weiterverarbeitet.

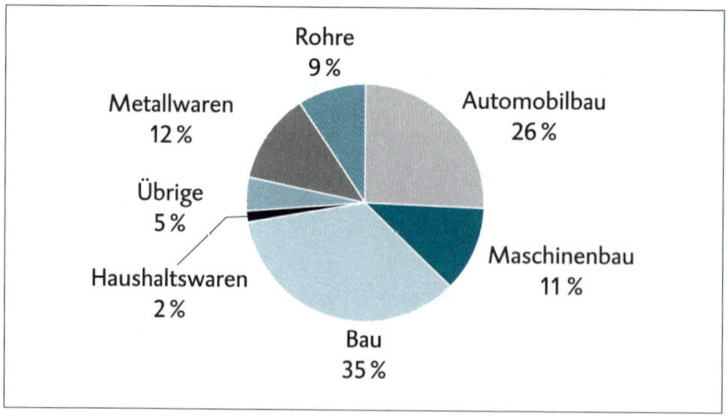

M 99: Anteil am Stahlbedarf in Deutschland 2018

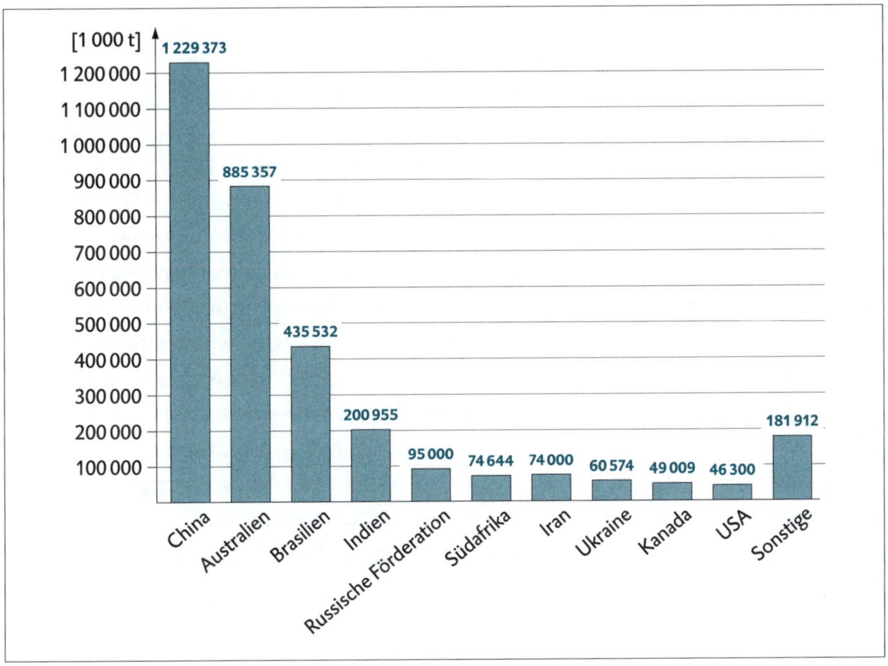

M 100: Eisen – Förderung (2017)

In Deutschland wird der Bedarf an Eisenerz zur Roheisen- bzw. Stahlerzeugung ausschließlich durch Importe gedeckt. 2017 wurden rund 40 Mio. t Eisenerz eingeführt. Wichtigster Lieferant war Brasilien, gefolgt von Schweden, Kanada und Südafrika. Das im nordrhein-westfälischen Porta Westfalica abgebaute Eisenerz – 2016 waren es 0,5 Mio. t – hat nur einen sehr geringen Eisengehalt von ca. 10,5 % und findet deshalb lediglich in der Bauindustrie als Zuschlagstoff Verwendung.

Auf allen Kontinenten mit Ausnahme der Antarktis wird Eisenerz gefördert. Allerdings stammen drei Viertel der **weltweiten Eisenerzförderung** aus nur vier Ländern: China, Australien, Brasilien und Indien. In den letzten Jahrzehnten hat sich die Eisenerzförderung zunehmend auf Staaten konzentriert, deren Erzvorkommen einen hohen Eisen-Anteil aufweisen und in denen der Abbau wegen niedriger Löhne kostengünstig ist. So hat sich seit 1975 der Eisenerzabbau in Brasilien und Australien verdoppelt, in China und Indien sogar nahezu verdreifacht, während die Gewinnung in den traditionellen Förderländern wie Kanada oder USA zurückging oder in vielen europäischen Staaten ganz eingestellt wurde.

Die wichtigsten Förderländer China und Australien dominieren auch den weltweiten **Eisenerzexport** mit einem Anteil von jeweils einem Drittel des Gesamtexportes. Hervorzuheben ist die hohe Konzentration des weltweiten Seehandels mit Eisenerz in den Händen von drei Global-Player-Unternehmen, den australisch-englischen Konzernen BHP Billiton und Rio Tionto und dem brasilianischen Unternehmen Companhia Vale de Rio Dove (CVRD).

Eine **geopolitische Analyse** der Handelsbeziehungen zwischen den Herkunftsländern und den Zielländern des weltweiten Rohstoffhandels durch die Weltbank hat die überwiegende Zahl der Förderländer mineralischer Rohstoffe als politisch instabil eingestuft. So erfolgen etwa 5 % der weltweiten Eisenerzförderung in „politisch extrem instabil" eingestuften Staaten wie etwa Mauretanien und Südafrika, 60 % in als „instabil" bewerteten Staaten wie Brasilien oder Indien und nur 30 % in „stabilen" Staaten wie Australien, Kanada und USA. Allein dieser Sachverhalt rückt den Aspekt der **Versorgungssicherheit** in den Vordergrund, besonders dann, wenn nur wenige Anbieter eine Monopolstellung bei der Förderung ausgewählter Rohstoffe wie etwa Palladium, Platin oder Wolfram einnehmen.

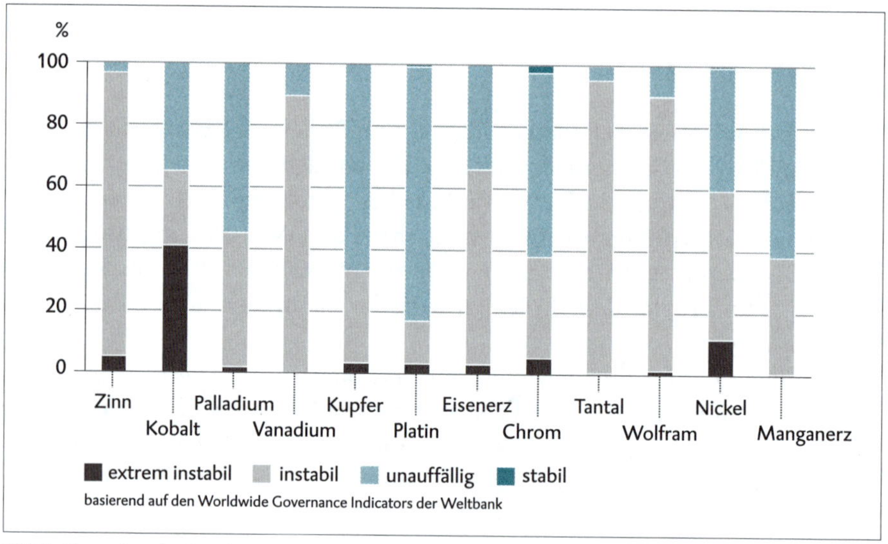

M 101: Geopolitische Aspekte internationaler Rohstoffströme: Anteil der Förderung metallischer Rohstoffe nach politischer Stabilität der Förderländer

Übungsaufgaben: Verbreitung und Nutzung mineralischer Bodenschätze

Aufgabe 39 Begründen Sie die Entwicklung der Herkunft der deutschen Eisenexporte seit 1960. Diskutieren Sie mögliche Folgen für die Planung neuer Stahl erzeugender und Stahl verarbeitender Betriebe in Deutschland.

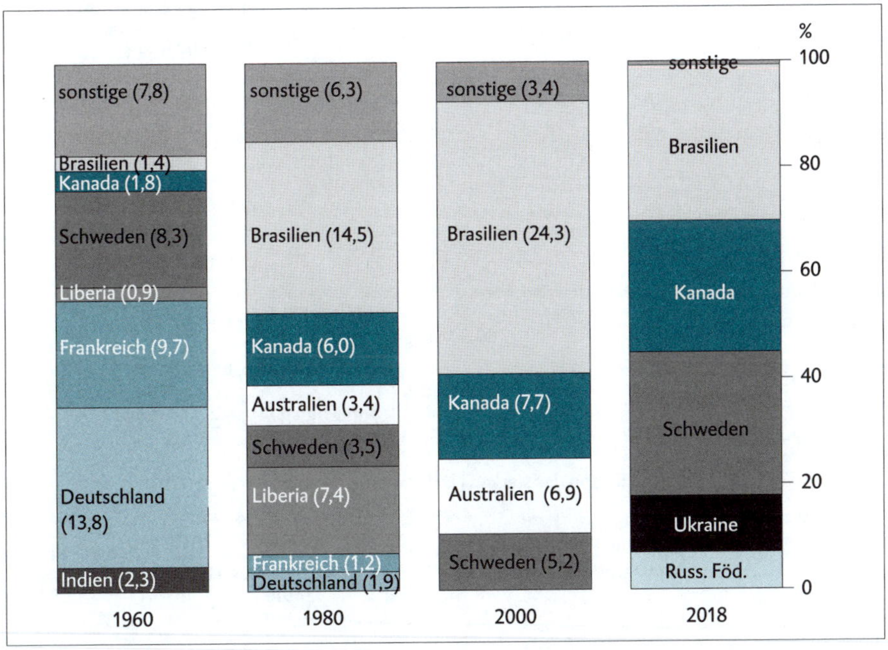

M 102: Herkunft deutscher Eisenerzimporte 1960 bis 2018 in Mio. t

Aufgabe 40 Beschreiben und erklären Sie die in M 103 dargestellte Entwicklung der Stahlerzeugung in Indien und China. Erläutern Sie die Auswirkungen auf den künftigen Weltmarkt für Eisenerz und Stahl unter besonderer Berücksichtigung der Folgen für die deutsche Eisen- und Stahlindustrie.

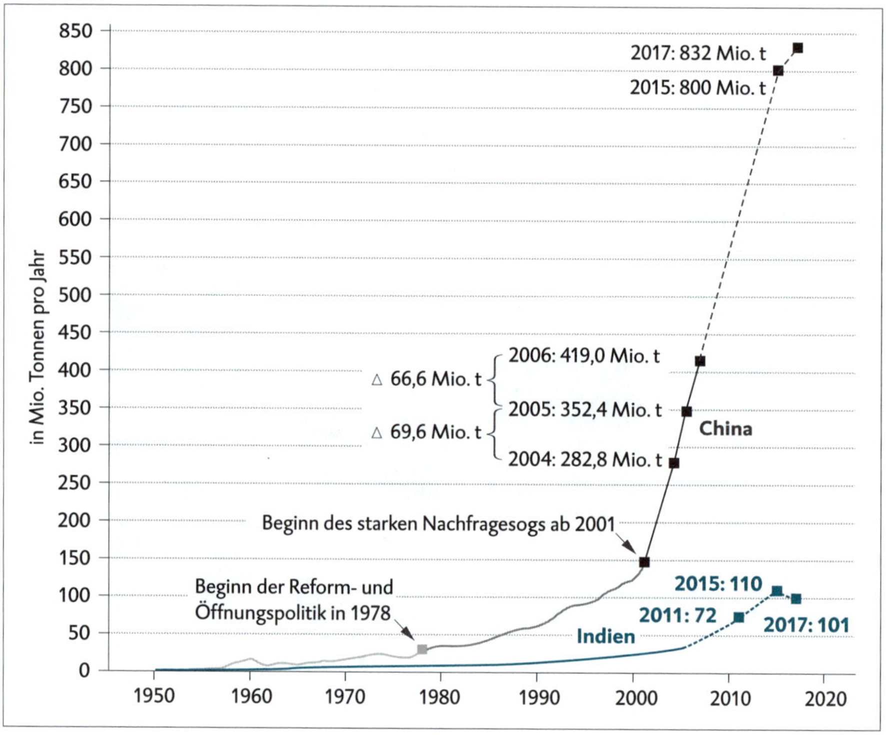

M 103: Stahlerzeugung in China und Indien seit 1950

2 Weltenergieverbrauch und Energiedistribution – fossile Energieträger

2.1 Verfügbarkeit, Nutzung und ökologische Risiken fossiler Energieträger

Seit 1980 ist der **Verbrauch von Primärenergie** weltweit um über 60 % gestiegen, dies entspricht einer durchschnittlichen jährlichen Steigerung von knapp 1,9 %. Parallel zum rasanten Wachstum der globalen Industrieproduktion und des Welthandels erhöhte sich seit 2003 der Energieverbrauch überdurchschnittlich um bis zu 4,3 % jährlich.

Die große wirtschaftliche Bedeutung der Triade-Regionen Europa, Nordamerika, Asien-Pazifik dokumentiert sich auch in einem hohen Anteil am weltweiten Primärenergieverbrauch. Allein die 30 Staaten der OECD (alle EU-Staaten, USA, Kanada, Japan, Australien und Südkorea) nutzten fast die Hälfte der eingesetzten Primärenergie (2017).

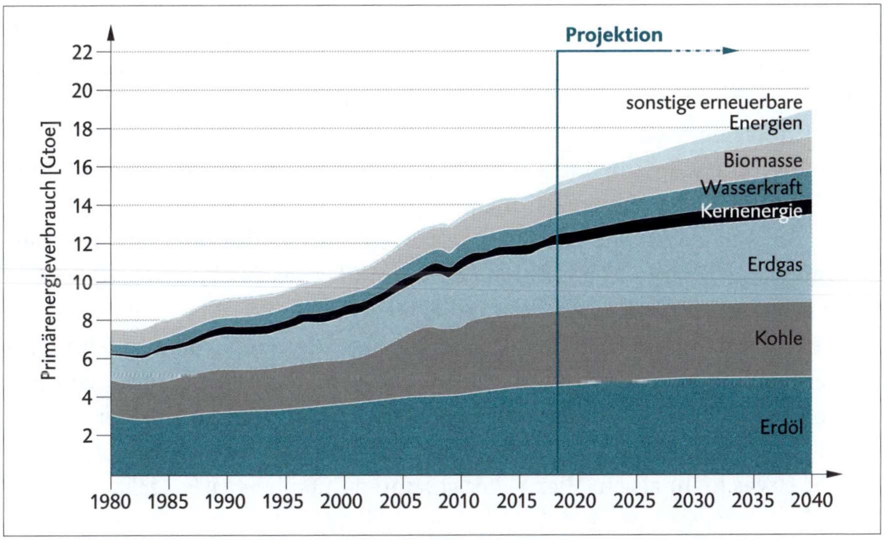

M 104: Entwicklung des weltweiten Primärenergieverbrauchs und ein mögliches Szenario

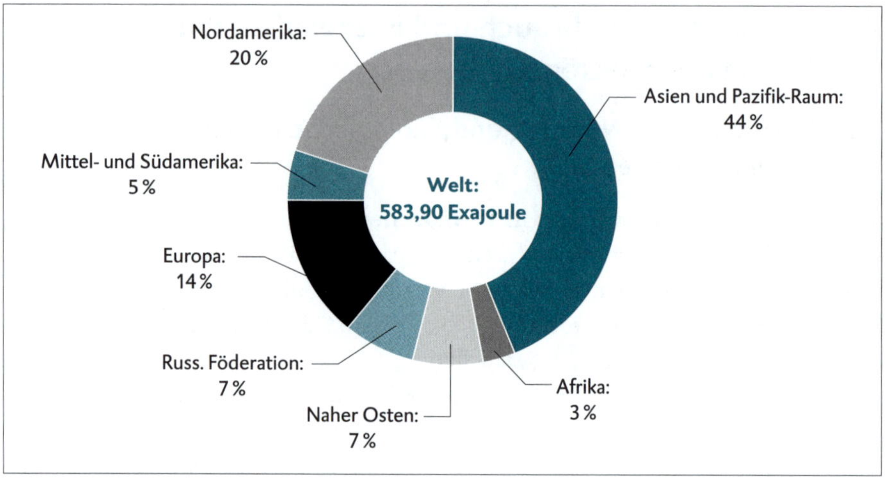

M 105: Regionale Verteilung des Primärenergieverbrauchs 2019 (in %)

Besonders deutlich sind die **regionalen Disparitäten** des Energieverbrauchs, wenn der Pro-Kopf-Verbrauch der einzelnen Großregionen betrachtet wird. Während in Afrika, Süd- und Mittelamerika sowie in den meisten Staaten Asiens der Primärenergieverbrauch pro Einwohner geringer als 1,5 Tonnen (Rohöläquivalenz) im Jahr ist, verbrauchen die europäischen Staaten bis zu 4,5 Tonnen pro Kopf, die Einwohner der USA, Kanadas, Norwegens oder Singapurs sogar bis zu 6 Tonnen jährlich.

Fast 86 % des weltweiten Primärenergieverbrauchs wird durch die **fossilen Energieträger** Erdöl (32 %), Kohle (28 %) und Erdgas (22 %) gedeckt, zusätzlich jeweils 5 % durch Kernenergie und Hydroenergie (2015).

Die Nutzung der verschiedenen Energierohstoffe unterscheidet sich regional deutlich. So beruhen im Nahen Osten fast 100 % des Verbrauchs von Primärenergie auf der Nutzung von Erdöl und Erdgas, während in der Region Asien-Pazifik Kohle fast die Hälfte und in Süd- und Mittelamerika die Hydroenergie etwas mehr als ein Viertel des gesamten Energiebedarfs deckt.

Erdöl

Weltweit ist Erdöl mit einem Anteil von 33 % am Primärenergieverbrauch (2019) nach wie vor der **wichtigste Energieträger**. 1974, vor der ersten „Erdölkrise" als Folge des israelisch-arabischen Krieges, betrug der Anteil sogar noch 48 %. Die damaligen Planungen zur Reduzierung des Erdölverbrauchs wurden wegen der hohen Kosten für die Erschließung und den Ausbau anderer Energieträger sowie der fortschreitenden Motorisierung in den Schwellen- und Entwicklungsländern nur zum Teil realisiert.

Geologen schätzen, dass mehr als ein Drittel der wirtschaftlich rentabel zu fördernden Erdölvorkommen ausgebeutet wurden, davon die Hälfte in den letzten zwei Jahrzehnten. Fast zwei Drittel der heute bekannten Ölreserven entfallen auf die Länder des Nahen Ostens, gut ein Zehntel je auf Russland und afrikanische Staaten. Gliedert man die Reserven nach wirtschaftspolitischen Gesichtspunkten, so entfallen über drei Viertel auf die Mitgliedsstaaten der **OPEC**, davon über 60 % auf die Anrainer des Persischen Golfs, was die Bedeutung der Golfregion für die künftige Versorgung der Weltwirtschaft mit Erdöl unterstreicht. Bei gleichbleibender Jahresförderung würden die derzeit bekannten Reserven im Nahen Osten noch über 80 Jahre reichen, in Europa dagegen nur noch höchstens 10 Jahre. Das wichtigste **Erdölförderland** war jahrzehntelang Saudi-Arabien, seit 2009 wechselt die Führung fast jährlich zwischen Russland und dem arabischen Land, seit 2014 liegen die USA nur knapp dahinter. Der **Mineralöl-Weltverbrauch** steigt seit der Mitte der 1980er-Jahre wieder fast kontinuierlich an, vor allem aufgrund des zunehmenden Verbrauchs in den neuen Wirtschaftsmächten China und Indien sowie den aufstrebenden Schwellenländern in Südamerika und Südostasien.

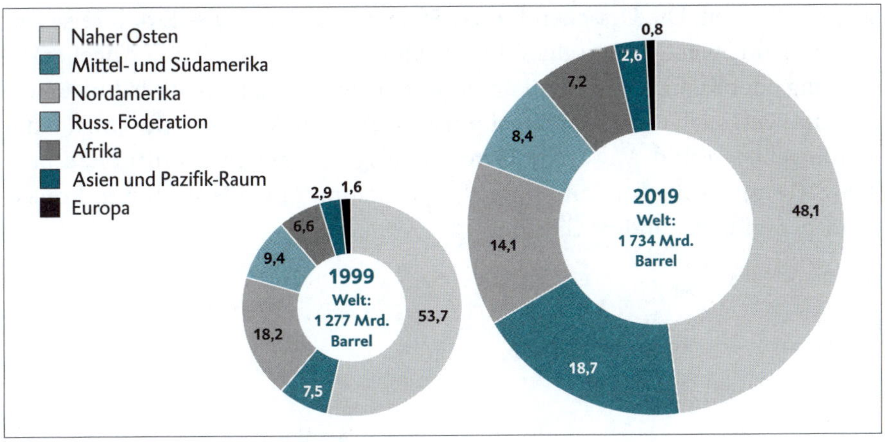

M 106: Regionale Verteilung der nachgewiesenen Erdölreserven

Rang	Erdölförderung Land	1 000 Barrel/Tag	Erdölverbrauch Land	1 000 Barrel/Tag
1	USA	17 045	USA	19 400
2	Saudi-Arabien	11 832	China	14 056
3	Russische Föderation	11 540	Indien	5 271
4	Kanada	5 651	Japan	3 812
5	Irak	4 779	Saudi-Arabien	3 788
6	VAE	3 998	Russische Föderation	3 317
7	China	3 836	Südkorea	2 760
8	Iran	3 535	Kanada	2 403
9	Kuwait	2 996	Brasilien	2 398
10	Brasilien	2 877	Deutschland	2 281
	Welt	95 192	Welt	98 272

M 107: Erdölförderung und Mineralölverbrauch 2019: Top 10

Der **Rohöltransport**, der immerhin zwei Drittel der weltweiten Erdölförderung umfasst, erfolgt meist grenzüberschreitend und zum Teil über große Entfernungen per Tankschiff oder Pipeline aus den Förderländern in Südamerika, Afrika und Vorderasien zu den Verbrauchern in Nordamerika, Europa, Süd- und Ostasien sowie Australien.

Die Höhe der Erdölförderung und des Verbrauchs von Erdölprodukten wie etwa Kraftstoffen und Heizöl ist u. a. von den **Erdölpreisen** abhängig. Für Erdöl existiert ein Weltmarkt mit der Preisfestlegung durch die internationalen Rohstoffbörsen. Die Ursachen für das Steigen oder Fallen der Erdölpreise sind vielfältig und wenig trennscharf: Entwicklung von Nachfrage und Angebot, Erhöhung oder Reduzierung der Förderquoten der OPEC, Kosten für Ausrüstungen und Personal, Lieferunterbrechungen durch Streiks, politische Unruhen in Fördergebieten und Angst vor Terroranschlägen, Devisenspekulationen beim US-$ (Leitwährung für den Ölpreis), Spekulation durch Banken und Börsenmanager und viele andere Gründe.

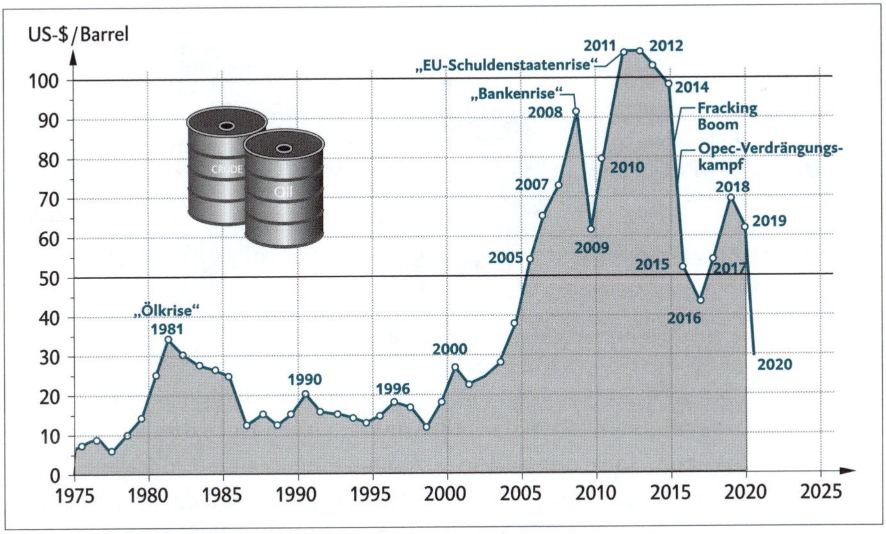

M 108: Entwicklung der Rohölpreise 1975–2020

Mit Sicherheit ist davon auszugehen, dass die Erdölförderung in absehbarer Zukunft nicht mehr die erwartete Nachfrage decken kann. Deshalb treiben Regierungen und Wirtschaftsunternehmen weltweit die Entwicklung alternativer Energieträger voran. Die Nutzung des Erdöls birgt aber auch **ökologische Risiken**. Bei der Verbrennung von Erdöl wird CO_2 freigesetzt, das als Treibhausgas für die Erwärmung der Erdatmosphäre verantwortlich ist. So kann die **Substitution** von Erdöl durch regenerative Energieträger nicht nur die Abhängigkeit der Weltwirtschaftsmächte von den Erdölförderstaaten verringern, sondern dient auch dem Klimaschutz und dem sorgsamen Umgang der Menschheit mit den Ressourcen unseres Planeten.

Erdgas

Erdgas ist mit einem Anteil von 22 % des Weltprimärenergieverbrauchs der **drittwichtigste Primärenergieträger**. Dabei weist der Erdgasverbrauch seit Jahren **hohe Steigerungsraten** auf, da in der Industrie, für die Stromerzeugung und das Heizen in Privathaushalten zunehmend Erdgas anstelle von Kohle und Mineralöl verwendet wird. Wegen der geringeren klimaschädlichen Emissionen wird die Nutzung von Erdgas auch aus Gründen des Umweltschutzes gefördert.

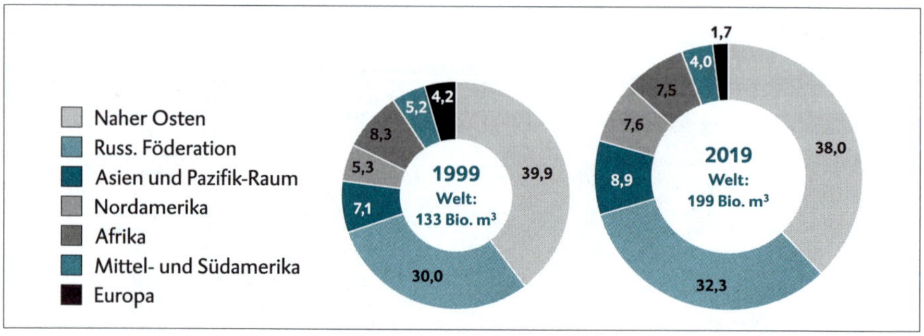

M 109: Regionale Verteilung der nachgewiesenen Erdgasreserven

Die weltweiten **Erdgasreserven** haben sich trotz steigender Förderung seit 1984 nahezu verdoppelt. Über die Hälfte der Reserven ist in drei Ländern konzentriert: Russland, Iran und Katar. Sollten keine neuen Erdgaslagerstätten entdeckt werden, so gehen die Berechnungen der Fachleute davon aus, dass in ca. 65 Jahren die weltweiten Erdgasreserven komplett aufgebraucht sein werden. Könnten die einzelnen Regionen nur auf ihre eigenen Reserven zurückgreifen, würde es keine zehn Jahre dauern, bis in Nordamerika die Erdgasquellen versiegen, Europa und Eurasien könnten eigenes Gas noch 60 Jahre nutzen, während die Vorräte der Golfstaaten für 250 Jahre reichen.

Die Verwendung von Erdgas ist stärker als bei anderen Energieträgern auf wenige Regionen konzentriert. Der wichtigste Grund hierfür sind die **Transportprobleme**. Drei Viertel des Erdgases werden in Pipelines transportiert, ein Viertel als verflüssigtes Gas mit Tankschiffen.

Weltweit dominieren drei große **Erdgasmärkte**, in denen sich Produzenten und Verbraucher durch langfristige Lieferverträge und bestehende Transportnetze aneinander gebunden haben:

- Der europäische Markt (ca. 45 % des Weltverbrauchs) mit den Exporteuren Russland, Nordafrika, Norwegen und Niederlande, die durch ein verzweigtes, Tausende km langes Pipelinenetz mit den Abnehmern verbunden sind,
- der nordamerikanische Markt (ca. 27 % des Weltverbrauchs) mit dem weltweit größten Verbraucher USA, Kanada und Mexiko,
- der asiatische Markt, der durch große Entfernungen zwischen den Hauptverbrauchern (Japan, Südkorea und Taiwan) und den Lieferländern (Indonesien, Malaysia, Brunei, arabische Golfstaaten) gekennzeichnet ist und wo der Transport von verflüssigtem Erdgas dominiert.

Rang	Erdgasförderung Land	Mrd. m^3	Erdgasverbrauch Land	Mrd. m^3
1	USA	920,9	USA	846,6
2	Russische Föderation	679,0	Russische Föderation	444,3
3	Iran	244,2	China	307,3
4	Katar	178,1	Iran	223,6
5	China	177,6	Kanada	120,3
6	Kanada	173,1	Saudi-Arabien	113,6
7	Australien	153,5	Japan	108,1
8	Norwegen	114,4	Mexiko	90,7
9	Saudi-Arabien	113,6	Deutschland	88,7
10	Algerien	86,2	Großbritannien	78,8
	Welt	3 989,3	Welt	3 929,2

M 110: Erdgasförderung und -verbrauch 2019: Top 10

Kohle

Den Spitzenplatz als wichtigster Energieträger hatte die Kohle bis 1966 inne, ehe sie vom Erdöl verdrängt wurde. Heute deckt die Kohle immer noch über ein Viertel des Weltenergiebedarfs. Bei der weltweiten **Stromerzeugung** ist Kohle mit einem Anteil von 46 % nach wie vor der wichtigste Energierohstoff. Kohle kommt in verschiedenen Arten vor, die sich im Energiegehalt deutlich unterscheiden. Steinkohle, Anthrazit und Hartbraunkohle mit einem Brennwert von mehr als 16 500 kJ/kg werden als Hartkohle bezeichnet und wegen des einfachen Transportes weltweit gehandelt. Dagegen wird Weichbraunkohle wegen ihres geringen Energie- und hohen Wassergehalts überwiegend für die Verstromung in unmittelbarer Nähe der Lagerstätten genutzt, wie etwa im Rheinischen Braunkohlenrevier oder in der Lausitz.

Für Kohle werden weltweit im Vergleich der Primärenergieträger die größten **Reserven** ausgewiesen, wobei die USA, Russland und China die höchsten gesicherten Vorräte besitzen. Im Gegensatz zu Erdöl und Erdgas sind die Kohlevorkommen regional weniger konzentriert. Seit 1997 ist die **Kohleförderung** global um mehr als ein Drittel gestiegen. Besonders hohe Zuwachsraten verzeichnen die Förderländer im asiatisch-pazifischen Raum, Russland und Australien, während in Nordamerika, Südamerika und Afrika die Kohleförderung nur geringfügig zunahm oder in Europa sogar zurückging. Das wichtigste Förderland ist heute **China**, das seine Förderung seit 1997 nahezu verdoppelt hat und somit einen Anteil von fast 50 % an der Weltkohleförderung besitzt. Die wichtigsten Exportländer sind Australien, Indonesien und Russland, die zusammen 60 % des Weltmarktes für Kohle beherrschen.

Die **Weltmarktpreise** für Kohle, die in den 1980er- und 1990er-Jahren lange Zeit bei durchschnittlich ca. 40 US-Dollar je Tonne lagen, sind aufgrund der steigenden Nachfrage in den Importländern und des zunehmenden Bedarfs in den Schwellenländern und den neuen Weltwirtschaftsmächten China und Indien seit 2003 stark angestiegen. 2018 wurden bis zu 80 US-$ je Tonne Kraftwerkskohle bezahlt, zuzüglich der Frachtraten für den Transport. Trotzdem war etwa für deutsche Kraftwerksbetreiber der Import von Steinkohle aus Australien einschließlich der Transportkosten immer noch kostengünstiger als die Nutzung einheimischer Kohle. Der Kohleabbau in **Deutschland** ist wegen der hohen Förderkosten nur aufgrund milliardenschwerer staatlicher Subventionen rentabel, wurde aber nach dem Auslaufen der Fördermaßnahmen 2018 endgültig eingestellt.

	Hartkohleförderung		Hartkohleverbrauch	
Rang	Land	Mio. t	Land	Mio. t
1	VR China	3 236,1	VR China	3 449,1
2	Indien	680,5	Indien	887,2
3	USA	639,1	USA	558,2
4	Australien	435,9	Japan	194,2
5	Indonesien	420,0	Russische Föderation	173,4
6	Russische Föderation	333,0	Südafrika	171,8
7	Südafrika	252,3	Südkorea	149,7
8	Kasachstan	105,9	Kasachstan	79,1
9	Kolumbien	90,9	Polen	72,1
10	Polen	65,8	Taiwan	67,3
	Welt	6 529,2	Welt	6 550,4

M 111: Hartkohleförderung und -verbrauch 2017

Das bei der Verbrennung von Kohle freigesetzte CO_2 gilt als ein **Hauptverursacher des globalen Klimawandels**. Im 2005 in Kraft getretenen **Kyoto-Protokoll** verpflichten sich die 156 Unterzeichnerstaaten (ohne die USA), die Treibhausgasemissionen zu reduzieren. Hierzu sollte u. a. der Anteil der regenerativen Energieträger wie Sonnenenergie, Windkraft und Hydroenergie zur Stromerzeugung deutlich erhöht und die Verstromung von Kohle reduziert werden. Aber selbst in der EU ist diese Vereinbarung bisher nicht vollständig umgesetzt worden. So wurde 2008 eine Sonderregelung vereinbart, wonach es für Länder wie Polen, das 95 % seiner Elektrizität und Wärme aus Kohle gewinnt, längere Übergangsfristen bis 2019 für die Reduzierung der CO_2-Emissionen geben soll. Für die Entwicklungs- und Schwellenländer sieht das Kyoto-Protokoll für die nahe Zukunft sogar noch eine Zunahme der CO_2-Emissionen etwa durch eine Steigerung der Stromerzeugung in Kohlekraftwerken vor, um die wirtschaftliche Entwicklung zu fördern. So wurde im Jahr 2008 in China durchschnittlich jede Woche ein neues Kohlekraftwerk in Betrieb genommen, um den steigenden Bedarf an elektrischer Energie zu sichern.

2.2 Die Ostsee-Pipeline – geopolitische, wirtschaftliche und ökologische Aspekte eines kontinentalen Erdgasprojekts

Seit vielen Jahren befasst sich die energiepolitische Diskussion mit der Frage, wie die langfristige Energieversorgung der Mitgliedsstaaten der EU gesichert werden kann. Im Zentrum stehen hierbei auch Pläne für den Bau neuer Erdgaspipelines, die das bereits bestehende Leitungsnetz zwischen den russischen Erdgasfeldern und den Verbrauchern in Mittel- und Westeuropa ergänzen sollen. Hintergrund der Vorhaben ist der stetig steigende **Erdgasbedarf** bei gleichzeitig **zur Neige gehenden eigenen Gasvorkommen** der EU-Mitgliedsstaaten. Um diesen zusätzlichen Bedarf zu decken und erstmals einen direkten Zugang zum **europäischen Absatzmarkt** zu erhalten, hatte die russische Regierung vorgeschlagen, eine Pipeline durch die Ostsee von Wyborg in Russland nach Greifswald in Mecklenburg-Vorpommern zu verlegen. Im September 2005 unterzeichneten der damalige Bundeskanzler Schröder und der russische Staatspräsident Putin eine Absichtserklärung zum Bau der neuen Pipeline. Für den Bau und Betrieb wurde die Nord Stream AG gegründet, an der die russische Gazprom 51 %, Wintershall und E.ON jeweils 15,5 % sowie Gasuni (Niederlande) und GDF Suez (Frankreich) jeweils 9 % der Anteile halten. 2011 wurde die Pipeline in Betrieb genommen, sie soll zur Versorgungssicherheit in Mittel- und Westeuropa beitragen. Seit 2018 wird eine zweite, parallel verlaufende Pipeline, North Stream 2, gebaut.

Geopolitische Diskussion

Da es sich bei der Ostsee-Pipeline um ein **grenzüberschreitendes Projekt** handelt, unterliegt es internationalem Recht und dem nationalen Recht jener Staaten, deren Küstenlinie bzw. Wirtschaftszone tangiert wird. Konkret betroffen sind Russland, Finnland, Schweden, Dänemark und Deutschland, ohne deren Zustimmung der Bau nicht möglich war.

Politische Einwände gegen die Ostsee-Pipeline wurden vor allem von Polen vorgebracht. Vor dem Bau der Pipeline strömte der Großteil des russischen Erdgases durch Landleitungen über die Ukraine und Polen in die EU, wofür die Transitländer Durchleitungsgebühren in Höhe mehrerer Mio. Euro jährlich erhalten. Nach Fertigstellung der Ostsee-Pipeline könnte Russland die Gasversorgung Polens und der Ukraine einseitig lahmlegen (wie etwa Ende 2005 und 2009, um ausstehende Zahlungen für Gaslieferungen einzutreiben) und an beiden Ländern vorbei weiterhin Erdgas nach West- und Mitteleuropa transportieren. Polen, die Ukraine und auch die baltischen Staaten fürchten, so zum Spielball der russischen **Energiepolitik** zu werden, und forderten deshalb den Bau einer neuen Landleitung anstelle der Ostsee-Pipeline.

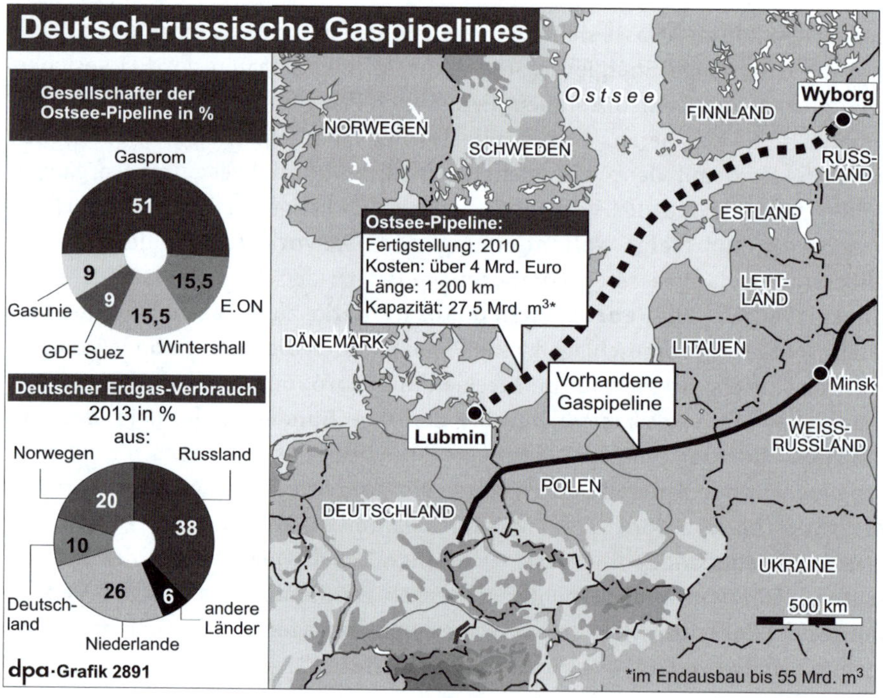

Zum Vergleich: Deutscher Erdgas-Verbrauch 2017: Russland: 33 %, Norwegen: 32 %, Niederlande: 26 %, Deutschland: 5 %, andere Länder: 4 %

M 112: Das Projekt Ostsee-Pipeline

Im Herbst 2020 steht die 1 224 km lange Erdgaspipeline North Stream 2 kurz vor der Fertigstellung. Nur noch knapp 100 km fehlen vor der deutschen Übergabestation bei Greifswald. Allerdings droht dem Projekt ein vorzeitiger

Baustopp seit die US-amerikanische Regierung durch einen zunehmenden Import von Erdgas aus Russland in die EU bzw. Deutschland die politische Sicherheitslage gefährdet sieht. Kritisch bewertet wird durch den Betrieb der zweiten Ostseepipeline die steigende **Abhängigkeit bei der Energieversorgung** von Russland. Die russische Regierung dagegen kann mit hohen Einnahmen aus den zusätzlichen Erdgasexporten rechnen.

Die Androhung amerikanischer Sanktionen haben bereits zahlreiche internationale Unternehmen veranlasst, ihre Beteiligung an dem Bauprojekt aufzugeben. Selbst dem Betreiber des Hafens von Sassnitz auf Rügen, wo die Rohre für die Pipeline gelagert und auf die Verlegeschiffe verladen werden, wurden Strafmaßnahmen angedroht. Durch die Ereignisse um die Vergiftung eines russischen Oppositionspolitikers im September 2020 droht ein von der Bundesregierung verhängter Baustopp für North Stream 2, sodass möglicherweise eine Inbetriebnahme der neuen Pipeline auf unabsehbare Zeit hinausgeschoben wird.

Übungsaufgaben: Weltenergieverbrauch und Energiedistribution – fossile Energieträger

fgabe 41 Erläutern Sie die in M 113 dargestellte Entwicklung des Imports von Energieträgern seit 1990 in die EU.

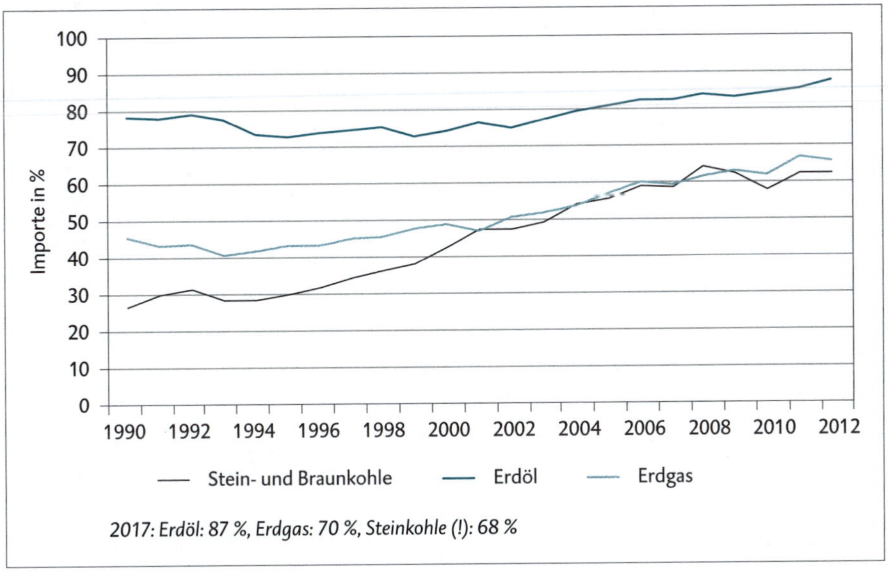

M 113: Import von Energieträgern in die EU

Aufgabe 42 Erklären Sie, weshalb seit 2003 die weltweite Kohleförderung um 50 % gestiegen, in Deutschland jedoch im gleichen Zeitraum um 20 % gesunken ist.

Aufgabe 43 Arbeiten Sie Unterschiede und Gemeinsamkeiten des weltweiten Primärenergieverbrauchs und des Primärenergieverbrauchs in der EU für das Jahr 2019 heraus und erläutern Sie diese.

Primärenergieträger	Welt	Europäische Union
Erdöl	33,1 %	38,5%
Kohle	27,0 %	11,1 %
Erdgas	24,2 %	24,5 %
Kernenergie	4,3 %	10,6 %
Erneuerbare Energie	11,4 %	15,2 %

M 114: Anteile der Energieträger am Primärenergieverbrauch 2019

3 Einfluss der Rohstoffförderung auf die wirtschaftliche Entwicklung

3.1 Erdöl – Entwicklungsfaktor für die Vereinigten Arabischen Emirate (VAE)

Als 1951 in Dubai und 1958 in Abu Dhabi riesige Erdölvorkommen entdeckt wurden, waren diese Scheichtümer der Golfregion noch von Rückständigkeit und Armut gekennzeichnet. An ihren Küsten lagen ärmliche Siedlungen, deren Bewohner von Fischfang und Schiffbau lebten. Geringe Einnahmen brachten ihnen nur Perlenfischerei und Seehandel. Nomadenstämme durchzogen mit ihren Herden oder Handelskarawanen die menschenleeren Wüsten.

Die Erschließung der reichen Erdölvorkommen in dem damaligen britischen Protektorat „trucial coast" übernahmen jedoch britische Ölkonzerne. Diese sicherten sich durch Konzessionen große Territorien, in denen sie ohne Auflagen Erdöl fördern und zollfrei exportieren konnten. Von den Verkaufserlösen der Konzerne erhielten die Scheichs der Emirate als nominelle Eigner durch Steuern und Förderkonzessionen nur geringe Einnahmen. Das ökonomische Monopol der großen Ölkonzerne war überwältigend, der Einfluss der Emirate hingegen gering.

M 115: Dubai und Dubai Creek 1950

Dies änderte sich jedoch nach dem Abzug der britischen Schutzmacht, als 1971 die sieben souveränen Scheichtümer Abu Dhabi, Ajman, Dubai, Fujairah, Ras al Khaimah, Sharjah und Umm al Quaiwain die Föderation der **Vereinigten Arabische Emirate (VAE)** gründeten. Dies stärkte nicht nur ihre Position in der internationalen Staatengemeinschaft, sondern auch gegenüber den Ölkonzernen. Und als nach 1973 auf Wirken des Erdölkartells OPEC die **Erdölfelder nationalisiert** wurden und die OPEC-Länder eine **Quotierung ihrer Fördermengen** beschlossen, stieg der Ölpreis pro Barrel (156 l) von 1,4 auf 30 US-$ (1980). Dadurch flossen diesem nun selbstständigen und selbstbewussten Erdölstaat binnen kürzester Zeit **unermessliche Finanzmittel** zu.

Allerdings sind die Erdölfelder innerhalb der VAE ungleichmäßig verteilt. Während die kleineren nördlichen Emirate wie Sharjah (1,5 %) oder Ras al Khaimah (0,5 %) nur über kleine Lagerstätten verfügen, besitzen Abu Dhabi (94 %) und Dubai (4 %) den Hauptanteil der Erdölreserven der VAE. Zwar gibt es Transferzahlungen innerhalb der VAE, trotzdem zeigt sich ein Wohlstandsgefälle, das mit der Verteilung der Erdölfelder korreliert.

Jahr		1990	2000	2010	2015
	Erdölreserven	12 892	12 851	13 000	13 692
VAE	Erdölförderung	104	117	131	176
	Erdölverbrauch	13	16	32	46
	Erdölreserven	89 983	92 785	101 800	109 301
Naher Osten	Erdölförderung	846	1 125	1 185	1 412
	Erdölverbrauch	165	231	360	431
	Erdölreserven	135 734	139 626	188 800	204 700
Welt	Erdölförderung	3 164	4 064	3 913	4 356
	Erdölverbrauch	3 130	3 662	4 028	4 475

M 116: Die Erdölwirtschaft der VAE im Vergleich (in Mio. t)

Die Bedeutung der Erdölwirtschaft der VAE belegen nachfolgende Fakten:

- Rund 50 Prozent der Erdölreserven weltweit befinden sich in nur fünf Staaten der Golfregion: Saudi-Arabien, Kuwait, VAE, Irak und Iran. Ihr Anteil an der jährlichen Weltförderung beträgt fast 30 %.
- Die VAE, deren Fläche von 83 000 km² kaum größer als Bayern ist, besitzen mit 13 Mio. t nach Venezuela, Saudi-Arabien, Kanada, Iran, Irak und Kuwait die **siebtgrößten Erdölreserven** der Welt.

- Die VAE förderten 2015 über 0,5 Mio. Tonnen Öl am Tag, was im Jahr 2015 mit 176 Mio. t ungefähr 4,0 % der Weltförderung ausmachte.
- Da derzeit jährlich nur etwa 20 % der Ölfördermenge durch die VAE selbst verbraucht wird, gehen etwa 80 % der Erdölförderung in den Export.
- Der Exporterlös der VAE von 265 Mrd. US-$ im Jahr 2015 wurde zu einem Drittel durch Rohöl, Gas und Derivate erzielt.

Diese Zahlen verdeutlichen den Stellenwert der VAE sowie des Nahen und Mittleren Ostens als „Tankstelle der Welt" und **Drehscheibe des globalen Erdölhandels**. Die einmalige Konzentration von über 30 000 Ölfeldern unter dem Wüstensand oder im Offshore-Bereich der Golfregion beruht auf dem Vorhandensein riesiger Sedimentbecken, in denen über Jahrmillionen üppige Meeresfauna warmer tropischer Flachmeere ungestört zur Bildung dieser Energierohstoffe abgelagert wurde. Diese sehr günstigen Lagerbedingungen sind der Grund für die niedrigen Förderkosten der Golfstaaten von 2 US-$ pro Barrel – im Vergleich zu 20 US-$ Nordseeölförderung. Die Abhängigkeit der Welt vom Erdöl bedeutet aber nicht nur enorme **Devisen** in den Staatskassen der Scheichtümer, sondern verleiht den Golfstaaten auch politischen Einfluss. Die Ölstaaten können es sich aussuchen, wen sie beliefern und damit letztendlich ökonomisch unterstützen wollen. Derzeit bezieht zum Beispiel China 40 % seiner Ölimporte aus Saudi-Arabien, dem Oman sowie aus dem Iran. So ist der Erdölreichtum ein Segen für die Region, wenn er auch gleichzeitig ein Herd ständiger politischer Spannungen ist.

3.2 „Nachholende" Wirtschaftsentwicklung durch Erdöl

Die Einnahmen aus dem Erdölexport bescherten den VAE unermesslichen Reichtum, der den privaten Wohlstand förderte, aber auch den Emiraten im Zuge einer **nachholenden Industrialisierung** die Verwirklichung gigantischer Projekte zur Wirtschaftsentwicklung und zum **Ausbau der Infra- und Siedlungsstruktur** ermöglichte:

- Zunächst erwarben die Herrscherfamilien der VAE alle nur erdenklichen **Luxusartikel** und bauten sich davon zum Beispiel märchenhafte Paläste.
- Ebenso kauften sie sich in internationale Firmen ein oder legten die Gewinne aus dem Erdölexport in den internationalen Finanzmärkten an, um sie im Rahmen der Weltwirtschaft für sich arbeiten zu lassen.
- Weil die Gesetze der Wüste und der Koran die **Fürsorge** für den Stamm und unter Gläubigen fordern, aber auch zur Sicherung ihrer Herrschaft

ließen die Ölscheichs ihre Bürger am Wohlstand teilhaben. So zahlen Einheimische keine Steuern, Schulbesuch und Studium sind kostenlos. Arzt- und Krankenhauskosten bezahlt der Staat. Kostenlose Grundstücke und zinslose Baukredite sind die Regel. Zudem werden alle Haushalte unentgeltlich mit Trinkwasser und Strom versorgt.

- Mit den Petrodollars entstanden auch **modernste Städte**. Wo vor 50 Jahren noch Fischerdörfer mit Lehmhütten standen oder Wüstenflächen waren, ragen heute die imposanten Glasfassaden klimatisierter Bankgebäude oder Luxushotels sowie futuristisch wirkende Appartement- und Bürohochhäuser in den Himmel. Sechsspurige Boulevards durchziehen diese neuen Städte und beleuchtete Autobahnen mitten in der Wüste erschließen selbst entlegene Siedlungen.
- Der zunehmende Wohlstand der Einheimischen förderte den **Import von Nahrungsmitteln und Konsumgütern** aus den Industrieländern.
- Um die Industrialisierung voranzutreiben und die Importausgaben zu verringern, entstanden in den VAE Fabriken der **Leichtindustrie** zur Produktion z. B. von Nahrungsmitteln, Getränken und Bekleidung. Hierfür mussten Industrie- und Investitionsgüter importiert werden.
- Zum notwendigen **Aufbau einer Grundstoffindustrie** wurden kostenaufwendig Aluminium-, Eisen- und Kupferhütten an den Küsten gebaut. Obwohl vor Ort nur Energie und Kapital vorhanden waren, erlangten diese überregionale Bedeutung. So exportierte „Dubai Aluminium Company", eine der größten Aluminiumhütten der Welt, mit einem Anteil von 4 % der Weltaluminiumproduktion 2017 „Premiumaluminium" weltweit in über 60 Länder.
- Mit der Industrialisierung und dem steigenden Wohlstand entstanden nicht nur in den neuen Wirtschaftszweigen, sondern vor allem in der staatlichen Verwaltung hoch dotierte Berufe, die durch eine Quotierung fast nur den Einheimischen vorbehalten sind.
- Um sich als Handels- und Logistikzentrum in die Weltwirtschaft zu integrieren, wurde der größte künstliche Hafen der Welt, „Mina Jebel Ali", errichtet. In der über 100 km^2 großen **Freihandelszone** des heute neuntgrößten Hafens der Welt haben sich über 3 000 internationale Unternehmen niedergelassen. Anreiz für eine Ansiedlung boten: 15 Jahre Steuerfreiheit, zollfreier Im- und Export, freier Devisenverkehr, billige Arbeitskräfte und beste Infrastruktur.

M 117: Dubai und Dubai Creek heute

Bestand am Anfang das politische Ziel der Herrscher, die **sozioökonomische Rückständigkeit zu überwinden** bzw. den Lebensstandard der Einheimischen zu verbessern, wurde sehr bald die Notwendigkeit erkannt, durch eine **Diversifizierung der Wirtschaft** die Monostruktur zu reduzieren. Dadurch erhoffte man sich eine geringere Abhängigkeit von den Deviseneinnahmen bzw. von den Fördermengen und vom Weltmarktpreis des Erdöls.

Da jedoch die Zahl der Einheimischen sehr gering war und diese darüber hinaus gut bezahlte Jobs im Exporthandel oder der staatlichen Verwaltung bevorzugten, konnten die gigantischen Vorhaben zur Wirtschaftsentwicklung nur mithilfe von Gastarbeitern verwirklicht werden. Die **Zuwanderung** von Fachkräften aus Europa und Amerika, aber vor allem von Hunderttausenden billigen Arbeitskräften aus den arabischen Nachbarstaaten sowie Süd- und Südostasien waren die Folge. Die VAE haben daher eine ungewöhnliche Bevölkerungszusammensetzung. So standen 2015 in den 9,2 Mio. Einwohner zählenden VAE 15 % „nationals", also privilegierten Staatsbürgern, 85 % (geschätzt zwischen 7,8 und 8,5 Mio.) „expatriates", zum Großteil nahezu rechtlose **Arbeitsmigranten** mit begrenzter Aufenthaltserlaubnis gegenüber. Ausländer dürfen nur so lange in den VAE bleiben, wie sie Arbeit haben. Eine zweite Möglichkeit ist der Erwerb von Immobilien. Eine Einbürgerung gibt es aber nicht.

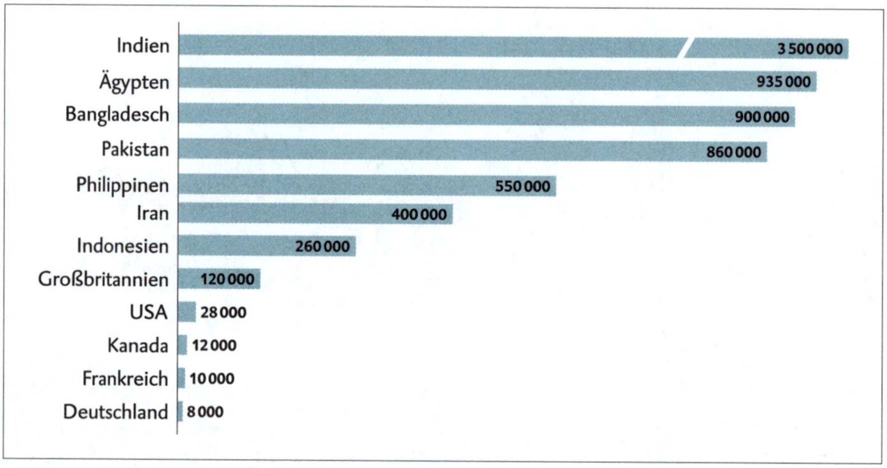

M 118: Ausgewählte Herkunftsländer nach der Anzahl der in Dubai im Jahr 2015 lebenden Ausländer

3.3 Perspektiven für eine zukünftige Entwicklung

Geht man von den Fördermengen des Jahres 2010 aus, so reichen die Erdölreserven der Golfstaaten noch ca. 100 Jahre. Doch die VAE planen auch langfristig für die Zeit nach dem Erdöl. Dubai besitzt z. B. kaum noch eigenes Erdöl und wird immer mehr von Abu Dhabi abhängig. Deshalb versucht Scheich Mohammed bin Rashid al Maktoum, Emir von Dubai und Regierungschef der VAE, in einer Vorbildfunktion für andere Golfstaaten sein Emirat für die Zeit nach dem Erdöl zukunftsfähig zu machen. Da der Aufbau von Industrie wegen der nationalen und regionalen Marktenge begrenzt ist, war eine wirtschaftliche Neuorientierung vonnöten. Möglichkeiten hierzu eröffnete die Globalisierung. Deshalb schuf Scheich Maktoum mit Milliardeninvestitionen die Grundlagen, durch eine Öffnung für den **Tourismus** sowie durch die Liberalisierung des Immobilienmarkts und Waren- und Finanzverkehrs das Emirat Dubai zu einem weltweit bedeutenden **Handels- und Dienstleistungszentrum** auszubauen. Zudem wurden optimale Rahmenbedingungen für internationale **Direktinvestitionen** geschaffen, um kurz-, aber auch langfristig die VAE im globalen Wettbewerb zu privilegieren:

- günstige Arbeits-, Aufenthalts- und Lebensbedingungen für ausländische Fachkräfte und Investoren,
- minimale Lohnkosten sowie das Fehlen gewerkschaftlicher Aktivitäten und sozialer Folgeleistungen,
- niedrige Service- und Lagerkosten,
- geringe Kosten für Energie und Telekommunikation,
- Befreiung von vielen Unternehmenssteuern sowie geringe Einkommenssteuersätze,
- zollfreier Im- und Export, besonders in den Freihandelszonen der See- und Flughäfen,
- freier Transfer von Kapital, Gewinnen und Dividenden,
- an den Dollar als Wechselkurs gebundene stabile Währungen,
- Vorfinanzierung bzw. günstige Kredite für Wirtschaftsprojekte,
- auf verlässliche Gesetze verankerte Rechtsstruktur und -sicherheit,
- Garantien für Geldanlagen und Patente,
- persönliche sowie öffentliche Sicherheit.

Verkehr und Kommunikation

Grundvoraussetzung der Neuorientierung war die Schaffung großzügiger **See- und Flughäfen**, die technisch dem neuesten Entwicklungsstand der Logistik entsprechen. Mit mehr als 88 Mio. Passagieren 2017 entwickelte sich der neue hochmoderne „Dubai Al Maktoum International Airport“ zum Drehkreuz zwischen Europa, Afrika und Asien. Eng verbunden mit dem Ausbau des Flughafens ist der Aufstieg von „Emirates Airline“ zu einer der erfolgreichsten und modernsten Fluglinien der Welt. Inzwischen hat sich mit „Etihad“ aus Abu Dhabi eine zweite Fluggesellschaft der VAE international etabliert. Der Tiefseehafen „Jebel Ali“ ist einer der zehn größten Containerumschlagplätze der Welt.

Zentrale Bedeutung in der globalen Integrationsstrategie der VAE besitzt aber auch zunehmend die IT- und Medienbranche. Das Emirat Dubai wirbt nicht nur mit kostenfreiem globalen Internetzugang um Investoren, sondern errichtet mit „Dubai Internet City“ und „Dubai Media City“ zukunftsweisende Projekte. In diesem größten **Informationstechnologie- und Medienpark** der Welt im Dubaier Stadtteil Marina befinden sich über 700 IT-Firmen wie Microsoft oder IBM, aber auch 600 Firmen von Rundfunk, Film, Presse und der Unterhaltungsindustrie wie Reuters, CNN, al Arabiyya oder Sony.

Forschung und technologische Entwicklung

Um den Gesundheitstourismus der reichen arabischen Nachbarn in die USA oder Europa umzulenken und kommerziell in Wert zu setzen, entstehen zurzeit mehrere **medizinische Versorgungs- und Forschungszentren** wie die „Dubai Healthcare City". Hierfür wurden die neuesten Geräte angeschafft sowie international hochqualifizierte Fachkräfte verpflichtet. Die 2004 vollendeten Projekte wie die Freihandelszonen „Silicon Oasis" oder „Dubai Biotech Research Park" mit hervorragender Infrastruktur, Steuerfreiheit und geringer Miete weisen auf die Zielsetzung hin, ein weltweit bedeutendes Zentrum zur Entwicklung und Erprobung von Hochtechnologie zu werden.

Finanz- und Immobiliensektor

Spektakuläre Bauwerke wie die künstlich aufgeschüttete Insel „The Jumeirah Palm" oder das derzeit mit 828 m höchste Gebäude der Welt „Burj Khalifa" sind zu internationalen Wahrzeichen geworden. Initiator und Träger dieser Bauwerke sind vom Herrscherhaus Maktoum kontrollierte Finanzgesellschaften, die diese Projekte vorfinanzieren und bauen. Oft waren die Immobilien schon in der Planungs- und Bauphase aufgrund ihrer hochwertigen Ausstattung, besonders aber in Erwartung hoher Renditen zum größten Teil schon verkauft, verpachtet oder vermietet. Die Käufer kamen zu 60 % aus der Golfregion selbst, zu 30 % aus Europa und Amerika und zu 10 % aus Russland. Gefördert wurde der **Immobilienboom** durch steuerfreien Geldtransfer, geringe lokale Steuern und günstige Kredite. Die teuersten der exklusiven Luxusvillen mit eigenem Strand und Privathafen auf der künstlichen Inselgruppe „The Jumeirah Palm" werden für etwa zehn Mio. US-$ verkauft. Mit aufwendigem Informationsmaterial wirbt Dubai bis heute auf dem internationalen Immobilienmarkt um ausländische Investoren. Doch seit der Wirtschaftskrise 2008 schwanken die Immobilienpreise in Dubai so stark wie in keinem anderen Land der Welt zwischen „Boom" und „Crash". Hauptgrund für die stark schwankenden Preise ist der fallende Ölpreis, aber auch die Schwäche des Euro und des Rubel, sodass sich Investoren am Immobilienmarkt Dubais weniger engagierten und die Nachfrage sank.

Im Zuge der 2008 einsetzenden weltweiten Wirtschafts- und Finanzkrise geriet der globale Kapitalfluss in die VAE und damit auch Abu Dhabi ins Stocken, sodass Investitionen in aufsehenerregende Großprojekte zum Teil gestoppt wurden. So ist auch die Entwicklung des „Masdar-Projekts" in dem **regenerative Energietechnologie** angewendet werden sollte, zwischenzeitlich zum Erliegen gekommen. Im Zentrum des Projekts sollte eine schadstoffneutrale „Grüne Stadt" entstehen. Das Schmuckstück des Projekts, ein

System automatisierter Kabinen, die sich führerlos mit individueller Zeiteingabe unter dem Städtchen bewegen sollten, fährt heute lediglich zu Demonstrationszwecken nur zum Informationszentrum des Projekts. Inzwischen aber ist die großmaßstäbliche Bautätigkeit wieder aufgenommen worden. Als Jahr des Endausbaus wird nunmehr 2030 anvisiert.

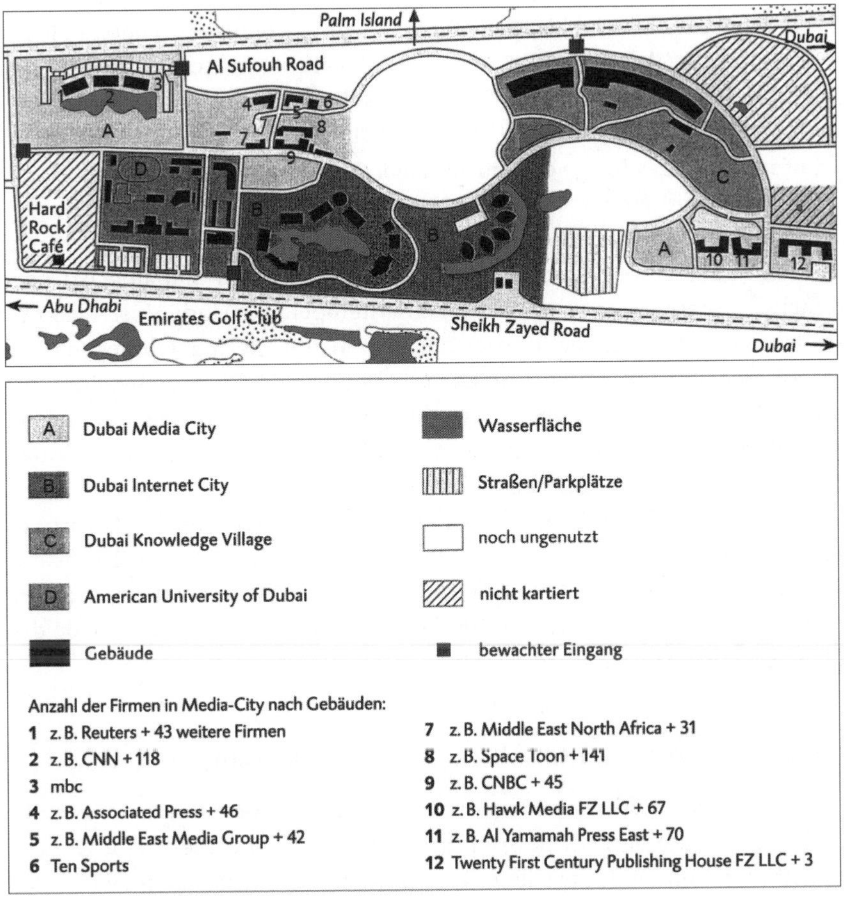

M 119: Dubai Media- und Internetcity

Tourismus

Waren es am Anfang noch reiche Urlauber aus den islamischen Nachbarländern, die im liberalen Dubai ihren Bedarf an Luxus, Alkohol und Nightlife deckten, so besuchen in zunehmendem Maße Touristen aus der ganzen Welt das Emirat. Denn Dubai lockt nicht nur mit kilometerlangen Stränden und 360 Tagen Sonnengarantie, sondern auch mit einigen der exklusivsten Hotels der Welt. Weltweit bekannt ist das „Burj al Arab", das bisher teuerste Hotel der arabischen Welt. Heute gibt es viele weitere **Hotelkomplexe** auf höchstem touristischen Standard. **Futuristische Projekte** wie das Unterwasser-Korallenhotel „Hydropolis" und die Pfahlbautenstadt „Dubai Maritime City" unterstützen das Image der touristischen Traumwelt.

Jährliche Investitionen in Milliardenhöhe schaffen sowohl eine touristische Infrastruktur auf dem neuesten Stand als auch visionäre Freizeitparks wie das „Dubai Mountain Indoor Resort" mit Skipiste, Eislaufbahn und aller Art von winterlicher Unterhaltung – bei 40 °C Außentemperatur. Und Wüstenexkursionen bieten Kamelritte, Fahrten durch Dünen mit Geländefahrzeugen bis hin zu längeren Aufenthalten mit Übernachtungen in Luxuszeltstädten an. Zudem sollen Formel-1-Rennen oder der Worldcup für Tourenwagen und Geländefahrzeuge die Besucher in die VAE locken. 2015 erwirtschaftete das Land schon ein Viertel des BIP durch den Tourismus.

Niedrige, weil zollfreie Preise für Goldschmuck, Perlen und Markenartikel locken nicht nur reiche Araber, westliche Geschäftsreisende oder Touristen, sondern auch viele durch die Einführung der Marktwirtschaft zu großem Reichtum gekommene Osteuropäer in die voll klimatisierten Souks sowie die gigantischen **Shopping Malls** der VAE.

3.4 Probleme der rasanten Wirtschaftsentwicklung

Der enorme wirtschaftliche Aufschwung, der starke Bevölkerungszuwachs und die touristische Infrastruktur führten zu einem enormen **Wasserverbrauch** pro Einwohner. Industrieprojekte und die veränderte Lebensweise der Bewohner, aber auch die Brunnen, Parks, Golfplätze und Poollandschaften mitten in der Wüste müssen täglich mit Wasser versorgt werden. Schon heute liegt der Pro-Kopf-Verbrauch mit über 500 l am Tag mehr als dreimal so hoch wie in Europa. Da das aus artesischen Brunnen gewonnene Grundwasser den Bedarf nicht mehr allein decken konnte, gewährleisten heute extrem teuere Meerwasserentsalzungsanlagen mit hohem Energiebedarf die Versorgung dieser Wüstenstaaten.

Energiesparen ist in den VAE aufgrund der Ölvorräte noch ein Fremdwort. Die Klimaanlagen laufen rund um die Uhr, Autos sind aus Prestigegründen groß und stark motorisiert. So ist es nicht verwunderlich, dass die VAE im **Energieverbrauch** weltspitze sind.

Insgesamt muss die Frage nach der **Nachhaltigkeit** des auf dem erdölbedingten Finanzreichtum basierenden Wirtschaftsaufschwungs gestellt werden. So kann der Wirtschaftserfolg nur so lange fortgesetzt werden, wie es gelingt, ausländische Arbeitskräfte und Direktinvestitionen anzulocken, besonders angesichts aufstrebender Arbeitsmärkte in Indien und Südostasien und der weltweiten Finanzkrise seit 2008. Zudem stellt sich die Frage, wie lange sich die schlecht bezahlten, rechtlosen Migranten mit ihrer Rolle zufriedengeben. Und schließlich erwächst mit den anderen aufstrebenden Golfstaaten, die das Erfolgsmodell Dubais nachahmen, ernst zu nehmende **Konkurrenz**.

2009 stand das Emirat kurz vor der Pleite; eine Finanzspritze in Höhe von 10 Mrd. US-$ vom Nachbarn Abu Dhabi konnte den Crash abwenden. Manche Projekte stehen seitdem still oder sind stark verzögert. Auf Dubai lastet noch immer ein riesiger **Schuldenberg** (135 Mrd. US-$; Stand April 2020). Anfang 2020 verzeichnete Dubai den stärksten Rückgang an Arbeitsplätzen seit der Finanzkrise 2009 mit der Folge, dass viele westliche Fachkräfte abgewandert sind. Zudem leidet Dubai wirtschaftlich unter der 2020 weltweit aufgetretenen Covid-19-Pandemie mehr als Abu Dhabi, das von seinem Ölreichtum profitiert, da die Sektoren Luftfahrt, Tourismus und Handel überproportional betroffen sind. Die für 2020 geplante „Expo 2020“ musste aufgrund der Covid-19-Pandemie verschoben werden.

Übungsaufgaben: Einfluss der Rohstoffförderung auf die wirtschaftliche Entwicklung

Aufgabe 44 Zeigen Sie die wesentlichen Schritte der „nachholenden“ Wirtschaftsentwicklung Dubais auf.

Aufgabe 45 Stellen Sie Chancen und Risiken der Diversifizierungspolitk der VAE einander gegenüber.

4 Substitution von Rohstoffen

Angesichts der steigenden Nachfrage nach Rohstoffen innerhalb der wachsenden weltwirtschaftlichen Prozesse, deren zunehmender Verknappung und letztlich auch deren steigender Marktpreise kommt der Substitution von Rohstoffen eine zunehmend größere Bedeutung zu.

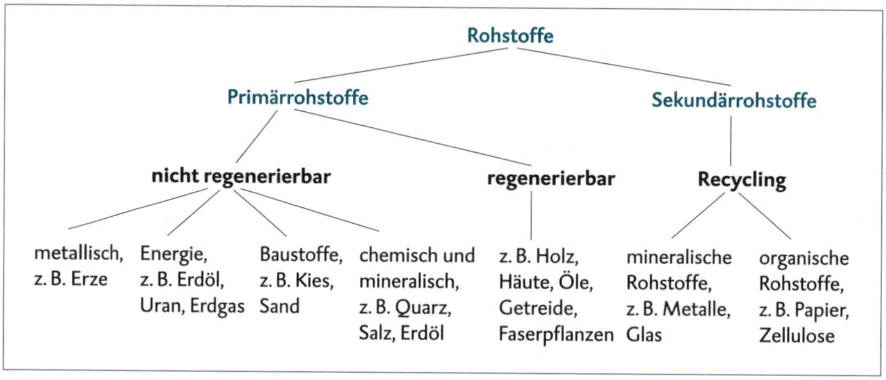

M 120: Rohstoffarten

4.1 Recycling

Als **Recycling** (englisch: Rückführung) bezeichnet man die Gewinnung von Rohstoffen aus Abfällen, die den Wirtschaftskreisläufen wieder zugeführt und zu neuen Produkten in der stofflichen Verwertung verarbeitet werden. Für das Recycling eignen sich derzeit hauptsächlich Papier, Kartonagen und Pappe, Glas, Kunststoffe, Eisen und Nichteisenmetalle. Für die stoffliche Verwertung ist eine möglichst sortenreine Sammlung von Wertstoffen oder ihre leichte Abtrennung (Abfallsortierung) aus der Abfalltrennung erforderlich.

In der **Bundesrepublik Deutschland** wurde ab 1961 eine erste systematische Sammlung von Abfällen und damit der Grundstein für das Recycling mithilfe des **Bundesverbandes der Deutschen Entsorgungswirtschaft** (BDE) initiiert. Private Dienstleistungsunternehmen begannen erste Abfallverwertungskonzepte zu entwickeln, die im Zuge der nachfolgenden Gesetzgebungen auf das industrielle Recycling abzielten.

Gesetzgebende Grundlagen für die Schaffung eines umfassenden Recycling-Systems in Deutschland waren/sind z. B.:

- das **Abfallbeseitigungsgesetz**, 1971: Vermeidung von Abfall und Rückgewinnung von Wertstoffen unter Beachtung wirtschaftlicher und ökologischer Kriterien,
- die **Altölverordnung**, 1987: Verpflichtung zur Rücknahme von Altöl, Beachtung besonderer Vorschriften im Umgang mit mineralischen, später auch synthetischen Ölen, Fetten und Schmierstoffen,
- das **Kreislaufwirtschafts- und Abfallgesetz**, 1996: Regelung von Vermeidung, Verwertung und Ablagerung von Abfall,
- die **Verpackungsverordnung**, neu geordnet 1998: Verpflichtung zur Rücknahme von Warenverpackungen entweder durch eigene Rücknahme im Ladengeschäft oder durch ein System, das überregional Verpackungen zurücknimmt (z. B. DSD = Duales System Deutschland AG),
- das **Duale System Deutschland** (DSD), 1990 entstanden aus dem „Grünen Punkt“: Dachorganisation zur Sammlung und anschließenden Verwertung von Verpackungsabfällen auf der Grundlage des Grünen Punkts, der auf Verpackungen von den Warenherstellern gedruckt werden darf, sofern Lizenzgebühren an das DSD gezahlt werden.

Standen vor Einführung moderner Abfallkonzepte die Frage nach der **Erweiterung von Mülldeponien** und die damit verbundenen ökologischen Umweltbelastungen im Vordergrund, so geht es heute um **Müllvermeidung** bzw., wenn dies nicht möglich ist, um **Verwertung (Recycling)**, und erst wenn selbst dies nicht machbar ist, um **Mülldeponie**.

	2000	2009	2014	2017
Siedlungsabfälle	50,1	48,4	51,1	51,8
Abfälle aus der Gewinnung und Behandlung von Bodenschätzen	48,2	27,5	30,2	31,0
Bau- und Abbruchabfälle	260,7	195,0	209,5	220,3
Abfälle aus Produktion und Gewerbe	47,7	51,3	59,5	55,8
insgesamt	**406,7**	**322,2**	**350,3**	**358,9**

M 121: Abfallaufkommen in Deutschland (in Mio. t)

Im Rahmen des modernen Recycling werden heute primär die folgenden politischen Ziele verfolgt:

- **Abfallvermeidung,**
- **Wiederverwendung**, also erneute Nutzung von z. B. Pfandflaschen,
- **stoffliche Verwertung**, d. h. Abfallstoffströme werden aufbereitet, um marktfähige Sekundärrohstoffe wieder zu gewinnen,
- **energetische Verwertung**, d. h. Abfallstoffe werden in Müllverbrennungsanlagen mit dem Ziel der Energieerzeugung verbrannt,
- **Reduktion des zu deponierenden Abfallmaterials** auf ein Minimum.

Die folgende Auflistung zeigt mögliche **Arten des Recycling**.

- **Glas-Recycling:** Wiederverwendung von benutztem Glasmaterial entweder nach Reinigung oder Wiederverwertung nach Einschmelzen von Glas;
- **Aluminium-Recycling:** Sammeln und Wiederverwerten von Aluminiumfolien und -behältern,
- **Kunststoff-Recycling:** besonders wichtig, da Kunststoffe aus begrenzt vorhandenen Primärrohstoffen (z. B. Erdöl) hergestellt werden, andererseits chemische und biologische Abbaumechanismen bei Kunststoffen äußerst langsam erfolgen und damit lang anhaltende ökologische Belastungen entstehen. Die Zerlegung von Kunststoffen für die Wiederverwertung stellt höchste Ansprüche an die Trennverfahren, nicht zuletzt deshalb, weil in den vergangenen Jahrzehnten eine zunehmende Diversifizierung der unterschiedlichen Stoffe stattgefunden hat. Im Idealfall kann zerschreddertes Kunststoffgranulat z. B. für den Einsatz in Spritzgussverfahren erzeugt werden,
- **Papier-Recycling:** Aufbereitung von gebrauchten Papieren (Altpapier) oder Kartonagen zur Wiederverwertung,
- **Baustoff-Recycling:** z. B. im Straßen- und Wegebau, Faserzusätze, Altgummi aus Reifen,
- **Kupfer-Recycling:** industrielle Wiederverwertung von Altkupfer z. B. aus Kabeln,
- **Auto-Recycling:** Rohstoffrückgewinnungsverfahren, bei dem ausgeweidete Karosserien gepresst und als Eisen- oder Stahlschrott der Stahlerzeugung zugeführt werden. Außerdem werden Stoffe wie Nichteisen-(NE-) Metalle, Glas, Kunststoffe und Altgummi wiederverwertet,
- **Refurbishing:** qualitätskontrollierte Überholung und Instandsetzung von bestimmten Produkten mit dem Ziel einer weiteren Verwendung, z. B. Tintenkartuschen, Ersatzteile für die Fahrzeug- und Flugzeugindustrie,

- **Wasserreinigung und -aufbereitung:** In gewisser Weise zählen auch diese in Kläranlagen und Wasserwerken stattfindenden Verfahren zu den Recycling-Prozessen.

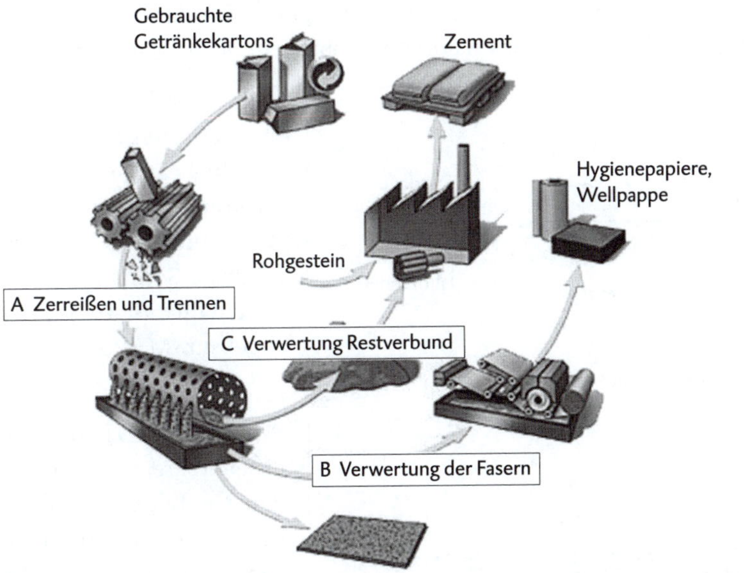

M 122: Recycling von Getränkekartons

Ein wirtschaftlicher Nachteil muss allerdings beispielsweise beim Kunststoff-, Glas- und Eisenrecycling darin gesehen werden, dass das recycelte Material nicht mehr die ursprüngliche Rohstoffqualität aufweist. Eine solche Qualitätsminderung bezeichnet man als **Downcycling**. Die Wiederverwendung von Stoffen und Gegenständen ist dem Recycling deshalb grundsätzlich vorzuziehen.

	Luxemburg	Niederlande	Großbritannien	Frankreich	Deutschland	Rumänien	Slowakei
Abfall (kg/Person/Jahr)	614	520	482	510	626	261	348
Recyclingquote (%) [ ] = Vergleichswerte 2009	48,3 [28]	53,1 [34]	44,3 [34]	41,7 [30]	66,1 [64]	13,3 [0,5]	23,0 [7]

M 123: Abfallaufkommen und Recyclingquote (2016)

4.2 Regenerative Energien

Regenerative Energien (auch: **erneuerbare** oder **Alternativenergien**) sind sich erneuernde Energien, die in menschlichen Zeitdimensionen dauerhaft zur Verfügung stehen und somit einen starken Kontrast beispielsweise zu den zeitlich begrenzt verfügbaren fossilen Energiestoffen darstellen, deren Reserven bei stetig steigendem Konsum quantitativ zur Neige gehen werden.

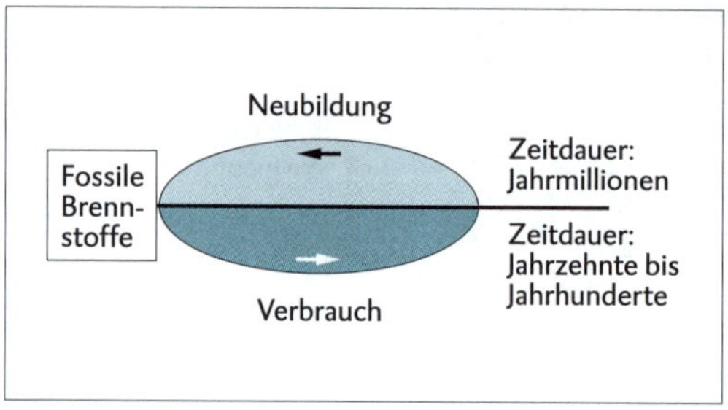

M 124: Fossile Brennstoffe

Auch fossile Brennstoffe sind im weitesten Sinne erneuerbar, allerdings ergeben sich starke Diskrepanzen zwischen Dauer der Neubildung und des Verbrauchs. Somit wird diese Ressource quantitativ immer weiter abgebaut (M 125).

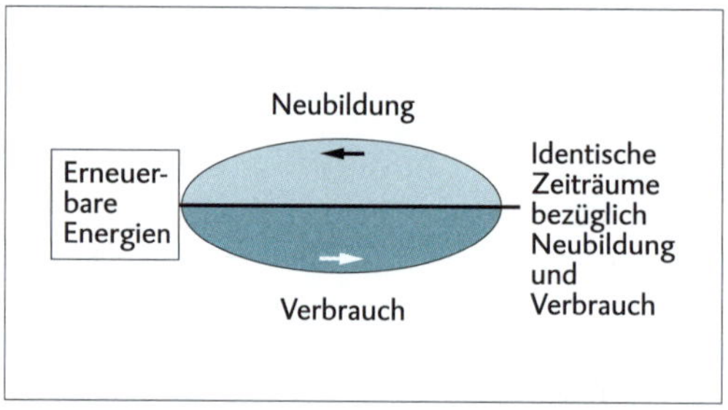

M 125: Prinzip der Nachhaltigkeit bei erneuerbaren Energien

Prinzip der Nachhaltigkeit bei erneuerbaren Energien: Dauer der Neubildung und des Verbrauchs zeitlich in etwa gleich, somit wird eine Ressource durch den Menschen nicht stärker belastet, als sie sich regenerieren lässt (M 126).

Den regenerativen Energien kommt deshalb angesichts einer immer angespannteren Energieversorgungssituation global zukünftig eine immer größere Bedeutung zu. Der Begriff „regenerativ" ist eigentlich äußerst ungenau, denn physikalisch kann im Gesamtökosystem Erde weder Energie verbraucht noch erneuert werden (Energieerhaltungssatz). Erneuerbare Energien leiten Energie deshalb aus den Stoffkreisläufen unseres Planeten so um, dass der Mensch diese Energien „zwischennutzen" kann.

Regenerative Energien entstammen im Wesentlichen den folgenden Ressourcen: der **Strahlungsenergie** aus der Kernfusion in der Sonne, der **Geothermie** (Erdwärme), der **Schwerkraft** und der hieraus resultierenden Kräfte (vor allem Abfluss in Fließgewässern, Wasserkraft) sowie der **Erdrotation** und der aus ihr abgeleiteten Kräfte (z. B. Gezeitenwirkung in Verbindung mit dem Mondumlauf). Der weitaus größte Teil der regenerativen Energien wird hierbei direkt oder indirekt aus der solaren Strahlungsenergie und ihren umgewandelten Energieformen generiert.

Verwendungsbereiche regenerativer Energien aus der solaren Strahlung

Bioenergie (aus Biomasse oder Energiepflanzen): Hierzu zählen Energien, die sich aus der Verrottung von **Biomasse** und der daraus resultierenden Methangasbildung (Biogas) ergeben. Dieses Methangas kann verbrannt und in Heiz- (z. B. in Fernwärmeanlagen) oder elektrische Energie (in Gasturbinen) umgewandelt werden.

Als organische Rohstoffe werden **nachwachsende Energiepflanzen** in der Land- und Forstwirtschaft produziert und für die energetische Zwischennutzung verwendet. Beispiele hierfür sind Pflanzenöle, Holz, Zuckerrohr, Raps. Die hierbei entstehenden Energiestoffe sind z. B. Biodiesel (Fettsäuremethylester), Bio-Ethanol und Cellulose-Ethanol. Als vorteilhaft erweist sich bei der Generierung von Bioenergie die Tatsache, dass bei deren Verbrennung so viel CO_2 freigesetzt wird, wie zuvor durch das Wachsen der Biomasse aus der Atmosphäre entnommen wurde **(CO_2-Neutralität)**.

Solarenergetische Anlagen: Mithilfe der **Photovoltaik-Technik** wird solare Strahlungsenergie photochemisch direkt in elektrische Energie umgewandelt. Dies erfolgt zur dezentralen Deckung des privaten Bedarfs oder zur Einspeisung in das öffentliche Stromversorgungsnetz an Photovoltaik-Panels auf Gebäudedächern oder an großflächigen Photovoltaikflächen etwa auf brachliegender landwirtschaftlicher Anbaufläche oder in eigens konzipierten Photovoltaikkraftwerken.

In **solarthermischen Anlagen** wird Strahlungsenergie in mit einer speziellen Flüssigkeit durchströmten Flächen- oder Röhrenkollektoren in Wärmeenergie umgewandelt, welche zum Erhitzen von Brauchwasser bzw. als Heizungsunterstützung hauptsächlich in privaten Haushalten genutzt werden kann (umgangssprachlich: Solaranlagen). Eine Besonderheit stellen **Solarturmkraftwerke** dar, bei denen die eingehende Strahlung über Parabolspiegel auf einen mit Flüssigkeit gefüllten Turm fokussiert wird und über Turbinen und Generatoren elektrische Energie generiert.

Bei der **solararchitektonischen Bauweise** wird die natürliche Sonneneinstrahlung auf Gebäude zur Generierung von Wärme genutzt, so z. B. durch die Anlage großflächiger Glasfassaden und innenliegender Wärmespeichermauern (Nutzung des Treibhauseffekts).

Windenergetische Anlagen: In **Windenergieanlagen** an windexponierten Lagen (z. B. Offshore-Windparks in Küstenbereichen und Mittelgebirgskämmen) wird Windenergie mithilfe von Rotoren zunächst in Bewegungs-, dann mit Generatoren in elektrische Energie umgewandelt. In **Aufwind-** oder **Thermikkraftwerken** wird Luft in riesigen treibhausähnlichen Gebäuden am Boden erwärmt, dann durch thermischen Aufstieg in mehreren Hundert Meter hohen Hohltürmen nach oben geleitet, wo durch den Luftmassenstrom betriebene Windturbinen elektrische Energie erzeugen.

Verwendungsbereiche regenerativer Energien aus der Geothermie

Oberflächennahe **Geothermieanlagen** werden zur Wärmeerzeugung in privaten Haushalten genutzt. Sie bestehen aus in einige Zehner von Metern abgetäuften, mit Wasser durchflossenen Rohrleitungen, an denen nach dem Prinzip des Wärmetausches in Wärmepumpen Heizenergie generiert wird. In **Geothermiekraftwerken** werden entweder tiefliegende, geothermisch wärmere Grundwasserschichten angezapft oder über ein Tiefbohrungsrohrsytem eingepumptes Wasser an heißen Gesteinsschichten zur „Energieerzeugung" erhitzt. Geothermische Energieanlagen finden sich hauptsächlich in aktiv vulkanischen oder postvulkanischen Gebieten.

Verwendungsbereiche regenerativer Energien aus der Erdrotation (hier: Gezeitenkraftwerk)

In Küstenbereichen, an denen eine breit auslaufende Flussmündung auf einen starken Tidenhub trifft, kann die gezeitenbedingt wechselnde Wasserströmung genutzt werden, um mit in einem Absperrdamm eingelassenen Turbinen und Generatoren elektrische Energie zu erzeugen. Das bekannteste Gezeitenkraftwerk befindet sich bei St. Malo in der Bretagne.

Zur Bedeutung der Wasserkraft als erneuerbare Energieressource siehe das Kapitel *Wasser als Produktionsfaktor* (S. 110 ff.)

Status quo, zukünftige Prognosen und Umweltbelastung

Erneuerbare Energien werden die Kernenergie und die Energiebereitstellung aus fossilen Trägern zukünftig ersetzen, weil diese traditionellen Energieträger letztlich nur in begrenztem Umfang vorhanden und ökologisch riskant bzw. belastend sind. Bezüglich einer **nationalen und globalen Energieversorgung** spielen die derzeit verfügbaren regenerativen Energien jedoch noch eine untergeordnete Rolle, solange die mit einer höheren Energieausbeute versehenen fossilen Brennstoffe vorhanden sind. Allerdings nimmt die Bereitstellung von Energie aus regenerativen Quellen in Ländern wie Deutschland, Spanien, den USA und China rasant zu. Die Technologien des künftigen **Energietransports** und der **Energiespeicherung** werden jedoch noch andauernden zukünftigen Entwicklungsbedarf haben. Eine besondere Bedeutung hierbei wird der Umwandlung von Energie aus regenerativen Quellen in die Produktion von **Wasserstoff** zukommen. Dieser kann im Rahmen einer solaren Wasserstoffwirtschaft durch Elektrolyse erzeugt, gespeichert und transportiert werden. Einer mitunter stattfindenden „Wasserstoffbegeisterung" muss allerdings entgegengehalten werden, dass bei der Elektrolyse derzeit nur etwa 70 bis 80 % der für diesen chemischen Prozess erforderlichen Energie als Wasserstoff gespeichert werden kann, außerdem in Brennstoffzellen der derzeitige technische Wirkungsgrad nur etwa 20 bis 30 % beträgt.

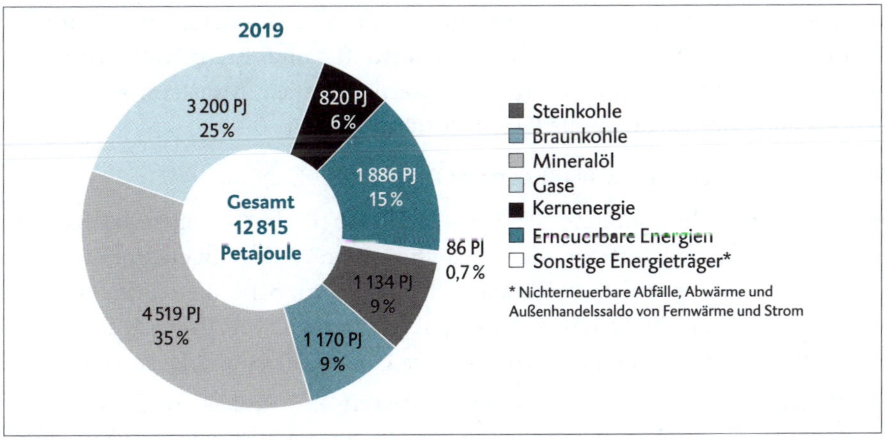

M 126: Primärenergieverbrauch in Deutschland 2019

Auch bei aller Euphorie zugunsten der erneuerbaren Energien dürfen die mit diesen verbundenen Umweltbelastungen nicht außer Acht gelassen werden:

Technik	Potenzielle Umweltbelastungen
Photovoltaikplatten	energieaufwendige Produktion, Verwendung von Schwermetallen
thermische Solarkollektoren	hoher Verbrauch an Aluminium (Herstellung mit hohem Energieaufwand) und Kupfer
Talsperren	hoher Landschaftsverbrauch, hoher Energieeinsatz beim Bau
Laufwasserkraftwerke	starke Eingriffe in das Abflussverhalten, Veränderung bzw. Zerstörung der Biotop-Strukturen
Windparks	Licht-Schatten-Störungen durch den Rotorlauf, Störung der Tierwelt
Verbrennung von Biomasse	Feinstaubentwicklung, Emission von Stickoxiden und Schwefeldioxiden
Biodiesel aus Palmöl	Gefahr der Rodung von Waldflächen zur Gewinnung von Palmplantagenflächen, Zerstörung von CO_2-Senken, bodenbelastende Auswirkungen von monokulturellem Anbau

M 127: Beispiele erneuerbarer Energien und ökologische Belastungen

4.3 Nachwachsende Rohstoffe

Nachwachsende Rohstoffe sind vorwiegend pflanzliche Stoffe aus Land- und Forstwirtschaft sowie biologische Abfallstoffe. Ihre Bedeutung nimmt heute vorwiegend auf den Gebieten der Kraft- und Brennstoffherstellung sowie der Produktion von natürlichen Fasern, Textilien, Kunststoffen, technischen Ölen und als chemische Grundstoffe zu.

Wichtige **Vertreter nachwachsender Rohstoffe** sind:

- **Holz:** stoffliche Nutzung als Bau- und Möbelholz (Schnittholz, Balkenholz), als Grundstoff für die Herstellung von Verbundwerkstoffen (Verbundplatten, Spanplatten, Kunststoff-Holz-Composite-Baustoffe) und als Grundstoff für die Papier- und Zellstoffindustrie; energetische Nutzung als Brennstoff z. B. in Form von Holzscheiten, Holzpellets und Hackschnitzeln;
- **Pflanzenöle:** in der **chemischen Industrie** z. B. Kokos- und Palmöl als Rohstoff für die Herstellung von Tensiden für die Reinigungsmittel-, Kosmetik- und pharmazeutische Produktion, verschiedene Pflanzenöle als Bindemittel für Farblacke und Druckfarben, als Weichmacher in der Kunststoffherstellung, als Kautschuk-Additiv und als Schmierstoff in Motor- und Hydraulikölen, zur Herstellung von **Biokraftstoffen** (Biodiesel, Pflanzenölkraftstoffe) aus Zuckerrohr, Mais, Raps, Palm- und Sojaöl. In der **Nah-**

rungsmittelproduktion spielen Pflanzenöle traditionell eine enorm wichtige Rolle als Speiseöle.

- **Naturfasern:** Zu den wichtigsten Naturfasern zählen aus den subtropischen und gemäßigten Klimabereichen Baumwolle, Wolle, Flachs und Nutzhanf sowie die tropischen Fasern Kokos, Sisal, Kenaf, Kopra, Abaca und Jute. Sie werden zur Herstellung von Garnen, Kleidung und Textilien, Verbundwerkstoffen (z. B. naturfaserverstärkte Kunststoffe), Spezialpapieren, Dämmstoffen und Seilen verwendet.
- **Stärke und Zucker:** Die außerhalb der Nahrungsmittelproduktion erzeugte **technische Stärke** findet als Grundstoff bei der Papierherstellung, der Produktion von Biokunststoffen, Reinigungsmitteln, Kosmetika und Pharmaka Verwendung. **Zucker** wird zudem für die Herstellung des **Kraftstoffes Bioethanol** verwendet.
- **Nachwachsende Rohstoffe tierischen Ursprungs** sind Leder, Felle, Wolle, Horn, Bienenwachs, Guano, Knochen (Leimherstellung), Talg u. a.

Übungsaufgaben: Substitution von Rohstoffen

'gabe 46 Erläutern Sie ökologische Chancen und wirtschaftliche Risiken des Altpapier-Recyclings. Beziehen Sie die beiden folgenden Materialien in Ihre Ausführungen ein.

Trotz Krise: Altpapier getrennt erfassen und stofflich nutzen

Die Spitzenverbände der deutschen Papierindustrie und der Entsorgungswirtschaft halten trotz der rückläufigen Nachfrage nach Altpapier weiter an der Getrennterfassung und der stofflichen Nutzung von Altpapier fest. Die Finanz- und Wirtschaftskrise der vergangenen Jahre hat heute noch erhebliche Auswirkungen auf die Papierindustrie in Deutschland. Die Entwicklung auf den Märkten für Papier, Karton und Pappe ist von einer stark rückläufigen Nachfrage auf dem deutschen, den europäischen und den Weltmärkten gekennzeichnet. Längere Stillstandzeiten bei zahlreichen Papierfabriken und eine damit verbundene abnehmende Nachfrage nach Altpapier sind die Folge. Die Geschwindigkeit der Marktveränderung ist ohne Beispiel und war für alle Beteiligten der Wertschöpfungskette nicht vorhersehbar. Die Entwicklung auf den Papiermärkten hat zu einem drastischen Wertverlust für den Sekundärrohstoff Altpapier geführt. Dies darf nicht zu einer Gefährdung der insgesamt positiven politischen Rahmenbedingungen zum Papierrecycling und der Wertschöpfungskette führen. Die Mitgliedsunternehmen sind sich dabei ihrer Verantwortung innerhalb der Wertschöpfungskette und bei der Kreislaufführung bewusst.

M 128: Altpapier in der Krise, www.eu-recycling.com, 24. 12. 2008

Jahr	2000	2005	2010	2015	2016	2017	2018	2019
Index	109,5	64,2	125,4	100,0	118,2	139,9	87,6	71,0

M 129: Index der Großhandelsverkaufspreise für gemischtes Altpapier in Deutschland (2015 = Index 100)

Aufgabe 47 Diskutieren Sie, ob der Kernenergie eine Brückenfunktion beim Übergang vom Kohlenstoff- zum alternativen Energiezeitalter zukommen kann.

Aufgabe 48 Erläutern Sie die allgemeine Entwicklung der Anbauflächen für nachwachsende Rohstoffe zwischen der Jahrtausendwende und 2013 und begründen Sie die mengenmäßige Verteilung der Anbauflächen innerhalb der gegebenen Rohstoffarten.

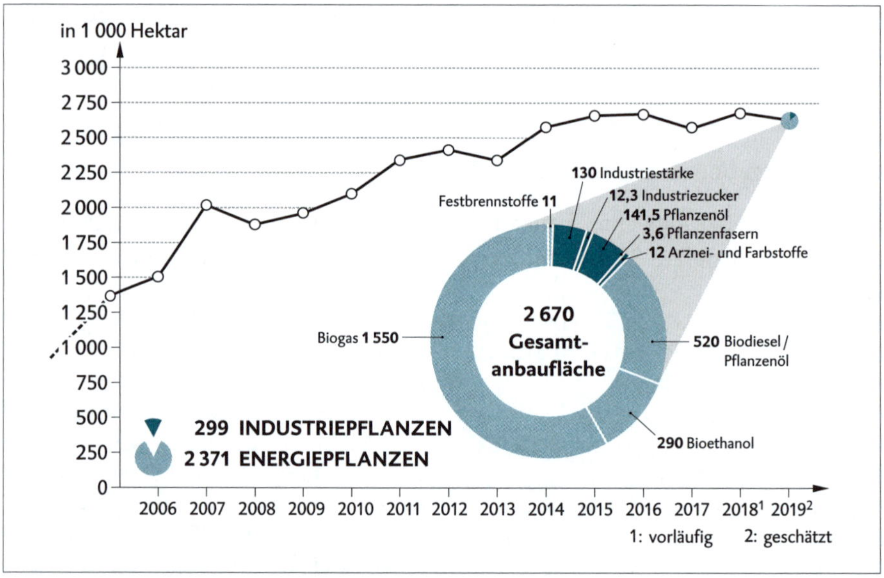

M 130: Anbau nachwachsender Rohstoffe in Deutschland

Umweltrisiken und menschliches Verhalten

In Expertenkreisen versteht man unter dem Begriff der **Naturgefahr** lediglich die Möglichkeit, dass bestimmte Naturereignisse auftreten können, z. B.:

- Hochwasser, Bergsturz, Mure oder Lawine im Alpenraum,
- Erdbeben, Vulkanismus und Tsunami an tektonischen Plattengrenzen,
- Überschwemmung oder Wirbelsturm im Zuge des Klimawandels.

Zunächst sind diese Gefahren ganz natürliche Abläufe in der Geosphäre. Sie werden erst dann zu einem **Umweltrisiko**, wenn sie den Menschen in seinen Nutzungsansprüchen bedrohen und somit direkte Einflüsse auf den Lebens- und Wirtschaftsraum des Menschen haben könnten. Das Problem dabei ist, dass diese Naturereignisse oft „Pausen" einlegen. Eine genaue Vorhersage, was wann und wo passieren könnte, ist schwierig und oft auch unmöglich. So wagt sich der Mensch mit seiner Nutzung in Gebiete vor, die für ihn potenziell gefährlich sind. Fügen dann die plötzlich eintretenden Naturereignisse dem Menschen und seinem Lebensraum verheerende und dauerhafte Schäden zu, so spricht man von einer **Naturkatastrophe**. Wenn hingegen der Mensch der Verursacher solcher Naturkatastrophen ist, spricht man von einer **Umweltkatastrophe**. Doch Natur- oder Umweltkatastrophen schädigen nicht nur den Menschen, sondern zerstören auch langfristig die Geoökosysteme.

1 Die Alpen zwischen Ökologie und Ökonomie

1.1 Das natürliche Potenzial der Alpen

Die Alpen sind Teil des **euroasiatischen alpinen Hochgebirgsgürtels**. Sie trennen den mitteleuropäischen vom südeuropäischen Siedlungsraum und bedecken große Teile Österreichs, Liechtensteins und der Schweiz sowie Teilbereiche Frankreichs, Italiens, Deutschlands und Sloweniens. Die Alpen erstrecken sich in west-östlicher Richtung über eine Länge von ca. 1 000 km. Ihre höchsten Erhebungen befinden sich in den Westalpen (Mont Blanc 4 807 m), wo das Gebirge mit 150 km Breite recht schmal ist. In den niedrigeren Ostalpen erreichen sie an dem durch den Brenner laufenden Meridian mit ca. 400 km die größte Breite. Das Aussehen der Alpen ist wegen der stark ausgeprägten **Reliefunterschiede** durch eine große Vielfalt von dicht nebeneinanderliegenden Landschaftstypen geprägt.

Oberflächenformen

Das Nord-Süd-Profil durch die Alpen zeigt einen charakteristischen Aufbau:

- Die **Nördlichen Voralpen** sind durch ihren Aufbau aus Flysch (Sandstein, Mergel) durch sanftere Formen mit Mittelgebirgscharakter charakterisiert.
- Die **Nördlichen und Südlichen Kalkalpen** (Kalke, Dolomite) zeigen hingegen eine schroffe Formenwelt.
- Die **Zentralalpen** (metamorphe Gesteine, Gneise, Granite) mit massiven Gebirgsstöcken bilden die höchsten Erhebungen der Alpen.

Der Naturraum der Alpen ist weitgehend durch die **endogene Gebirgsfaltung** bestimmt. Im Tertiär (vor 66–1,5 Mio. Jahren) wurde infolge der Kontinentaldrift der Afrikanischen Platte der kristalline Untergrund der Europäischen Platte zusammen mit den darüberliegenden Sedimenten des Tethysmeeres in mehreren Schüben gehoben, in Falten gelegt und übereinandergeschoben. So entstanden lange west-ost-gerichtete Gebirgsketten mit dazwischenliegenden Längstälern.

Doch die Alpen wären heute einige Tausend Meter höher, wenn nicht **exogene Kräfte** dagegengewirkt hätten. Während der Eiszeiten im Pleistozän (vor 1,5 Mio.–10 000 Jahren) überformten riesige **Gletscherströme** die Alpen. Diese schürften steile **Trogtäler** aus, überflossen niedrige Pässe und schoben immense Gesteinsmassen in das Alpenvorland. Am Nord- und Südrand der Alpen schufen sie **Alpenrandseen**, die sich in den von den Gletschern ausgeräumten Zungenbecken bildeten. Oberhalb der Gletscher entstanden durch Frostsprengung bizarre Felsen und Frostschutthalden.

Auch heute noch zerkleinert **physikalische Verwitterung durch Temperaturgegensätze und Frostsprengung** das anstehende Gestein, aber auch **Wind, Wasser, Schnee und Eis** schürfen die Oberfläche der Alpen ständig ab. Aufgrund der Schwerkraft wird das verwitterte Material durch Massenbewegungen wie Fels- und Bergstürze, Hangrutschungen und Muren hangabwärts ins Tal abgetragen. Doch primär sind es heute **erodierende Bergbäche**, die sich tief in die Hänge eingraben, das Gesteinsmaterial ins Tal transportieren und dort Schwemmkegel aufschütten.

Klima

Das Klima der Alpen wird durch das **Relief** bestimmt. Die Temperaturen nehmen mit der Höhe ab, die Niederschläge dagegen meist zu. Im gesamten Alpenraum sind die **Niederschlagsmengen** insgesamt sehr hoch, aber auch sehr ungleich verteilt. Atlantische, feuchte Meeresluft bringt v. a. den Westalpen hohe Niederschläge – teilweise 4 000 mm im Jahr. In den Ostalpen hingegen lassen der Einfluss der Westwinde und somit die Niederschläge nach. Nord- und Südwinde bringen den Tälern auf der Luvseite der Gebirge infolge von **Steigungsregen** ergiebige Niederschläge, auf der Leeseite hingegen mit dem **Föhn-Effekt** warme, trockene Fallwinde. Die inneralpinen Täler sind hingegen aufgrund ihrer Abschirmung relativ trocken und warm. So schwanken die Niederschläge von unter 500 mm im Jahr in den inneralpinen Tälern bis über 3 000 mm an den nördlichen Staulagen. Die Niederschläge bewirken im Winter eine mächtige Schneedecke und aufgrund der geringen Temperaturen eine **lange Schneebedeckung**. Somit sind die Alpen und ihre Gletscher ein großer Wasserspeicher, der die Winterniederschläge im Frühjahr und Sommer als Schmelzwasser wieder abgibt. Auch einige der großen Ströme Europas haben ihre Quellen in den Alpen, z. B. Rhein, Rhône und Po.

Der Alpenkamm bildet eine Klimagrenze zwischen Mittelbreiten und Subtropen. Entsprechend liegen die Klima- und Vegetationsstufen kollin, montan, subalpin, alpin und nival auf der Alpennord- und -südseite auf unterschiedlicher Höhe: Auf der Nordseite der Alpen ist die Schneegrenze bei etwa 2 400 m, die Waldgrenze bei etwa 1 900 m; auf der Südseite liegen beide Grenzen ca. 500–800 m höher.

Zudem führt das Relief zu einer starken Differenzierung des Mikroklimas. So sind die Sonneneinstrahlung und damit die Wärmeunterschiede zwischen Nord- und Südhang in den Alpentälern besonders groß. Hangneigung, Gesteinsuntergrund und Schneebedeckung differenzieren diese noch weiter.

Flora

In den Alpen haben sich durch die klimatisch beeinflussten Wachstumsbedingungen unterschiedliche **Höhenstufen der Vegetation** ausgebildet (M 131). Doch auch hier hat der Mensch in die natürliche Vegetation stark eingegriffen. Durch Rodungen oder Umwandlung in Almweiden lichteten sich im Laufe der Jahrhunderte die Bergwälder der Alpen immer mehr. Und die Mischwälder der Talsohlen und -ränder wurden durch Äcker oder Mähwiesen ersetzt.

Trotzdem konnte sich in den Alpen eine einmalige und **artenreiche Flora** entwickeln, denn die Lebensbedingungen für Pflanzen verändern sich von Höhenmeter zu Höhenmeter und von Tal zu Tal. So weist der Alpenraum mit rund 5 000 verschiedenen Blütenpflanzen fast die Hälfte der in Europa vorkommenden Pflanzenarten auf. Doch je höher man kommt, desto unwirtlicher wird es, desto spezialisierter und empfindlicher werden die Lebensgemeinschaften. Aufgrund dieser teilweise extremen Lebensbedingungen **reagieren** die Pflanzen **auf Eingriffe und Störungen sehr empfindlich**.

Stufe	Merkmale/ Oberfläche		Natürliche Vegetation	Temp. im Jahresmittel (°C)	Vegetationszeit (Tage)
Eis- und Schneestufe (nivale Stufe)	• Felsgipfel • Frostschutt • Gletscher • kaum Pflanzenwachstum		• in der Höhe vegetationsfrei • einzelne Blütenpflanzen • Flechten und Moose	unter –5 °C	kurz, schwankend
		Schneegrenze			
Fels- und Rasenstufe (alpine Stufe)	• Gipfel über Plateaus • Kare und Moränenwälle • Zwergwuchs durch UV-Strahlung • extreme Gegensätze (Tag–Nacht, Sonnen-/Schattenlagen)	2 400/3 200 m	• inselhafte Blütenpflanzen, z. B. Edelweiß • Polsterpflanzen, z. B. Hauswurz • alpine Rasen (Matten) • Zwergsträucher, z. B. Alpenrosen	–5 °C bis –2 °C (Kleinklima ist entscheidend)	unter 100
		Wald- und Baumgrenze			
Nadelwaldstufe (subalpine Stufe)	• Talflanken • Lössbedeckung	1 900/2 400 m	• Latschen und Zwergsträucher • Lärchen und Zirben • Fichtenwald		
Mischwaldstufe (montane Stufe)	• Schwemm- und Sturzkegel • Hangschuttmassen	1 300/1 800 m	• Bergmischwald mit Buchen und Tannen		
		Grenze des Weinbaus			
Laubwaldstufe (colline Stufe)	• Täler • Talschotter	500/1 000 m	• Laub-Kiefer-Mischwald • im Süden mediterrane Baumarten	8 °C bis 12 °C	über 250

M 131: Höhenstufen der Alpen

1.2 Die natürlichen Risikofaktoren in den Alpen

Die Berge haben es in sich: Ihre Schönheit fasziniert uns – gleichzeitig sind sie unberechenbar und gefährlich. Verantwortlich für die hohe Dynamik in den Bergen sind in erster Linie natürliche Prozesse. Denn die Alpen sind ein relativ junges Gebirge, das ständiger Veränderung unterworfen ist. Unmerklich bewegt sich das Gestein, Spannungen bauen sich auf, Spalten und Klüfte entstehen. Plötzlich kommen ganze Hänge ins Rutschen, Muren und Lawinen zerstören Straßen und Häuser, und bei Gewitterregen verwandeln sich beschauliche Bergbäche innerhalb weniger Minuten in reißende Wildbäche. Diese **hohe Dynamik** steht in Verbindung mit einer außerordentlichen Vielfalt **der geologischen und klimatischen Verhältnisse**. In den Alpen treten extreme Temperaturgegensätze auf, und die Niederschläge zeigen eine hohe zeitliche wie regionale Variabilität. Deshalb stellen allein die in der Natur ablaufenden Prozesse wie reliefbedingte **Massenbewegungen** und **fluviatile Erosion natürliche Risikofaktoren** dar:

- **Steinschlag, Fels- und Bergsturz:** Dieser plötzliche Absturz von Steinen, Felsblöcken oder von umfangreichen Gesteinsmassen an steilen Berghängen entsteht meist durch das Auftauen des Permafrosts durch die Temperaturgegensätze von Tag und Nacht oder im Jahresverlauf. Beim Absturz können sie weiteres Lockermaterial mitreißen und Steinlawinen auslösen. Im Auslaufbereich bilden sie Sturzhalden oder -kegel, können aber auch im Tal bis zu gegenüberliegenden Hängen branden.
- **Bergrutsch und Mure:** Diese entstehen meist dadurch, dass die Pflanzendecke aus Gras und Bäumen zerstört wird. Schmelzwasser des Schnees oder Gewitterregen durchnässen an den aufgerissenen Stellen die Berghänge und durchweichen den ungeschützten Boden. Der durchfeuchtete Boden kann sich an den steilen Hängen nicht mehr halten und rutscht dann ganz plötzlich als Brei aus Wasser, Erdreich und Gestein auf der darunterliegenden Gesteinsschicht ins Tal. Manchmal verursachen Bergrutsche und Muren im Tal große Katastrophen, indem sie Häuser oder Straßen unter ihrer Fracht aus Schlamm und Steinen begraben oder mit sich mitreißen.
- **Lawinen:** Staublawinen entstehen, wenn in kurzer Zeit viel Schnee auf alte, feste Schneeschichten fällt. Durch das Setzen der Schneedecke entstehen hohe Zug-, Druck- und Scherspannungen. Schon bei der geringsten Berührung oder sogar bei Lärm in der Umgebung gleitet der Neuschnee auf dem alten Schnee ab. Schwere Zerstörungen verursachen die enorme Geschwindigkeit (bis zu 300 km/Stunde) und der Druck der Lawine. Festschnee-

oder Grundlawinen entstehen bei Tauwetter, wenn der nasse und schwere Schnee auf dem Untergrund abrutscht.

- **Wildbäche und Hochwasser:** Wenn es in den Alpen ergiebig regnet, können Bergwald und Boden nur einen Teil der Regenmenge speichern. Deshalb schwellen die Bergbäche zu unberechenbaren Wildbächen an und reißen mit der Wucht der immensen Wassermassen Steine, Erde und Bäume mit sich ins Tal. Die Flüsse in den Tälern müssen dann 300-mal so viel Wasser aufnehmen wie normal. Sie treten über die Ufer und ihr Hochwasser gefährdet die Siedlungen und Infrastruktur in den Tälern. Häuser werden überschwemmt, mitgeführter Schlamm, Steine und Baumstämme werden in Dörfern, auf Straßen und Feldern des Talbodens verteilt.

Diese Ereignisse sind natürlicher Bestandteil des alpinen Lebensraumes. Auf vielen alpinen Standorten bildet der **Bergwald** einen natürlichen Schutz. Er speichert das Regenwasser, verringert den Abfluss und verhindert Erosion und Hochwasser. Er hält den Boden fest, verhindert Erdrutsch und Muren, bremst Bergstürze und Lawinen. Doch wo er geschädigt ist, kann er seine **Schutzfunktion** nicht mehr erfüllen.

1.3 Gefährdung durch anthropogene Einflüsse

Menschen, Pflanzen und Tiere haben über die Jahrtausende gelernt, sich an die natürlichen Risikofaktoren anzupassen. Dies änderte sich jedoch seit dem 18. Jh., als der Mensch die Berge zunehmend als Lebensraum entdeckte und die Nutzung der natürlichen Ressourcen der Berge erheblich steigerte:

- Der **Bergbau** zum Abbau von Metallen wurde vorangetrieben.
- Holz erlangte nicht nur als Brennstoff, sondern auch als Rohstoff für die **Holzindustrie**, welche mithilfe der Wasserkraft in Sägewerken Nutzholz und Möbel herstellte, wichtige Bedeutung. Schon im Mittelalter war etwa ein Drittel der ursprünglichen Waldfläche verschwunden.
- Die zunehmende Kultivierung der Talbereiche für **Ackerbau und Grünlandwirtschaft** bewirkte, dass die alpine Mattenregion sowie die Bergwälder immer mehr zu Weiden für die **Almwirtschaft** umgewandelt wurden.

Doch heutzutage werden die Alpen sowohl im Sommer als auch im Winter von Mio. Menschen als Tourismusraum genutzt. Und kein anderes Gebirge ist derzeit von einem so dichten Verkehrsnetz durchzogen. Denn infolge des gestiegenen Erholungsbedarfs, der zunehmenden Mobilität und der internationalen wirtschaftlichen Verflechtungen übernimmt der Alpenraum in der Mitte Europas die wichtige Funktion als **Fremdenverkehrs- und Transitraum**.

Das birgt allerdings auch die Gefahr, dass die Grenzen der ökologischen Belastbarkeit überschritten werden, besonders da das Ökosystem der Alpen sehr empfindlich auf anthropogene Eingriffe reagiert.

Aber auch der **Klimawandel** gibt Anlass zur Sorge. Auf der Alpennordseite sind im 20. Jh. die durchschnittlichen Temperaturen doppelt so stark gestiegen (1,1 °C) wie im Mittelwert der Erde (0,6 °C). Auch hat es in den Alpen im Winter deutlich mehr Niederschlag gegeben. Doch gerade bei empfindlichen Ökosystemen wie den Alpen können schon kleine Veränderungen zu nachhaltigen Auswirkungen führen. Forscher rechnen damit,

- dass in den Alpen vermehrt extreme Wetterereignisse wie Orkane, Föhnstürme, sehr starke Niederschläge und Hagelschlag auftreten werden,
- dass Naturgefahren wie Bergstürze, Rutschungen, Muren und Lawinen durch die erhöhten Niederschläge, aber auch durch den Rückgang des Permafrosts zunehmen werden,
- dass die Gletscher und damit der Frischwasserspeicher in den Alpen zurückgehen werden.

1.4 Fallbeispiel Fremdenverkehr im Alpenraum

Die Alpen galten über Jahrzehnte als **strukturschwache Region**. Mit dem Alpinismus und dem Bau von Heilbädern wurde in Orten wie Chamonix oder St. Moritz bereits Mitte des 19. Jh. der Grundstein für den Tourismus in den Alpen gelegt. Wohlhabende Gäste der Aristokratie und des Großbürgertums verbrachten dort ihren Kururlaub oder die „Sommerfrische". Aber erst nach dem 2. Weltkrieg erfuhren die Alpen eine umfassende **Inwertsetzung als Fremdenverkehrsraum**. Kürzere Arbeitszeiten, höhere Mobilität, v. a. aber gestiegenes Einkommen erlaubten nun auch breiten Bevölkerungsschichten einen Urlaub in den Alpen. 1955 sorgte zuerst der **Sommertourismus**, zehn Jahre später der **Wintertourismus** für zweistellige Wachstumsraten im Jahr. Für das Erholungsbedürfnis und die Sportaktivitäten der modernen und mobilen **Freizeitgesellschaft** boten die Alpen optimale natürliche Voraussetzungen, z. B.:

- schnelle Anreise durch die räumliche Nähe zu bevölkerungsreichen Ballungszentren aufgrund ihrer zentralen Lage in Europa,

- vielgestaltetes Relief und abwechslungsreichen Landschaftscharakter durch die verschiedenen Höhenstufen der Vegetation zum Wandern, Bergsteigen, Mountainbiken, Paragleiten und Drachenfliegen,
- Bergbäche und Seen zum Baden, Kanufahren, Canyoning und Rafting,
- winterliche Schneesicherheit, lange Kälteperioden und hohe Niederschläge in den Höhenlagen zum Skifahren und Snowboarden,
- aber auch ein gesundheitsförderndes Heilklima durch Thermalquellen, hohe UV-Strahlung, Ozonreichtum und Luftreinheit.

Heute sind mit einem Umsatz von 45 Mrd. €, mit 60 Mio. Tagestouristen und 80 Mio. Übernachtungsgästen und einer Kapazität von fünf Mio. Betten die Alpen eine **der größten Tourismusregionen der Welt**. Für die Einheimischen bedeutete diese Entwicklung **eine Chance zur Verbesserung ihrer wirtschaftlichen Situation**:

- neue Einkommensmöglichkeiten neben oder anstatt der unrentablen Landwirtschaft und dadurch höherer Lebensstandard,
- ein differenziertes Arbeitsplatzangebot direkt im Tourismussektor, aber auch indirekt etwa bei Zuliefer-, Versorgungs-, Wartungs- und Baufirmen,
- Steuereinnahmen für die Gemeinden und somit verbesserte Infrastruktur.

Mit der Entwicklung des Tourismus wurde der Alpenraum in weiten Teilen stark überprägt. Doch durch die immer stärkere **Nutzung und Besiedlung der alpinen Tal- und Bergregionen** durch den Menschen können aus den natürlichen Risikofaktoren **Umweltschäden**, ja sogar Naturkatastrophen werden, die enorme **wirtschaftliche**, aber auch **personelle Schäden** bewirken. Denn das Ökosystem Alpen reagiert wie alle Hochgebirgsräume besonders empfindlich auf Eingriffe.

Um den Ansprüchen der Touristen gerecht zu werden und eine dem Massentourismus gerechte Infrastruktur zu schaffen, musste jedoch in Landschaft und Naturhaushalt eingegriffen werden.

Ausbau der Verkehrsinfrastruktur

Um Zu- und Abfahrt zu den Fremdenverkehrsorten zu erleichtern bzw. das immense Verkehrsaufkommen zu bewältigen, wurden mit großem finanziellen und technischen Aufwand leistungsfähige **Verkehrsanbindungen** an die alpennahen Regionen, aufwendige Passstraßen, Brücken und Tunnel im Hochgebirge gebaut. Diese zerschneiden die Landschaft und destabilisieren die Berghänge in schon gefährdeten Gebieten. Da sich der Verkehr auf wenige

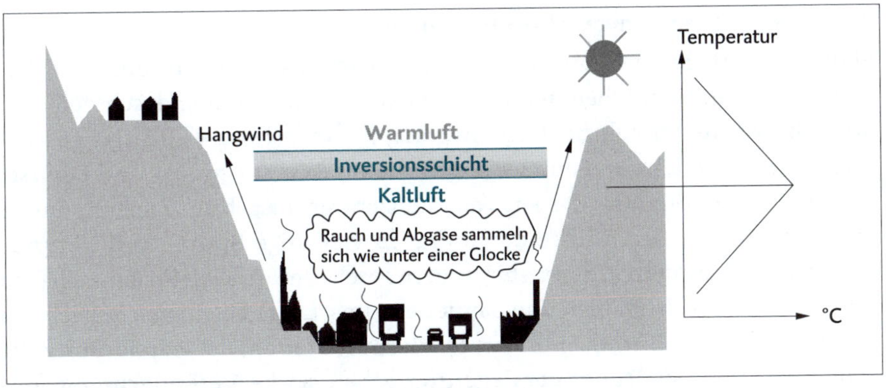

M 132: Ausbreitung von Luftschadstoffen bei Inversionswetterlagen

Täler und Pässe als Leitlinien konzentriert, leiden deren Anwohner unter dem starken **Lärm**, der sich in den Alpen aufgrund der engen Täler und der ungehinderten Ausbreitung der Schallwellen in der Höhe stark konzentriert.

Zudem verstärkt der touristische Verkehr neben dem inneralpinen Eigenverkehr und dem Transitverkehr die **Luftschadstoffemissionen**. Abgasausstoß und -konzentration sind aufgrund der großen **Steigungen**, der **Staus** der Tagesurlauber und des Urlauberwechsels an den Wochenenden sowie der häufigen **Inversionswetterlagen** in den Alpen höher als anderswo.

Gesundheitsgefährdung der Bewohner und erhebliche **Waldschäden** sind die Folge. Aber auch die Straßenabwässer v. a. durch winterliche Salzstreuung schädigen Flora und Fauna und belasten Boden und Grundwasser. Zudem führt die Anlage von Parkplätzen in den Bergdörfern zur Versiegelung von Flächen.

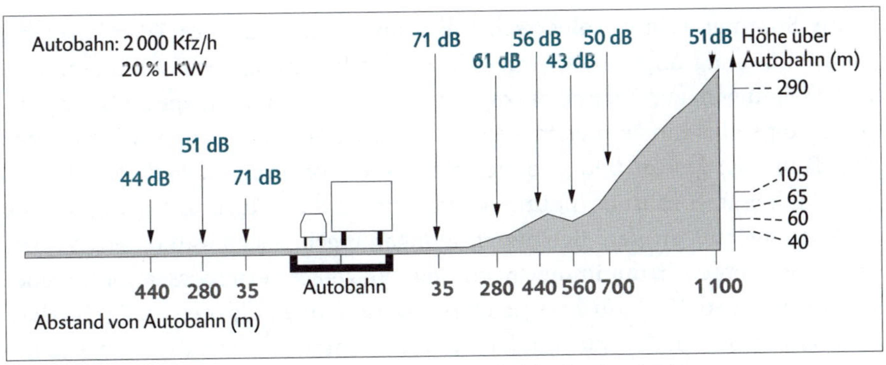

M 133: Unterschiedliche Ausbreitung einer Schallwelle im Flachland und im Gebirge

Aufbau einer Fremdenverkehrsinfrastruktur

Ehemals ländliche Siedlungen und kleine Bergdörfer wurden, um dem Ansturm und den Wünschen der Touristen gerecht zu werden, durch den **Bau von Unterkünften** jeglicher Preiskategorie, die Ansiedlung vielfältiger **gastronomischer Betriebe** und durch ein umfassendes **Versorgungs- und Dienstleistungsangebot** zu modernen Touristenzentren ausgebaut. Zudem wurden entsprechend der Bedürfnisse der Touristen vielfältige **Sport- und Vergnügungseinrichtungen** in den Gebirgstälern geschaffen. Alle Maßnahmen haben ein Ziel: die Besucherzahlen und damit den Umsatz der beteiligten Betriebe zu steigern. Aber mit diesem enormen **Flächenverbrauch**, der **Zersiedlung** der Landschaft und der **Bodenversiegelung** gehen starke **Veränderungen der hydrologischen Verhältnisse** in den Talräumen einher, was sich besonders bei Hochwasser bemerkbar macht.

Zudem ergeben sich Probleme bei der Entsorgung des übermäßigen **Müll- und Abwasser**aufkommens. Die Bautätigkeit macht aber auch nicht vor durch **Erosion und Massenbewegungen gefährdeten Gebieten** halt. Trotz technischer Schutzmaßnahmen wie Wildbach- und Lawinenverbauung kommt es vermehrt zu Katastrophen, denn ein hundertprozentiger Schutz ist nicht möglich.

Erschließung der Bergregionen

Sportliche Aktivitäten im Gebirge erforderten auch den Ausbau der Bergwelt. Rund 13 000 **Seilbahnen** erschließen für die Bergsteiger, Wanderer und Skifahrer die nivalen und alpinen Stufen der Alpen – Höhen, wo schon kleine Störungen zu nachhaltigen Schäden führen können. Bei dem Ansturm von Tausenden von Touristen im Jahr bereitet in solcher Höhe die Entsorgung von Müll und Abwasser große Probleme.

Im Sommer führen selbst scheinbar umweltfreundliches Wandern oder Mountainbiking aufgrund der erheblichen Trittbelastung, insbesondere an großen Steigungen, zur Zerstörung der Vegetation und in der Folge zu Bodenauswaschungen bis hin zu metertiefen Erosionsrinnen. Wildtiere werden oft von den Touristen gestört und in entlegene Gebiete verdrängt. Die Konzentration des Wildbesatzes führt dort durch Wildverbiss zur Zerstörung des Jungwaldes.

Noch weitaus größere Beeinträchtigungen ergeben sich durch den Wintersport. So werden heute immer noch neue Skigebiete erschlossen, bestehende zu weitläufigen Großraumskigebieten zusammengeschlossen und schnellere Skilifte gebaut, um der wachsenden Zahl an Wintersportlern Rechnung zu tragen, aber auch, um aus dieser Entwicklung noch mehr Gewinn zu ziehen.

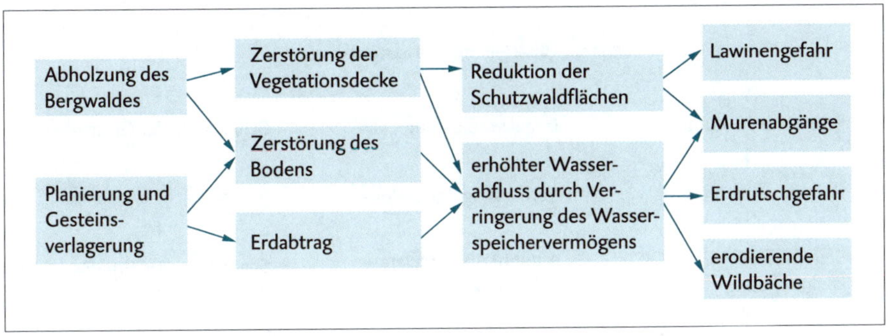

M 134: Auswirkungen des Pistenbaus

Für die ungefähr 3 440 km^2 **Skipisten** in den Alpen, die derzeit eine Länge von ca. 120 000 km aufweisen, mussten in den ökologisch labilen Bereichen der alpinen und subalpinen Stufe Schneisen in die Bergwälder geschlagen, in der nivalen Stufe Steine verfrachtet und Hänge planiert werden. Ungeschützt kann nun der Boden durch Regen und Schmelzwasser leicht erodiert werden. Ebenso können Bäume, die zuvor mitten im Wald gestanden haben, an den Pistenrändern leichter beschädigt werden, da sie nun weniger geschützt sind. Durch die Zerstörung der Bergwälder verlieren diese ihre Schutzfunktion, und es erhöht sich damit die Gefahr von Katastrophen.

Aber auch die **Präparierung und Nutzung der Pisten** führen zu starken Eingriffen. Das Wasserspeichervermögen des Bodens wird beeinträchtigt. Die Pflanzen können sich unter den Wachstumsbedingungen in dieser Höhe kaum regenerieren. Fehlende und schüttere Pflanzendecke sowie verdichteter Boden wiederum verstärken die Bodendurchfeuchtung sowie den Oberflächenabfluss. Und dieser gefährdet, besonders zu Zeiten der Schneeschmelze, die Täler durch reißende Wildbäche und Murenabgänge.

Hinzu kam ab etwa dem Jahr 2000 eine zunehmende Schneeunsicherheit. Deshalb wurden an den Pisten **Schneekanonen** installiert, um die Zeiten mit geschlossener Schneedecke zu verlängern. Skitourismus in Wintersportgebieten lohnt sich nämlich nur dann, wenn die Liftanlagen mindestens 100 Tage in der Saison genutzt werden. Der Einsatz von Schneekanonen wird jedoch kontrovers diskutiert. Einerseits schützt die **künstliche Beschneiung** durch die geschlossene Schneedecke die Vegetation vor Schäden durch Skikanten, andererseits verbrauchen die Schneekanonen enorm viel Wasser und Strom. Aufgrund verzögerten Auftauens der kompakten Schneedecke beginnt das Wachstum der Vegetation sehr spät. Zudem enthält Kunstschnee mehr Nährstoffe, was zur Veränderung der Pflanzengesellschaften führt.

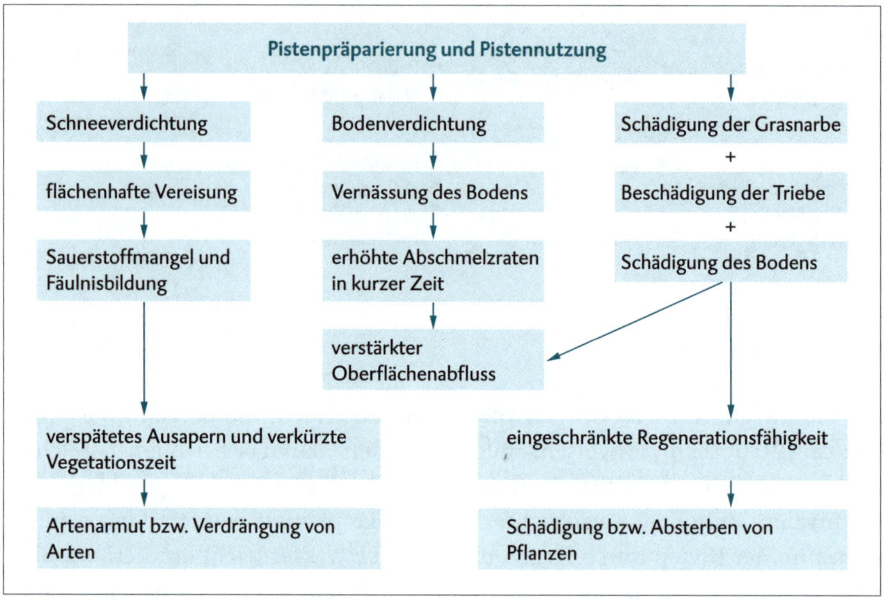

M 135: Mögliche Einflüsse des Wintersports auf Vegetation und Boden

Durch die höhere Schneegarantie sowie der Möglichkeit einer Verlängerung der Wintersaison bis in das Frühjahr weichen die Skiurlauber auch immer mehr in **Gletscherskigebiete** oder in **„Retorten-Orte" über 2 000 m** aus. Diese künstlichen Skistationen richten ihre Infrastruktur am Bedürfnis der Skitouristen nach Komfort aus, d. h. unmittelbare Nähe der Unterkünfte zu Pisten, aber auch optimale Pistenverhältnisse sowie Vernetzung der Liftanlagen durch die weiten, baumfreien Hochflächen der nivalen Stufe. Und um neue Zielgruppen anzusprechen, kommt es neuerdings immer mehr zum Ausbau der Hütten im Après-Ski-Angebot, und **medienwirksame Großveranstaltungen** wie Open-Air-Festivals locken immer mehr Besucher in die alpinen Hochregionen.

1.5 Maßnahmen zum Schutz der Bergwelt

Die Folgen des modernen Massentourismus führten bereits im Jahr 1952 zu der „Commission Internationale pour la Protection des Alpes" **(CIPRA)** – einem Zusammenschluss von Natur- und Landschaftsorganisationen der Alpenstaaten. Die CIPRA verfolgt eine Doppelstrategie: einerseits eine Entwicklung von unten mit Projekten, Initiativen und Netzwerken. So gibt es z. B. das Netzwerk alpiner Schutzgebiete (ALPARC), das mehr als 800 großflächige Schutzgebiete in den Alpen mit dem Ziel vereint, den Austausch von Kenntnissen, Erfahrungen und Methoden zwischen den Schutzgebieten zu fördern. Andererseits eine Entwicklung von oben. So wurde auf ihre Initiative 2008 die **Alpenkonvention** verfasst, ein völkerrechtlicher Vertrag zum Schutz des Alpenraums, der schon von acht Alpenstaaten ratifiziert wurde. Ziel dieses Vertrages ist, mithilfe einer ganzheitlichen Raumordnungspolitik und grenzüberschreitender Zusammenarbeit eine nachhaltige Entwicklung des Alpenraums zu fördern. Länderübergreifend sollen Umweltstandards festgelegt und harmonisiert werden. Der Konkretisierung der Ziele der Alpenkonvention dienen sogenannte Durchführungsprotokolle zu Natur- und Landschaftspflege, Raumplanung, nachhaltiger Entwicklung, Bergwald, Tourismus, Energie, Bodenschutz und Verkehr. Meist sind dies aber nur Empfehlungen wie „den möglichst landschaftsschonenden Bau und Unterhalt von Skipisten".

Weitaus konkreter versuchen **regionale Raumordnungspläne**, die ökologischen Belastungen des Alpenraums zu vermindern. Im Nationalpark Hohe Tauern wurde 1991 z. B. per Gesetz Energiewirtschaften und skitouristischen Großprojekten der Zugriff auf Gletscherregionen verwehrt. Seilbahnen dürfen hier alpine Landschaftsbilder nicht durchschneiden.

Seit 1970 wird der intensiven und technisierten Form des Massentourismus ein **„sanfter Tourismus"** entgegengestellt. Er basiert auf dem Prinzip der Nachhaltigkeit, wonach die ursprüngliche Kultur und Naturausstattung geschont und touristische Aktivitäten in umweltfreundlichen Formen ausgeübt werden sollen. Zentrale Punkte sind die Konzentration der technischen Erschließung auf Schwerpunkte, um Flächenverbrauch zu vermeiden und wertvolle Landschaften zu erhalten, sowie die Entwicklung von Tourismus nur an Standorten, die dafür natürlich geeignet sind und keine großen Bauvorhaben erfordern. Angesichts stetig wachsender Urlauberzahlen stößt dieses Konzept jedoch an seine Grenzen. Aber auch **auf lokaler Ebene** werden **landschaftsschonende Nutzungskonzepte** umgesetzt: Ausweisung von Schutzgebieten durch Absperrungen, Sperrung und Verlegung erosionsgefährdeter Skipisten, Einstellen des Skibetriebs bei zu geringen Schneehöhen, Eindämmung unerlaubter Tiefschneefahrten durch Strafen und Ausgabe von Informationsmaterial an Touristen mit Hinweisen auf umweltbewusstes Verhalten.

Zudem finden in vielen Gemeinden des Alpenraums **Renaturierungsmaßnahmen** wie Aufforstung zur Sicherung gefährdeter Hanglagen und künstliche Begrünung geschädigter Flächen statt. Diese technischen Maßnahmen sind aber überaus kostenaufwendig, die Erfolgsaussichten werden aufgrund der ungünstigen Naturbedingungen mit zunehmender Höhe jedoch geringer.

Ein weiteres Augenmerk liegt auf der **Verkehrspolitik**. Im Zuge der zunehmenden Verkehrsbelastung für Mensch und Umwelt versucht man auf überregionaler und lokaler Ebene die Verkehrsproblematik zu lösen:

- **Verkehrsberuhigende Maßnahmen:** Bau von Umgehungsstraßen, Tunnels und Lärmschutzwänden; Ausweisung von Fußgängerzonen; Errichtung von Sammelparkplätzen am Rand von Gemeinden oder am Taleingang;
- **Verringerung des Wochenendverkehrs:** Zimmerwechsel an allen Wochentagen, ermäßigte Angebote an Tagen unter der Woche;
- **technische Verbesserungen:** „Flüsterasphalt" bzw. geräuscharme Reifen, schadstoffarme Motoren;
- **Reduktion des Schwerlastverkehrs:** Kontingentierung; Limitierung des Höchstgewichts; Nachts- und Sonntagsfahrverbot, Schwerverkehrsabgaben, Verlagerung des Verkehrs auf die Schiene durch Förderung des Huckepack- bzw. Containerverkehrs;
- **Förderung des öffentlichen Anreise- und Nahverkehrs:** verstärkter Einsatz und eventuell kostenfreie Nutzung öffentlicher Verkehrsmittel; Abholservice oder Preisnachlässe bei der Anreise mit öffentlichen Verkehrsmitteln; Ausbau des Schienennetzes und Schienenverkehrs; Verkürzung der Anreisezeiten durch Hochgeschwindigkeitszüge mit Neigungstechnik bzw. den Ausbau von Eisenbahntraversalen/-tunneln.

Obwohl vielerorts die Maßnahmen zum Umsteigen auf öffentliche Verkehrsmittel bereits in die Tat umgesetzt wurden, entscheidet sich die überwiegende Mehrzahl der Besucher wegen der größeren Flexibilität und komfortableren Beförderung des Gepäcks für den Pkw.

Übungsaufgaben: Die Alpen zwischen Ökologie und Ökonomie

gabe 49 Legen Sie die geotektonischen, morphologischen und klimatischen Verhältnisse dar, welche den Alpenraum zu einer der größten Fremdenverkehrsregionen der Welt machen.

gabe 50 Erklären Sie das aus M 136 ersichtliche Verkehrsaufkommen im Zillertal und stellen Sie den durch dieses hohe Verkehrsaufkommen bedingten Umweltbelastungen mögliche Gegenmaßnahmen gegenüber.

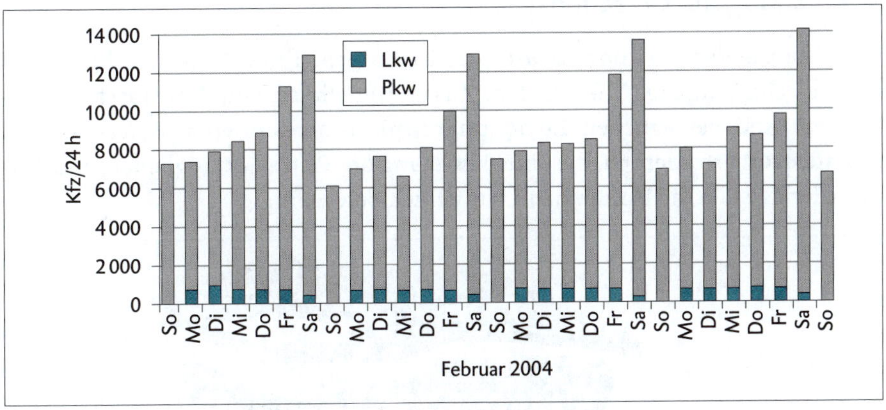

M 136: Zillertalstraße Monatsganglinie

fgabe 51 Erläutern Sie den Prozess von Murenabgängen als Ergebnis der natürlichen und anthropogenen Einflüsse.

2 Erdbeben, Vulkanismus, Tsunami

Der Mensch ist einer Vielzahl von **Naturrisiken** ausgesetzt. Viele von ihnen sind **exogen** bedingt, das heißt, ihre Ursachen oder Auslöser sind auf der Erdoberfläche zu finden. Dazu gehören Stürme, Überschwemmungen, Dürren, Hitzewellen, Bergstürze, Pandemien oder Heuschreckenplagen. Andere Naturrisiken sind **endogener Art**: Die auslösenden Faktoren liegen im Erdinneren. Dies gilt für Erdbeben, Vulkanausbrüche und Tsunamis.

2.1 Endogene Ursachen

Die Theorie der **Plattentektonik** erklärt Erdbeben und Vulkanausbrüche als tektonische Vorgänge, die aus dem Zusammenwirken von dynamischem Erdinneren und beweglichen **Lithosphärenplatten** resultieren. Einerseits sind **Strukturen** erforderlich, die eine Bewegung der Platten ermöglichen, andererseits **Kräfte**, die die Platten dann tatsächlich bewegen.

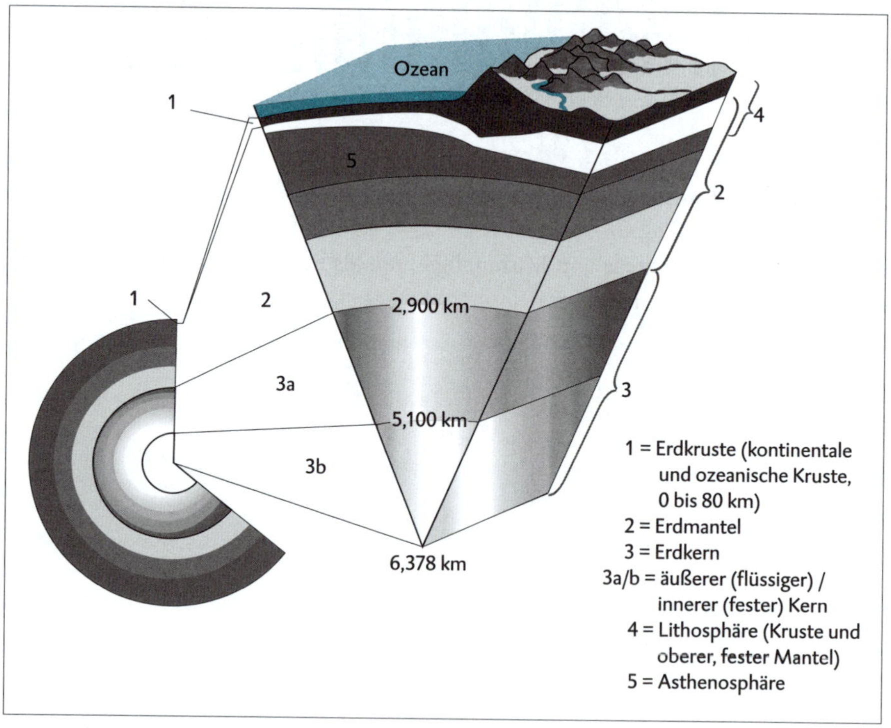

M 137: Schalenbau der Erde

Entscheidende strukturelle Voraussetzung für die Beweglichkeit der Lithosphärenplatten ist eine Eigenschaft der **Asthenosphäre** (griech.: a stenos = ohne Festigkeit, weich): Ihre Gesteine verhalten sich **plastisch**. Die starren, spezifisch etwas leichteren Lithosphärenplatten „schwimmen" auf ihr, tauchen je nach Dichte, Größe und Form unterschiedlich tief in sie ein **(isostatisches Gleichgewicht)**, können auf ihr auch verschoben werden. Bewegungen sind horizontal möglich, bei der Subduktion von Platten kommt es aber auch zu Bewegungen mit vertikaler Komponente: Ozeanische Lithosphäre taucht in die Tiefe ab, wo sie wieder in den Mantel aufgenommen und als Platte vernichtet wird.

Als Antriebskräfte für die Plattenbewegungen werden **Konvektionsströmungen** und Plattenrandkräfte gesehen. Konvektionsströmungen resultieren aus der Wärmeverteilung im Erdkörper. Mit zunehmender Tiefe steigen die Temperaturen, im Erdkern sind sie am höchsten. An der Kern-Mantel-Grenze in rund 2 900 km Tiefe wird Mantelmaterie besonders stark erhitzt, dehnt sich dadurch aus und bewegt sich aufgrund der jetzt etwas geringeren Dichte an manchen Stellen aufwärts. Pilzförmige Gebilde (**Diapire** oder **Plumes**) können im Erdmantel als aufsteigende heiße Materie seismologisch nachgewiesen werden. Zum Ausgleich sinkt an anderen Stellen kältere, schwerere Materie nach unten, sodass insgesamt Konvektionsströme entstehen. Diese können im oberen Bereich – vergleichbar mit Transportbändern – Lithosphärenplatten „mitnehmen" und so deren Lage verändern.

Plattenrandkräfte können direkt an den Rändern der Platten entstehen. Wenn alte ozeanische Platten in **Subduktionszonen** abtauchen, zieht der besonders schwere Plattenrand den Rest der Platte hinter sich her. Man spricht deshalb von Plattenzug oder **„Slab Pull"**.

Beim Aufsteigen in Manteldiapiren kommt es aufgrund des abnehmenden Drucks in den oberen Mantelbereichen zu partiellem Aufschmelzen des Gesteins. Das entstehende **basaltische Magma** trägt zur plastischen Struktur der Asthenosphäre bei, es kann sich aber auch in Magmakammern ansammeln und zu einzelnen Vulkanausbrüchen oder zur Bildung neuer ozeanischer Kruste an den **mittelozeanischen Rücken** führen. Letzteres ruft eine Schubwirkung **(„Ridge Push")** hervor, die die Platten nach beiden Seiten hin wegdrückt.

Auffallend ist die Reihung der endogen verursachten Ereignisse entlang der Plattengrenzen. Benachbarte Platten können dort z. B. zusammenstoßen, sich ineinander verhaken und plötzlich wieder lösen, sich über- und untereinanderschieben usw. All das sind mögliche Ursachen für extreme Naturereignisse.

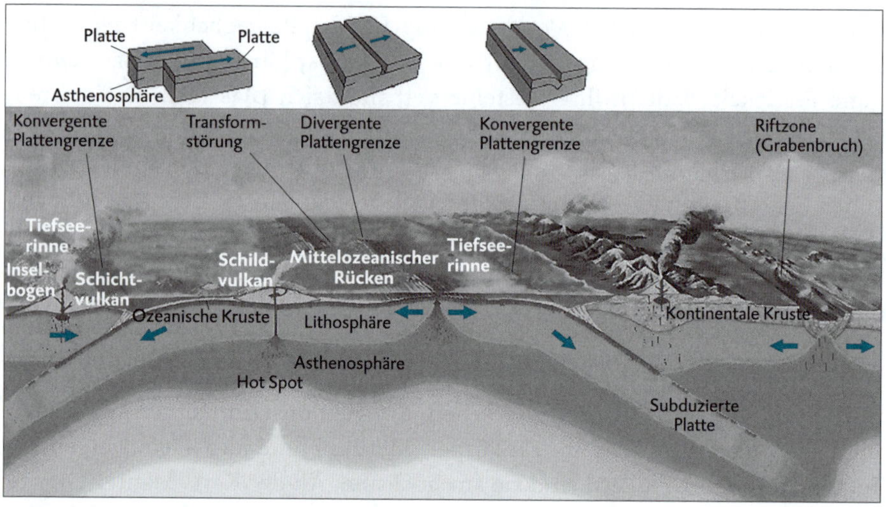

M 138: Tektonische Plattengrenzen

Das **plattentektonische Modell** (M 138) zeigt typische **Vulkangebiete**. Besonders an den konvergenten Plattengrenzen **(Subduktionszonen)** sind hochexplosive Ausbrüche zu erwarten. Aber auch innerhalb der Platten sind starke Eruptionen möglich. Dagegen sind die vulkanischen Vorgänge im Bereich der divergenten Plattengrenzen meist wenig spektakulär.

Die **Haupterdbebengebiete** liegen vorwiegend entlang der Subduktionszonen sowie im Bereich der Kollisionszonen zweier Kontinente, repräsentiert durch junge Faltengebirge. Dort sind tektonische Beben häufig: Der zwischen ineinander verkeilten Platten aufgebaute Druck löst sich plötzlich, sodass es zur Verschiebung von Gesteinsschollen kommt, was sich über weite Regionen als Erdbeben bemerkbar machen kann. Auf diese Weise entstehen die meisten und schwersten Erdbeben. Leichtere Beben können auch durch Vulkaneruptionen oder Höhleneinstürze ausgelöst werden.

Ursache der meisten **Tsunamis** sind Seebeben. Sie entstehen überwiegend im Bereich der Subduktionszonen. Die davon ausgehenden Wellen können sich jeweils im gesamten betroffenen Ozean verbreiten und auch weit entfernte Küsten bedrohen. Andere Ursachen für Tsunamis sind z. B. Massenbewegungen wie große Erdrutsche an steilen Vulkanhängen oder Suspensionsströme, die sich vom Außenrand der Schelfmeere zum Fuß der Kontinentalhänge ergießen können.

2.2 Hohes Gefährdungspotenzial

Vulkanausbrüche, Erdbeben und Tsunamis fordern immer wieder viele Todesopfer. Zwischen 1980 und 2013 waren von den zehn Naturkatastrophen mit den meisten Todesopfern sechs endogen bedingt; bei letzteren kamen mehr als 680 000 Menschen ums Leben.

Ein **extremes Naturereignis** wird zu einer **Naturkatastrophe** durch seine verheerenden **Auswirkungen auf Menschen**. Diese erleiden immaterielle Verluste an Leib und Leben (Tote, Verletzte, Traumatisierte, Obdachlose, Heimatlose), direkte materielle Verluste (zerstörte und beschädigte Gebäude, Verkehrswege, Versorgungseinrichtungen) sowie indirekte materielle Folgeschäden (Geschäftsunterbrechungen, Verdienstausfall). Katastrophen werden also erst in Bezug auf den Menschen als solche definiert. Somit sind Naturkatastrophen stets auch Kulturkatastrophen.
Von „**großen Naturkatastrophen**" spricht die Versicherungswirtschaft, wenn die Selbsthilfefähigkeit der betroffenen Region deutlich überschritten wird und überregionale oder internationale Hilfe erforderlich ist. Dies ist in der Regel der Fall, wenn die Zahl der Todesopfer in die Tausende, die Zahl der Obdachlosen in die Hunderttausende geht oder wenn die Gesamtschäden – je nach den wirtschaftlichen Verhältnissen des betroffenen Landes – bzw. die versicherten Schäden außerordentliche Größenordnungen erreichen.

Die Zahl der Naturkatastrophen hat in den letzten Jahrzehnten immer mehr zugenommen. Ursachen dafür sind im menschlichen Bereich zu suchen: globale Bevölkerungszunahme, Zunahme der Sachwerte durch steigenden Lebensstandard, Konzentration von Menschen und Sachwerten in Megastädten, Besiedlung und Industrialisierung von gefährdeten Regionen, Anfälligkeit moderner Gesellschaften und Technologien.

Weltweit gelten rund 550 **Vulkane** als aktiv. Jährlich brechen etwa 10 % von ihnen aus. Wenn auch viele Vulkanausbrüche relativ harmlos verlaufen, so gibt es – abgesehen von äußerst seltenen Meteoriteneinschlägen – keine anderen Naturereignisse, die so weite Gebiete mit vergleichbarer Intensität und Plötzlichkeit verwüsten könnten. Ihre direkten Wirkungen sind Lava-, Schlamm- und pyroklastische Ströme, Glutwolken, Ascheeruptionen, Ascheablagerungen. Hinzu kommen als indirekte Folgen Beeinträchtigungen des See- und Luftverkehrs sowie Klimaänderungen, die Ernteausfälle nach sich ziehen können.

Der größte Ausbruch in jüngster Zeit war der des Pinatubo (Philippinen 1991). Im Jahr nach dem Ausbruch fiel die Temperatur weltweit um ein halbes Grad. Mehrjährige, klimatisch bedingte, weltweite Schadenwirkungen (Missernten, Hungerkatastrophen) sind für die Laki-Spalteneruption (Island 1783) und den Tambora-Ausbruch (Indonesien 1815) nachgewiesen.

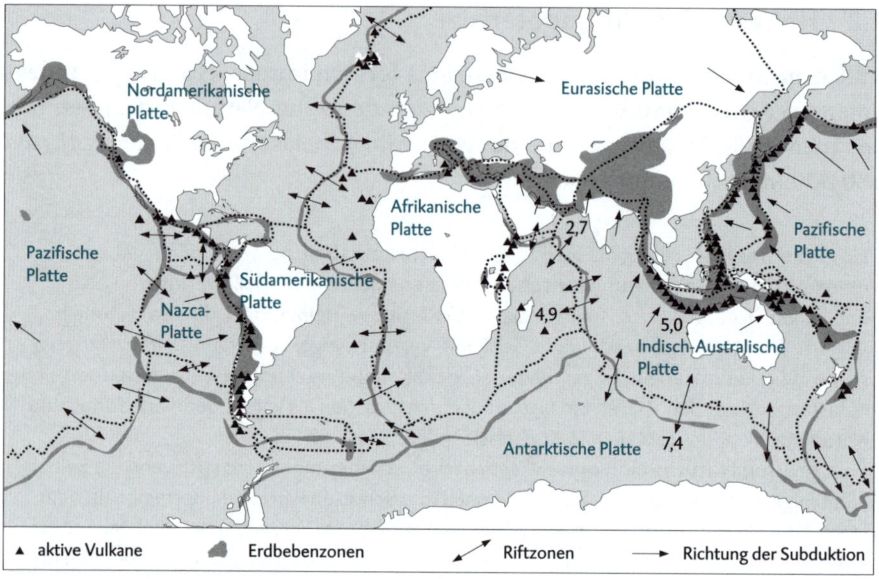

M 139: Vulkanismus und Erdbeben

Die Vulkane mit dem höchsten Schadenspotenzial liegen an den Subduktionszonen, vor allem im **„Ring of Fire"** rund um den Pazifischen Ozean. Die durch aufsteigende Fluide aus der Unterplatte relativ leicht schmelzenden Gesteine der Oberplatte sind reich an Kieselsäure (SiO_2), daraus entstehendes Magma ist zähflüssig und gasreich. Daraus baut sich hoher Druck auf, der zu gewaltigen explosiven Ausbrüchen führen kann.

In der Nähe von Vulkanen leben weltweit rund 500 Mio. Menschen – die meisten von ihnen in Großstädten (M 140). Ein hohes Risiko für urbane Räume besteht beispielsweise in Japan: Neben Tokio sind die Millionenstädte Nagoya, Kyoto und Yokohama bedroht, außerdem die Umgebung des Fujiyama mit jährlich 20 Mio. Touristen.

Gefährdet ist auch das Gebiet um Neapel. Hier könnte der Vesuv ausbrechen, eventuell wieder so katastrophal wie im Jahr 79 n. Chr., wo die Städte Pompeji und Herculaneum durch Glutwolken verschüttet wurden. Im Jahr 2001 haben Forscher einen 400 km^2 großen unterirdischen „Magmasee" entdeckt, der sich vom Vesuv bis unter die Phlegräischen Felder im Nordwesten Neapels erstreckt. Denkbar wäre hier ein „Supervulkan"-Ausbruch, bei dem mehrere Hundert km^3 Material ausgeworfen würden. Über drei Mio. Menschen leben in dieser Region.

Zone	Mögliche Bedrohungen	Von einem möglichen Ausbruch (Stärke wie Krakatau 1883) betroffene Großstädte (+ Vulkan)
Zone 1: bis ca. 15 km von der Eruption	Lavaströme, Schlammströme, Glutwolken, Pyroklastika	Auckland (Auckland Vulkanfeld), Managua (Apoyeque), Quito (Pichincha), Arequipa (Misti), Kagoshima (Sakurajima), Neapel (Vesuv)
Zone 2: bis ca. 50 km von der Eruption	Aschebedeckung von > 1 m (abhängig von der Windrichtung)	Mexiko-Stadt (Xitli), Guatemala-Stadt (Volcán de Agua), San Salvador (Volcán de San Salvador), Managua (Masaya-Nindiri), Nagasaki (Unzendake), Shizuoka (Fujiyama), Yogyakarta (Merapi), Catania (Ätna), San José (Barba, Irazú, Poás), Bandung (Tangkuban Prahu)
Zone 3: bis ca. 70 km von der Eruption	Aschebedeckung von > 0,5 m (abhängig von der Windrichtung)	Tacoma (Mt. Rainier), Surabaja (Ardjuno-Welirang), Semarang (Sundoro-Sumbing), Manila (Taal), Kawasaki (Fujiyama), Yokohama (Fujiyama)
Zone 4: mehr als ca. 70 km von der Eruption	Aschebedeckung von < 0,5 m (abhängig von der Windrichtung)	Vancouver (Mt. Baker), Seattle (Mt. Rainier), Portland (Mt. Hood, Mt. St. Helens), Tokio (Fujiyama)

M 140: Beispiele von Großstädten in der Umgebung aktiver Vulkane

Supervulkane sind erst in jüngerer Zeit in den Fokus der Geowissenschaftler gerückt. Denn äußerlich sind sie unauffällig: Sie haben keine markanten Kegel und brechen sehr selten aus. Trotzdem hält man sie für eine der größten Naturgefahren. Denn in 5 bis 20 km Tiefe erstrecken sich riesige Magmakammern. So schätzt man, dass zum Beispiel unter dem Yellowstone-Nationalpark etwa 24 000 km³ Magma gespeichert sind – selbst bei sehr schweren Vulkanausbrüchen wie dem des Krakatau 1883 werden kaum mehr als 100 km³ vulkanisches Material ausgestoßen. Fast der gesamte Yellowstone-Nationalpark stellt einen riesigen Krater, eine Caldera, dar, die durch Einbrechen der Decke über der sich entleerenden Magmakammer vor 1,2 Mio. und vor 630 000 Jahren entstand. Ein erneuter Ausbruch hätte lokal und global unvorstellbare Folgen. Neben der direkten Zerstörung weiter Gebiete wären dramatische Einflüsse auf Wetter und Klima zu erwarten: weitgehende Abschirmung der Sonnenstrahlen und dramatischer Rückgang der Temperaturen über mehrere Jahre, was den Zusammenbruch vieler Ökosysteme zur Folge hätte.

Allerdings zeigen aktuelle Satellitenbeobachtungen, dass vermutlich keine akute Gefährdung besteht. Dies gilt auch für alle weiteren nachgewiesenen oder vermuteten Supervulkane unter Neuseeland, Kamtschatka, den Philippinen, den Anden, Mittelamerika, den USA, Indonesien, Japan, Italien und dem östlichen Mittelmeer.

Erdbeben sind die am häufigsten auftretenden endogenen Naturrisiken. Schwache, ungefährliche Beben mit einer Magnitude von 3–4 werden etwa alle vier Minuten irgendwo auf der Welt registriert. Aber auch bedrohliche Beben sind nicht selten: rund 1 300 von ihnen weisen jährlich Magnituden von 5–6 und über 130 von 6–7 auf. Rund 17 Beben haben eine Magnitude von 7 bis 8 und durchschnittlich ein Beben jährlich erreicht eine Magnitude von 8 und höher. Als das schwerste Beben seit 1900 wird das vom 22. Mai 1960 in Chile mit einer Magnitude von 9,5 angesehen.

Seit 1900 haben sich weltweit rund 130 Beben mit jeweils 1 000 und mehr Toten ereignet. Das Land, das weltweit am häufigsten von Erdbeben heimgesucht wird, ist Japan. Am 11. März 2011 erschütterte das weltweit viertstärkste Beben seit Beginn der Messungen den Inselstaat. Folgen des Bebens und des nachfolgenden Tsunamis waren mehrere Tausend Tote und eine nukleare Katastrophe.

Schwere Erdbeben sind überwiegend auf die Subduktionszonen, Transform Faults (Querverwerfungen) und Kollisionszonen zwischen kontinentalen Lithosphärenplatten beschränkt. Zuweilen treten aber schwere Beben auch dort auf, wo die Wissenschaft sie nicht erwartet hätte, nämlich innerhalb von Kontinentalplatten. So kam das Beben im indischen Bundesstaat Gujarat am 26.01.2001 völlig überraschend. Unsichtbare Verwerfungen („Blind-Thrust-Faults“) unter der Erdoberfläche, dort besonders schwer zu fassen, waren die Ursache. Das Beben der Stärke 7,6 forderte 20 000 Todesopfer und war noch in Teilen von Pakistan und Bangladesh zu spüren.

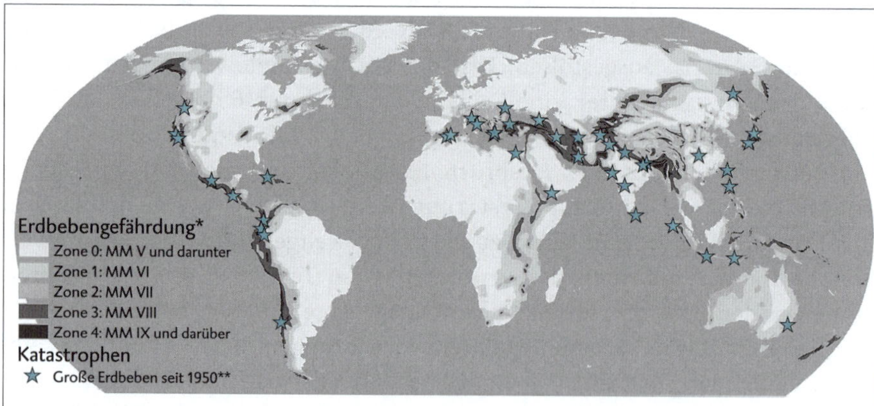

*Wahrscheinliche Maximalintensität (MM: modifizierte Mercalli-Skala) mit einer Überschreitungswahrscheinlichkeit von 10 % in 50 Jahren (entspricht einer „Wiederkehrperiode“ von 475 Jahren) bei mittleren Untergrundbedingungen

** Zur Definition von „großen Naturkatastrophen“ siehe S. 199

M 141: Erdbebengefährdung und große Erdbeben seit 1950

In der Öffentlichkeit wird das Bild eines **Tsunami** von der Katastrophe an Weihnachten 2004 bestimmt, bei der wahrscheinlich mehr als 200 000 Menschen in Südostasien, aber auch in anderen Gebieten rund um den Indischen Ozean den Tod fanden. Das Seebeben am 11. März 2011 vor der Küste der japanischen Region Tohoku löste einen Tsunami aus, der stellenweise Höhen von bis zu 38 m erreichte. In der Folge kam es zur teilweisen Zerstörung des Kernkraftwerks Fukushima, wodurch Radioaktivität freigesetzt und das Umland für lange Zeit verseucht wurde.

Die meisten Tsunamis ereigneten sich in Ost- und Südostasien, aber auch Chile, Ecuador, Hawaii oder Russland waren betroffen. Katastrophale Tsunamis mit über 30 000 Toten traten im Gefolge des Krakatau-Ausbruchs 1883 und des Erdbebens von Lissabon 1755 auf.

Neuere Forschungen haben weltweit eine große Zahl von „Paläo-Tsunamis" nachgewiesen. Mindestens 2 900 soll es in den letzten 4 000 Jahren gegeben haben. Manche müssen den Tsunami von 2004 an Gewalt weit übertroffen haben: Während 2004 maximal 20 Tonnen schwere Felsblöcke bis an die Hochwasserlinie transportiert wurden, waren es bei anderen Tsunamis bis zu 200 Tonnen schwere Blöcke, die durch die Wucht des Wassers zum Teil viele Meter über die Hochwasserlinie emporgerissen wurden.

Tsunamis können grundsätzlich an allen Meeresküsten auftreten. Am stärksten gefährdet sind Meere, in denen es zu Seebeben bzw. heftigen Vulkanausbrüchen kommen kann. Dazu gehören besonders der Pazifische und der Indische Ozean, aber auch das Europäische Mittelmeer. Eine besondere Gefährdung könnte von den Kanarischen Inseln ausgehen. Dort könnte die steile Westflanke des Cumbre-Vieja-Vulkans auf La Palma ihre Stabilität verlieren – bis zu 500 km^3 Gestein könnten ins Meer stürzen. Die Riesenwelle würde nacheinander die Nachbarinseln, Nordafrika, Südeuropa und schließlich die Ostküste der USA erreichen; die Welle könnte dort noch 20 m hoch sein. Am 3 718 m hohen Teide auf Teneriffa drohen ebenfalls große Erdmassen abzurutschen. Dass dort schon gewaltige Flankenabstürze stattgefunden haben, kann man ohne Weiteres in der Landschaft erkennen.

2.3 Risikovorhersage

Endogen bedingte Naturereignisse sind nicht exakt vorherzusagen. Sie treten meist überraschend und plötzlich auf. Wahrscheinlichkeitsberechnungen können nur einen ungefähren zeitlichen Rahmen vorgeben, sind aber zur Bestimmung des exakten Zeitpunkts eines Extremereignisses ungeeignet.

Grundsätzlich ist eine **detaillierte wissenschaftliche Erforschung** solcher Ereignisse Grundvoraussetzung für mögliche Vorhersagen. Daher werden manche Vulkane gründlich überwacht. So registrieren zum Beispiel am Vesuv und am Mount St. Helens Erdbebenstationen das durch nach oben dringendes Magma ausgelöste Knistern und Brechen von Gestein, GPS-Sensoren und Neigungsmesser erfassen Veränderungen der Geländeoberfläche, Radar-Interferometer stellen zentimetergenau dar, wo und wie sich die Erdoberfläche bewegt, chemische Analysen der Gasemissionen weisen auf den Status der Aktivität des Vulkans hin und Infrarotkameras spüren Hitzequellen auf. Hinzu kommt die satellitengestützte Fernüberwachung von Vulkanen, die selbst für schwer zugängliche Regionen Hinweise liefert. Alle gewonnenen Daten zusammen können auf einen unmittelbar bevorstehenden Vulkanausbruch hindeuten, dieser muss aber keineswegs zwangsläufig stattfinden.

In vielen Ländern fehlen die Mittel zur Überwachung. Der El Misti in Peru z. B. wird vom Boden aus nicht überwacht. An seinem Fuß liegt Arequipa, mit rund einer Mio. Einwohnern die zweitgrößte Stadt des Landes.

Um für eine vulkanisch aktive Region Risikokarten erstellen, Eruptionsmodelle entwickeln und Vorhersagen über Verteilung und Mächtigkeit der Asche-Ablagerungen machen zu können, benötigt man auch **Informationen über historische Ausbrüche**. Leider fehlen meist detaillierte Berichte, und noch seltener wurden Ausbrüche mit Messgeräten erfasst. Um länger zurückliegende Eruptionstätigkeit zu rekonstruieren, müssen Vulkanforscher auf geologische Daten zurückgreifen, die aus den Ablagerungen vorausgegangener Eruptionen gewonnen werden können.

Auch **Computersimulationen** spielen bei der Vorhersage des Ablaufs von Vulkaneruptionen eine Rolle. Vor allem zum Verhalten von Lavaströmen haben sie einen hohen Grad an Zuverlässigkeit erreicht, weniger zuverlässig sind sie bezüglich pyroklastischer Ströme.

Während sich der Ausbruch eines Vulkans meist durch bestimmte Vorzeichen ankündigt, ereignen sich Erdbeben häufig völlig überraschend und schlagartig. Selbst gezielte wissenschaftliche Beobachtungen und Messungen sind nicht einfach, da die Lage des **Epizentrums** (an der Erdoberfläche gelegener Ort über dem Bebenherd, an dem die stärksten Erschütterungen verzeichnet werden) vorher nicht bekannt ist. Andererseits wird die Ausbreitung der Erdbebenwellen weltweit aufgezeichnet und lässt Rückschlüsse auf **Hypozentrum** (im Erdinneren gelegener Bebenherd) und Stärke zu. Die Laufzeiten der Wellen können in Ausnahmefällen bei günstigen Voraussetzungen sogar zur **Frühwarnung** genutzt werden, etwa in Mexiko-Stadt. Die Stadt ist von Erdbeben bedroht, die vor der pazifischen Küste, ca. 280 km entfernt, auftreten.

An der Küste registrieren Messgeräte im Hypozentrum das Beben; die sofort über Funk übermittelte Vorwarnung erreicht Mexiko-Stadt mehr als eine Minute vor den Erdbebenwellen, sodass noch Alarm ausgelöst und einige Vorsorgemaßnahmen getroffen werden können. Auch in anderen Teilen der Erde (z. B. Taiwan, Japan) wird diese Art der Erdbeben-Frühwarnung genutzt.

Auf einem ähnlichen Prinzip basiert die Frühwarnung bei Tsunamis. Die sich vom auslösenden Zentrum (Erdbeben, Massenbewegung) ausbreitenden Meereswellen benötigen bis zu den bedrohten Küsten Minuten bis Stunden, in denen geeignete Schutzmaßnahmen getroffen werden könnten. Allerdings gab es bis jetzt in vielen Ländern kein geeignetes Vorwarnsystem. Nach dem Tsunami von Weihnachten 2004 ist man aber daran gegangen, diesen Mangel zu beheben. So wurde im November 2008 unter deutscher Mithilfe in Indonesien ein entsprechendes System in Betrieb genommen.

2.4 Präventives Verhalten und Auswirkungen auf die Raumplanung in gefährdeten Regionen

Im Umgang mit möglichen Naturkatastrophen ist zunächst Vorsorge erforderlich: Was kann vor dem Eintritt eines extremen Naturereignisses getan werden, um daraus keine Naturkatastrophe werden zu lassen. An erster Stelle steht die **Risikoanalyse:** Es werden möglichst exakte Aussagen zu Art und Stärke der Bedrohungen, Eintrittswahrscheinlichkeit, Zeitpunkt des Eintritts, räumlicher Verbreitung, Ablauf und möglichen Schäden erarbeitet und kartographisch dargestellt. Dabei sind die sozioökonomischen Gegebenheiten der Betroffenen zu berücksichtigen.

Bei der **Vorbeugung** geht es darum, die Ergebnisse der Risikoanalyse in Planungen aller Art einzubeziehen. In hoch entwickelten Ländern dominieren technische Schutzmaßnahmen. Vor allem durch die Auslegung von Gebäuden und Infrastruktureinrichtungen gegen seismische Belastungen sowie die Installation von Frühwarnsystemen sollen die Zahl der Opfer und die Höhe der Schäden gering gehalten werden. Dabei sind die Vorschriften immer wieder dem neuesten Erkenntnisstand anzupassen. Die Durchführung der Maßnahmen erfordert hohen finanziellen Aufwand; ärmere Länder sind dazu kaum in der Lage. Sinnvoll wäre auch eine entsprechende Raumplanung, die Gefahren- bzw. Schutzzonen mit Besiedlungs- oder Nutzungsverboten ausweist. Derartige Verbote lassen sich aber bei endogen verursachten Naturereignissen, die nur sporadisch auftreten, kaum durchsetzen. So kann zum Beispiel die Besiedlung fruchtbarer Vulkanhänge auf Dauer kaum verhindert werden.

Bei der **Bereitschaftserhöhung** stehen Planung der Katastrophenhilfe, langfristige Aufklärung und Warnung der Bevölkerung sowie deren Evakuierung im Zentrum der Überlegungen. Erforderlich sind die Erstellung von Notfallplänen sowie funktionierende und erprobte Einsatz-, Koordinations- und Kommunikationsstrukturen. Katastrophenschutzübungen müssen die Bevölkerung auf die möglichen Ereignisse vorbereiten. Nationale und lokale Katastrophenschutzstrukturen (Rettungsdienste, Feuerwehr u. a.) sind auf den Katastrophenfall vorzubereiten, Notfall-Infrastrukturmaßnahmen (Notunterkünfte u. a.) vorzusehen. Nur durch konzentriertes und koordiniertes Vorgehen können die Folgen eines extremen Naturereignisses möglichst minimiert werden. Von entscheidender Bedeutung kann dabei die Reaktion auf Frühwarnung sein, wobei der Entschluss zur Evakuierung der Bevölkerung die Verantwortlichen vor eine schwerwiegende und problematische Entscheidung stellt.

Zur **Bewältigung** einer Naturkatastrophe gehören zunächst Rettungsmaßnahmen und humanitäre Hilfe. Erst dadurch wird der Wiederaufbau möglich. In allen Phasen sind nationale, häufig auch internationale Hilfen erforderlich. Zwei Gruppen von Ländern sind bezüglich der Schäden bei Naturkatastrophen zu unterscheiden: Hoch entwickelte Regionen mit starker Konzentration von Sachwerten, in denen hohe materielle Schäden, aber relativ wenige Todesopfer zu beklagen sind, stehen Schwellen- und Entwicklungsländern gegenüber, in

M 142: Kreislauf des Katastrophenmanagements

denen die materiellen Schäden eher gering ausfallen, die Zahl der Todesopfer aber überdurchschnittlich hoch ist. Dies macht deutlich, dass die hoch entwickelten Länder mit solchen Naturereignissen erfolgreicher umgehen können. Ihnen stehen dafür mehr wissenschaftliche, technische und finanzielle Ressourcen zur Verfügung, die die Zahl der menschlichen Opfer reduzieren. Andererseits steigen die Schadenspotenziale durch die allgemeine Bevölkerungszunahme, die Konzentration von Einwohnern und Werten in gefährdeten Großstädten sowie die Verbreitung anfälliger Hochtechnologie stark an.

Übungsaufgaben: Erdbeben, Vulkanismus, Tsunami

Aufgabe 52 Erörtern Sie die Gefährdung von Teilen der nordamerikanischen Westküste (M 143, Regionen 1–3) durch endogen verursachte Naturkatastrophen.

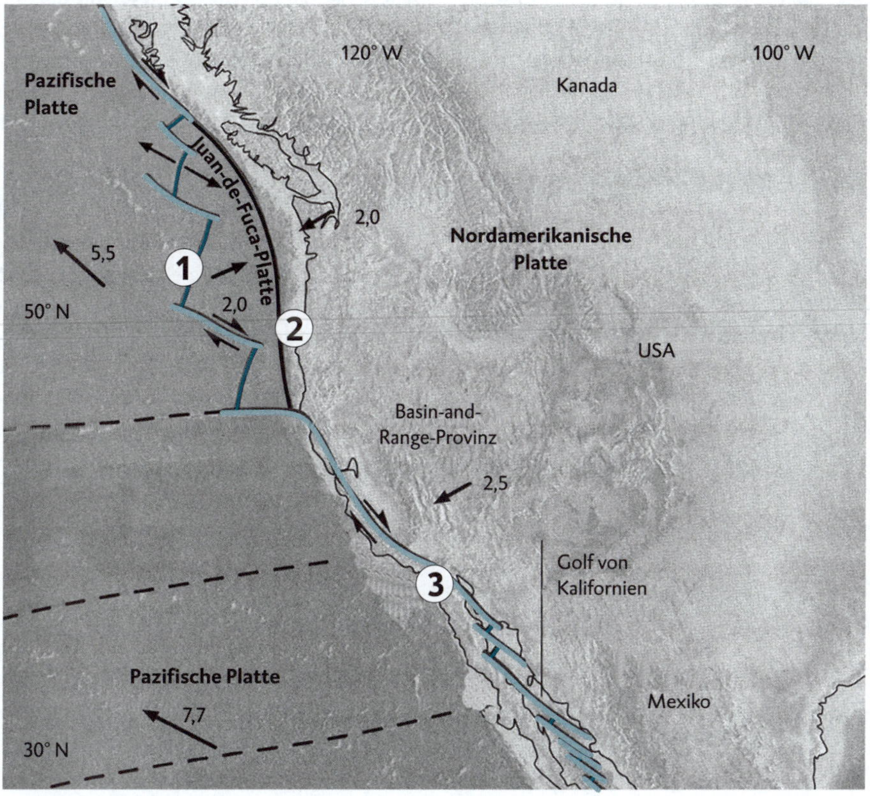

M 143: Plattentektonische Situation an der Westküste Nordamerikas

Aufgabe 53 Beurteilen Sie die Möglichkeiten, den Zeitpunkt von extremen tektonischen Ereignissen (Vulkanausbruch, Erdbeben, Tsunami) exakt vorherzusagen. Weisen Sie auf sich daraus ergebende mögliche Maßnahmen zur Verringerung der Folgen hin.

Aufgabe 54 Erläutern Sie unter Einbeziehung von M 144 die Bedeutung der Katastrophenvorsorge für tektonisch verursachte Naturkatastrophen.

Am 13. November 1986 kam es am Nevado del Ruiz (Kolumbien) zu heftigen Eruptionen, die die Schnee- und Eiskappe auf dem Gipfel zum Teil zum Schmelzen brachten. Die Schmelzwasserfluten rissen auf ihrem Weg talwärts große Mengen lockeres Gesteinsmaterial mit sich. Eineinhalb Stunden später erreichte der Schlammstrom („Lahar“) die 47 km entfernte Stadt Armero und verschüttete sie weitgehend. Über 5 000 Häuser, 50 Schulen, 2 Krankenhäuser, 58 Industrieanlagen und 3 400 ha Ackerland wurden unter den Schlammmassen begraben, etwa 25 000 Menschen, rund die Hälfte der Einwohner, kamen ums Leben. Eine Stunde Vorwarnzeit hätte genügt, die meisten Menschen zu evakuieren.

Ganz anders beim Ausbruch des Pinatubo (Philippinen) am 15. Juni 1991. Dieser übertraf den des Nevado del Ruiz bei Weitem. Wesentlich mehr Material wurde explosiv gefördert, 35 km hoch war die Eruptionssäule, pyroklastische Ströme bedeckten weite Flächen bis etwa 20 km Entfernung, Laharablagerungen füllten die Täler bis weit über 50 km. Und vulkanische Aschen bedeckten schließlich die Umgebung im Umkreis von 50 km bis über 50 cm hoch. Kurz nach dem Ausbruch setzten heftige Monsunregen ein, auch ein tropischer Wirbelsturm (Zyklon) zog über das Gebiet hinweg. Dabei wohnten vor dem Ausbruch 30 000 Menschen an den Flanken des Vulkans und 500 000 in Städten und Dörfern auf den großen Schuttflächen, die den Vulkan umgeben. Insgesamt waren rund eine Million Menschen bedroht. Trotzdem wurde die ganz große Katastrophe vermieden. Bei hohen Sachschäden (z. B. 80 000 völlig oder partiell zerstörte Häuser) kamen nur rund 350 Menschen ums Leben. Zur Vermeidung der Katastrophe haben beigetragen: eine gut funktionierende Kommunikation zwischen Wissenschaftlern und Behörden, ausgearbeitete Notfallpläne, rechtzeitige Warnung der Bevölkerung, Evakuierung nach den ersten größeren explosiven Eruptionen in einem Umkreis von 30 km, starke logistische Unterstützung durch die Luftwaffe. ■

M 144: Zwei Vulkanausbrüche und ihre unterschiedlichen Folgen

3 Projekt zum globalen Klimawandel

3.1 Begriffsdifferenzierungen

Die große Häufigkeit, mit denen die Themen **Klimawandel** und **Klimaschutz** in den aktuellen politischen und medialen Debatten diskutiert werden, zeigt einerseits die verständlicherweise hohe Brisanz einer Thematik, mit der in der näheren Zukunft der Menschheit problemlösend umgegangen werden muss, erfordert andererseits zunächst eine klärende Begriffsbestimmung, welche über die Problematiken des rezenten Klimawandels und der globalen Erwärmung hinausgehen muss:

Klimaänderungen sind in der Erdgeschichte immer wieder stattfindende Veränderungen der globalen klimatischen Verhältnisse von längerer Dauer (oft über Millionen von Jahren hinweg reichend). Sie können nur nach Beobachtung längerer erdgeschichtlicher Zeiträume im Nachhinein anhand von Indikatoren wie z. B. Pollenvorkommen oder Fossilien im Zusammenhang mit Altersdatierungen erkannt und nachvollzogen werden.
Bekannte Beispiele für Klimaänderungen sind die permokarbonischen und pleistozänen Vereisungsperioden.

Klimaschwankungen (auch: Klimaoszillationen) sind (in erdgeschichtlichen Zeitmaßstäben betrachtet) relativ kurz andauernde Schwankungen eines mittleren Klimazustands ohne wesentliche Veränderung des vorher vorhandenen allgemeinen Klimacharakters.
Sie betreffen meist nicht das gesamte, globale Klimasystem, sondern beschränken sich auf regionale Bereiche der Erdoberfläche. Als Beispiele hierfür gelten die holozänen Klimaoszilationen mit Gletschervorstößen und -rückzügen.

Der Begriff **rezenter Klimawandel** birgt Widersprüche und Unstimmigkeiten in sich selbst. Zum einen bezieht sich der Begriff **Klimawandel** auf einen natürlich bedingten Mechanismus, andererseits wird in zunehmendem Maße der **anthropogene Einfluss** innerhalb des derzeit stattfindenden **rezenten Klimawandels** untersucht. Die Bezeichnung **globale Erwärmung** verwendet man überwiegend dann, wenn die Betrachtung des Menschen als Verursacher im Vordergrund steht.

Natürliche Schwankungen des Klimas resultieren beispielsweise aus Orbitalvariationen. Dabei handelt es sich um leichte Kreiselbewegungen der Erdachse, sodass zeitweise die Südhalbkugel und zeitweise die Nordhalbkugel der Erde mehr Strahlungsenergie empfängt. Infolge der ungleichmäßigen Verteilung der Meeres- und Kontinentalteile der Erde wird Wärmeenergie nicht immer über lange Zeiträume hinweg gleichmäßig im atmosphärischen Bereich der Erde verteilt. Hieraus resultieren grundsätzlich Klimazyklen im Abstand von 20 000 bis 100 000 Jahren.

3.2 Diskussion des anthropogenen Anteils am rezenten Klimawandel

Obgleich das Gas CO_2 in der irdischen Atmosphäre lediglich 0,03 Volumenanteile einnimmt, kontrolliert es zusammen mit anderen **Treibhausgasen** (z. B. Methan) in entscheidender Weise den solaren und terrestrischen Strahlungshaushalt und ermöglicht so im Mechanismus des **natürlichen Treibhauseffekts** überhaupt erst atmosphärische Temperaturverhältnisse, die Leben auf unserem Planeten entstehen lassen konnten.

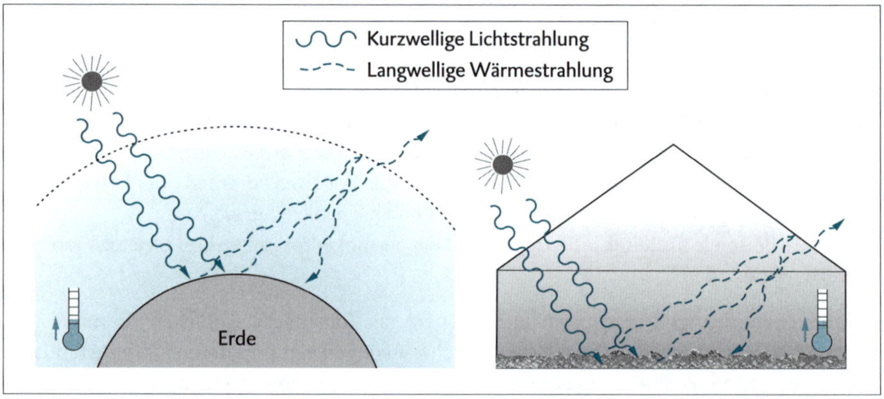

M 145: Natürlicher Treibhauseffekt

Kurzwellige, energiereiche Strahlung dringt durch die Atmosphäre hindurch, wird an der Erdoberfläche in **langwellige Strahlung (Wärmestrahlung)** umgewandelt und zurückgestrahlt. Natürliche Treibhausgase in der Atmosphäre führen zu Reflexion und Adsorbtion. Dadurch verweilt Wärmeenergie längere Zeit in der Atmosphäre und erzeugt einen globalen Wärmehaushalt, der für einen globalen Durchschnittswert der Lufttemperaturen von etwa 15 °C sorgt. Ohne den natürlichen Treibhauseffekt läge die globale Durchschnittstemperatur bei etwa −18 °C.

Der **anthropogene Treibhauseffekt** ist ein zusätzlich durch den Menschen hervorgerufener und den natürlichen Treibhauseffekt verstärkender Mechanismus. Durch künstliche Freisetzung von zusätzlichen Treibhausgasen, z. B. CO_2 als Folge der Verbrennung fossiler Energiestoffe Kohle, Erdöl und Erdgas, Methan (CH_4) aus dem Reisfeldbau und aus Mülldeponien, Distickstoffoxiden (N_2O) aus künstlichen Düngemitteln sowie Fluorchlorkohlenwasserstoffen

(FCKWs) aus Spraydosen, Reinigungs- und Kühlmitteln wird die Rückhaltung der langwelligen Wärmestrahlung über das natürliche Maß hinaus erhöht, was letztlich zum **globalen Anstieg der Lufttemperaturen** führen kann.

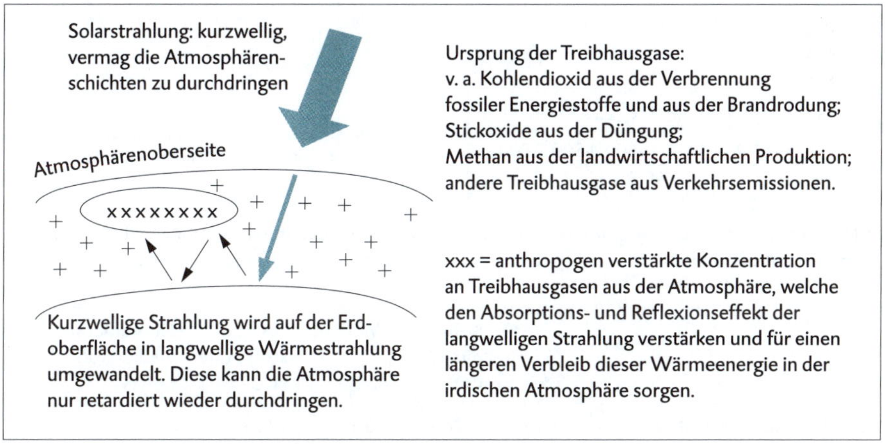

M 146: Ursprung und Wirkungsweise von Treibhausgasen

Die Suche nach Korrelationen

Beim Versuch, die Verantwortlichkeit bestimmter anthropogen freigesetzter Treibhausgase für den anthropogenen Treibhauseffekt und damit auch für den rezenten Klimawandel als Folge von Temperaturerhöhungen nachzuweisen, arbeitet man nach dem empirischen Konzept der **Korrelation**.

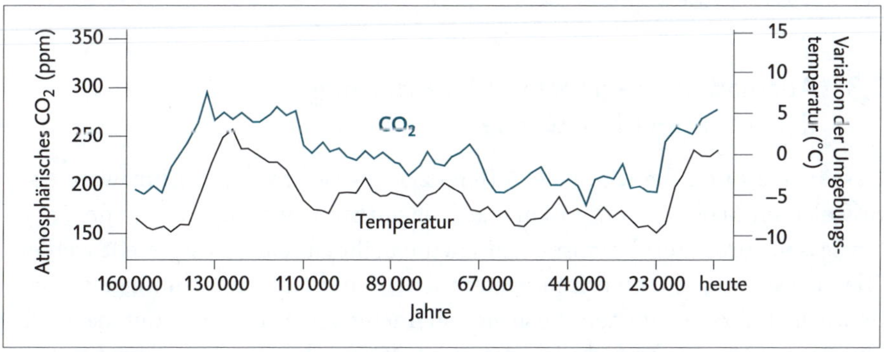

M 147: Korrelationen zwischen atmosphärischem CO_2 und der Umgebungstemperatur

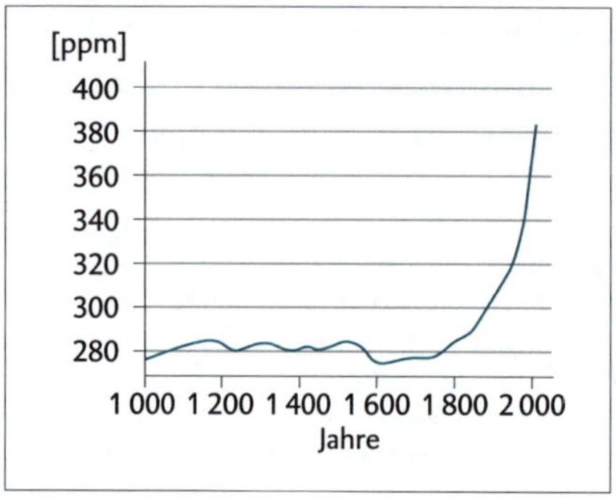

M 148: Zunahme der CO_2-Konzentration in den vergangenen 1 000 Jahren

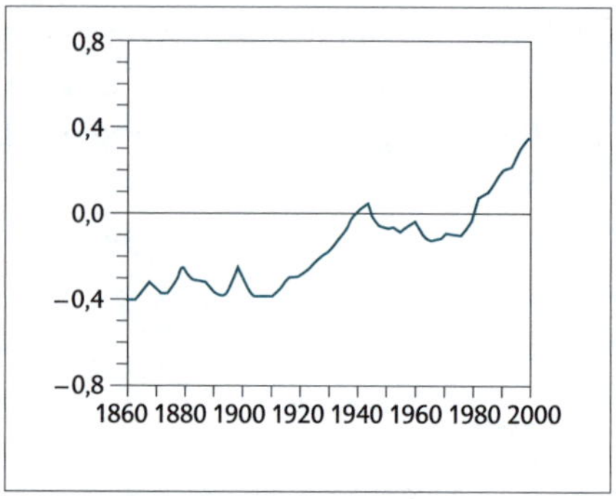

M 149: Temperaturabweichungen (in °C) vom Durchschnitt der Jahre 1961–1990

		Kohlendioxid CO_2	Methan CH_4	Distickstoffoxide N_2O	Fluorchlorkohlenwasserstoffe FCKW
vorindustrielle Konzentration	(ppm)	280	0,7	0,25	0
Konzentration	(ppm)	370	1,7	0,3	0,5
Verweilzeit	(Jahre)	50–200	10	130	65
anthropogene Emission	(Megatonnen)	30 000	40	15	0,4
%-Anteil am natürlichen Treibhauseffekt		26	2	4	–
%-Anteil am anthropogenen Treibhauseffekt		61	15	4	11

M 150: Bedeutung wichtiger Treibhausgase

3.3 Ausmaß und regionale Differenzierung des rezenten Klimawandels

Das Ausmaß und die regionale Differenzierung des rezenten Klimawandels – in welchem Maße er nun wirklich auf die anthropogene Emission von Treibhausgasen zurückzuführen ist – kann heute nicht eindeutig festgestellt werden. Die vielgestaltigen Untersuchungen innerhalb der Klimaforschung gehen von deutlich unterschiedlichen Ausgangsparametern aus, nehmen unterschiedliche Szenarien z. B. hinsichtlich der zukünftigen globalen Energieverwertung (Verbrauch und Produktion) als Grundlage ihrer Berechnungen und können schließlich natürliche Kompensations- und Verstärkungsprozesse innerhalb des Gesamtökosystems Erde nur schwerlich abschätzen.

Eine Betrachtung des Ausmaßes und der regionalen Differenzierung des rezenten Klimawandels fußt in erster Linie auf der Abschätzung der möglichen Auswirkungen.

Mögliche Auswirkungen (Auswahl)

- **Räumliche Verschiebung der Klimazonen:** Grundsätzlich könnten sich die Niederschlagssummen in den feuchten Tropenregionen erhöhen, in den subtropischen Trockenzonen reduzieren. Neuere Szenarien gehen dabei zumindest von einer polwärtigen Verlagerung dieses Phänomens um etwa 200 km pro Grad Temperaturanstieg aus. Dies hätte z. B. starke Auswirkungen auf die heute intensiv genutzten Getreideanbaugebiete in den USA, in China, Südeuropa, Südamerika und Australien.
- **Krankheiten und Seuchengefahr:** generelle Zunahme von Tropenkrankheiten; erhöhtes bakterielles und virales Risiko auch in den mittleren Breiten infolge höherer Umgebungstemperaturen; weltweit stärkere Schwächung des Immunsystems und Zunahme von Herz-Kreislauf-Erkrankungen; erhöhtes Risiko von Atemwegserkrankungen infolge der höheren Schadstoffbelastung;
- quantitative und qualitative **Verstärkung von Wetter- und Witterungsextremen**, z. B. Starkniederschläge, Hitzewellen und Kälteperioden, Dürreperioden, Sturmhäufigkeit; steigende Globaltemperaturen resultieren womöglich in einer Zunahme der Verdunstung über tropischen Meeren. Die nachfolgende Kondensation dieses Wasserdampfes in Höhen von bis zu 10 km bewirkt infolge der erhöhten Kondensationswärme eine Verstärkung des Luftdruckgefälles besonders zwischen den subtropischen Hochdruck- und den subpolaren Tiefdruckgebieten und damit verstärkte Windströmungen.
- Eine Temperaturerhöhung um mehrere Grad Celsius würde wahrscheinlich erhebliche Auswirkungen auf die **weltweiten Waldbestände** haben. Die ohnehin starke Beanspruchung tropischer Waldbestände zur landwirtschaftlichen Nutzung und zur Holzgewinnung könnte zusätzlich verstärkt, die Wälder der gemäßigten und subpolaren Klimazonen durch sich verändernde Klimabedingungen und verstärkte Windeinwirkung großflächig bedroht werden.
- **Wasserverfügbarkeit und Wasserqualität:** Zu erwarten ist wahrscheinlich ein höheres bakterielles Keimrisiko und die Verschlechterung der Wasserqualität infolge der Temperaturerhöhung. Außerdem besteht das Risiko

einer drastischen Wasserverknappung infolge der erhöhten Grundwassernutzung in heute semiariden und ariden Gebieten.

- **Gletschereisverluste und Erosionsgefahren im Gebirge:** Infolge steigender Lufttemperaturen kommt es zum Verlust von kontinentalem Gletschereis durch Abschmelzen. Erhöhte Gesteinsschuttabgänge in nun statisch ungestützten Trogtalbereichen, eine Erhöhung der Zahl der Murabgänge infolge gestiegenen Oberflächenabflusses und Erosionsrisiken auf nun vom Gletschereis abgedeckten, vegetationslosen Flächen wären die Folge.
- **Änderungen der Intensität von Meeresströmungen** (vor allem Golfstrom): vgl. S. 31 f..
- **Abschmelzen von arktischen und antarktischen Inlandseismassen und Anstieg der Meeresspiegels** (siehe folgendes Teilkapitel).
- Übergang in eine **Weltklimaphase rapider Temperaturfluktuationen**: Seit etwa 11 000 Jahren herrscht auf der Erde ein relativ temperaturstabiler Zustand. Bei anhaltender atmosphärischer Erwärmung ist mit temperaturinstabilen Zuständen mit starken und raschen Temperaturfluktuationen zu rechnen. Ein derartiges instabiles Globalklima könnte die Stabilität der landwirtschaftlichen Produktion und damit eine dauerhaft gesicherte Ernährung der Weltbevölkerung gefährden.

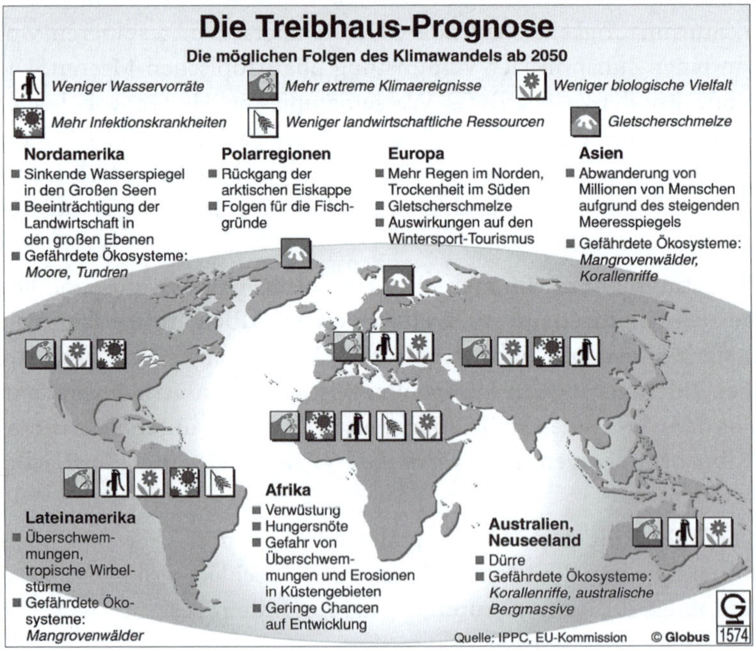

M 151: Mögliche Folgen des Treibhauseffekts

3.4 Erfassung, Darstellung und Bewertung von Folgeerscheinungen: Abschmelzen von Eismassen und Meeresspiegelanstieg

Als eines der am meisten gefürchteten Szenarien vor dem Hintergrund der globalen Erwärmung gilt ein aus dem Abschmelzen polarer Eismassen resultierender Anstieg des Meeresspiegels. Die Folgeerscheinungen wären für die intensiv bewirtschafteten Küstenräume fatal.

Messung des CO_2-Gehalts in der Atmosphäre: Beispiel Eisbohrkerne

Die Analyse von **Eisbohrkernen** ermöglicht Informationen über das Klima der Vergangenheit zu erhalten, indem mithilfe von hohlen Bohrstangen zusammenhängende Eisproben aus dem Inlandeis geborgen werden und diese dann auf eingeschlossene, feste und gasförmige Bestandteile hin untersucht werden. Untersucht werden vor allem die für den Treibhauseffekt mitverantwortlichen Gase Kohlenstoffdioxid und Methan. Der Anteil der Kohlenstoffisotope lässt hierbei auf die jeweilige Sonnenaktivität schließen, das Verhältnis von Deuterium- und Wasserstoff-Atomen gibt Aufschluss über Verdunstungs- und Kondensationstemperaturen und damit die zum Zeitpunkt des Einschlusses ins Eis vorhandenen Lufttemperaturen. Die Eisbohrkerntechnik ermöglicht im Zusammenhang mit der jeweiligen Altersdatierung der einzelnen Bohrkernabschnitte eine genauere Klimaanalyse etwa der vergangenen 1 Mio. Jahre.

M 152: Vermessung eines Eisbohrkerns

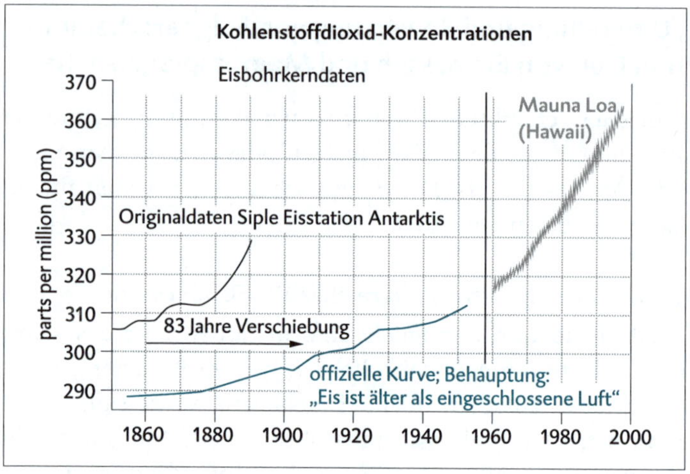

M 153: CO_2-Konzentration aus Eisbohrkernen und atmosphärischer Messung

Prognosen über den **zukünftigen Meeresspiegelanstieg** können heute nur recht vage gestellt werden, denn sie basieren auf der Berechnung von nicht nachweisbaren Emissionsszenarien. Außerdem verfügt die wissenschaftliche Forschung derzeit über noch recht begrenzte Kenntnisse bezüglich des Verhaltens der Eisschilde in einem potenziell wärmeren Klima. Projiziert man die Korrelation von Temperatur- und Meeresspiegelanstieg im 20. Jh. auf die Zukunft unter der Annahme, dass die Einflussparameter hierbei in etwa gleich bleiben, so würde aufgrund der **IPCC-Szenarien** (IPCC = Intergovernmental Panel on Climate Change) im 21. Jh. mit einem Anstieg des Meeresspiegels um 0,5 bis 1,2 m zu rechnen sein.

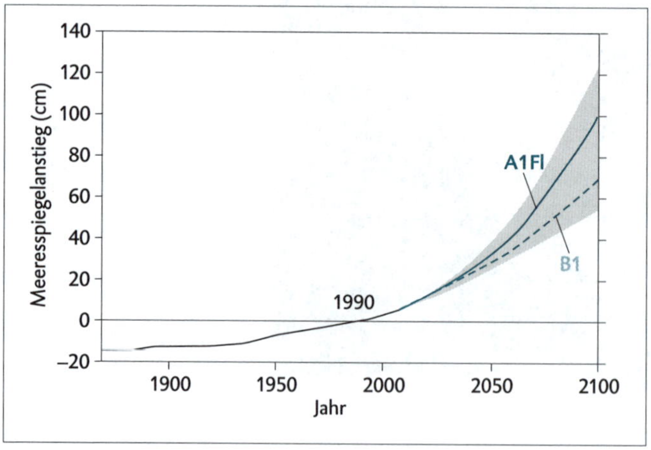

M 154: Prognostizierter Meeresspiegelanstieg (schwarze Linie: tatsächlich nachweisbar; blaue Linien: zukünftige Szenarien unter Annahme unterschiedlicher Einflussfaktoren; grauer Bereich: Bandbreite der Szenarien)

Das **langfristige Abschmelzen antarktischer, festländischer Eismassen** könnte zunächst von erhöhten Schneeniederschlägen begleitet sein, die den Anstieg des Meeresspiegels mildern sollten. Ein Abschmelzen der westantarktischen Schelfeise zusammen mit den an sie angrenzenden marinen Eisschilden jedoch könnte fatale Folgen haben. Die Eisschilde könnten sich bei einer Erhöhung von Wassertemperatur vom Untergrund lösen, ins Meer gleiten, schmelzen und somit den Meeresspiegel global um einige Meter ansteigen lassen. Dabei käme es weltweit zur Überflutung von Küstengebieten, in denen heute mehr als die Hälfte der Erdbevölkerung lebt.

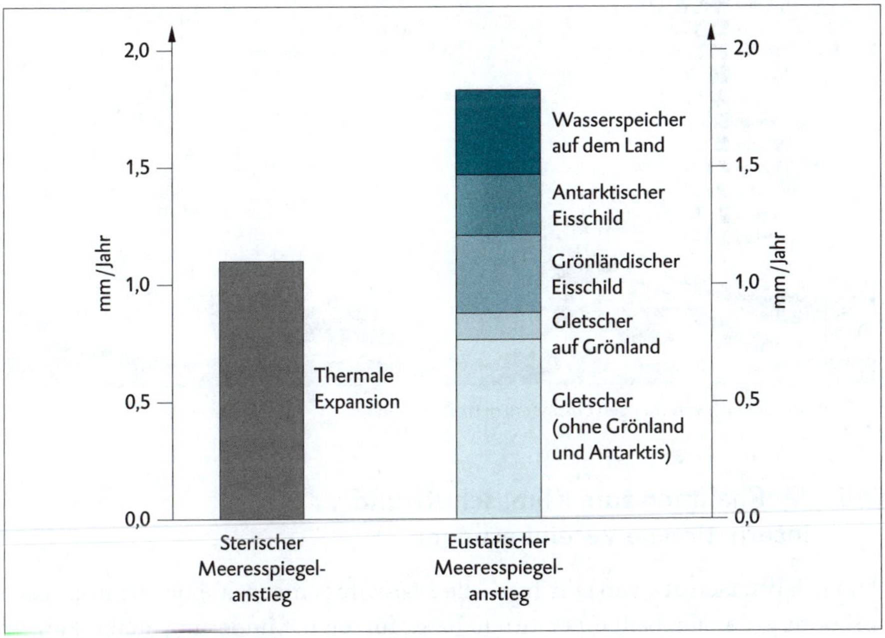

M 155: Meeresspiegelanstieg 1993–2010 nach Verursachern

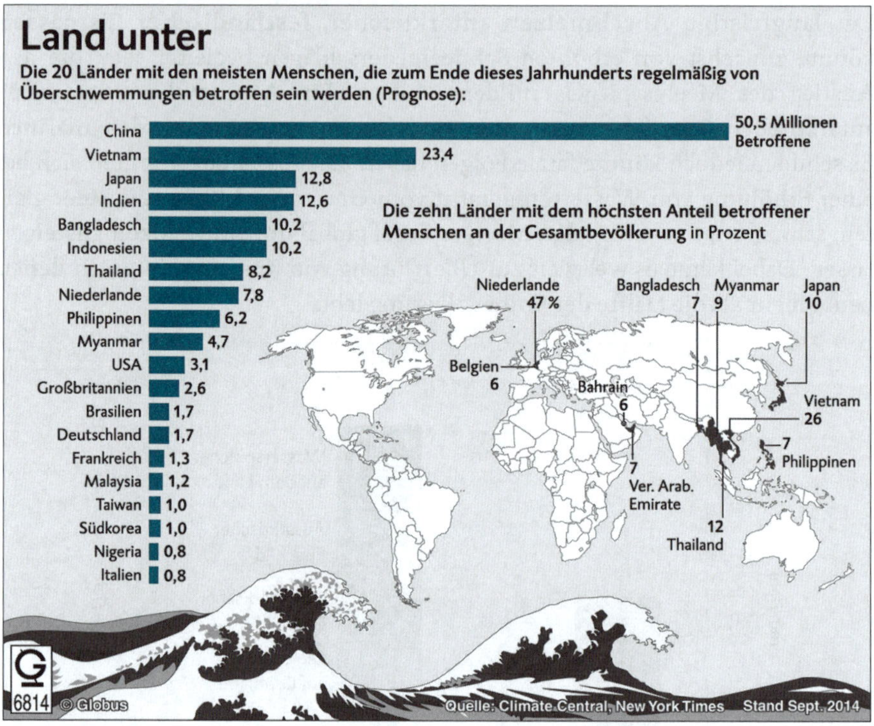

M 156: Von Überschwemmungen besonders betroffene Länder

3.5 Maßnahmen zum Klimaschutz und internationale Vereinbarungen

Unter **Klimaschutz** versteht man alle Maßnahmen gegen eine anthropogene Erhöhung der Globaltemperaturen bzw. für eine Minderung derer Folgen. Wesentliches Ziel solcher Bestrebungen ist in erster Linie die **Verringerung von Treibhausgas-Emissionen**, die aus der landwirtschaftlichen und industriellen Produktion, den Privathaushalten, der Energiebereitstellung und dem Verkehr stammen. Andererseits verlangt Klimaschutz die Erhaltung jener Ökosystemteile, die das Treibhausgas Kohlenstoffdioxid längerfristig zwischenlagern. Solche **CO_2-Senken** sind beispielsweise die Ozeane, die tropischen und borealen Wälder der Erde und die Sumpfgebiete.

Eine potenzielle Verringerung der zukünftigen CO_2-Emissionen wird mit einem Umdenken in der Energiebereitstellung verbunden sein und eine mittelfristige Abkehr von der Dominanz fossiler Energieträger erfordern.

Beispiele für die Reduktion von CO_2-Emissionen und den Schutz von CO_2-Senken

- Umstieg auf CO_2-arme oder -freie **erneuerbare Energien**, z. B. Windkraft, Solarstrahlung, Gezeitenkraft, Wasserkraft
- Ausweitung der **Energieeffizienz**, z. B. in Kraftwerken und bei Fahrzeugen
- **Schutzmaßnahmen** für tropische und boreale Waldbereiche, z. B. Abholzungsquoten, Zwang zur Wiederaufforstung gerodeter Flächen
- Reduktion des **Primärenergieverbrauchs** im Energiemix und Substitution fossiler Energieträger
- Maßnahmen zur **Energieeinsparung** in privaten Haushalten, Industrie und Verkehr, z. B. thermische Isolationsmaßnahmen an Gebäuden, Einsatz von Wärmepumpen und Brennwerttechnik, Bau von Niedrigenergie- und Passivhäusern
- Reduktion des **Individualverkehrs**, z. B. durch infrastrukturellen Ausbau des ÖPNV, Park-and-Ride-Plätze, Car-Sharing
- Entwicklung **energieeffizienterer Antriebstechniken**, z. B. Hybrid-Antrieb, Erdgasantriebe, Brennstoffzelle
- Verwendung **alternativer Treibstoffe**, z. B. Biodiesel, Bioethanol
- Verpflichtung zur **Zertifizierung** energiesparender Elektrogeräte, Einführung und Kontrolle von Effizienzklassen
- **Energieeinsparungen** in privaten Haushalten, z. B. Verwendung von Energiesparlampen, Verzicht auf Klimaanlagen, Erneuerung und Modernisierung von Heizungsanlagen
- Änderung des **persönlichen Konsumverhaltens**, z. B. Reduzierung der Urlaubsreichweiten, Müllvermeidung, Erhöhung des Verzehrs pflanzlicher und Verminderung des Verzehrs tierischer Produkte

Beispiele internationaler Vereinbarungen zum Klimaschutz

Das **Kyoto-Protokoll** ist ein im Jahre 1997 unterzeichnetes Klimaschutzprotokoll zur Klimarahmenkonvention der Vereinten Nationen. Es trat 2005 in Kraft und setzt erstmals auf internationaler Ebene **Maximalwerte für den Ausstoß von Treibhausgasen** in Industrieländern fest.

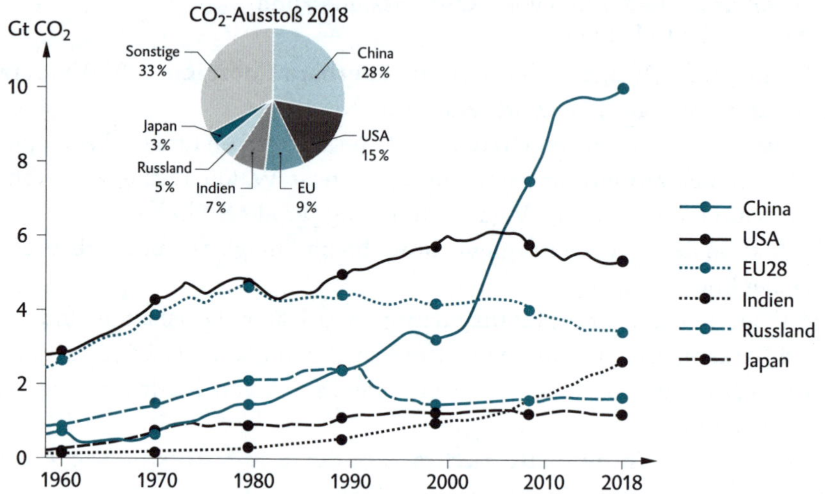

Land	Emissionen 2018 pro Kopf (in tCO_2)	Land	Emissionen 2018 pro Kopf (in tCO_2)
Saudi-Arabien	18,2	Japan	9,1
USA	16,6	China	7,0
Kanada	15,3	EU	6,7
Südkorea	12,9	Indien	2,0
Russland	11,7	Welt	4,8

M 157: Staaten mit dem größten CO_2-Ausstoß 2018

Grundziel	Reduktion der klimaschädlichen Emissionen um mindestens 5 % für eine erste Referenzperiode (2008–2012)
Bedingung	Mindestens 55 % der Vertragsstaaten, die für 55 % der Emissionsmengen bezogen auf 1990 verantwortlich sind, müssen das Protokoll ratifizieren.
Zu reduzierende Emissionen	Kohlendioxid, Methan, Lachgas (N_2O), halogenierte Kohlenwasserstoffe, Schwefelhexafluorid
Auf EU-Ebene	Reduktion der Emissionsmengen in der ersten Referenzperiode um etwa 8 %
Emissionshandel	Emissionsmengen können selbst aufgebraucht werden oder mit anderen Unterzeichner-Ländern gehandelt werden.
Joint Implementation	Emissionsmindernde Maßnahmen (z. B. Bau einer Großsolaranlage) in einem anderen Staat (z. B. Entwicklungsland im Trockengürtel) und anschließende Gutschrift-Übergabe an das Industrieland.
Clean Development Mechanism	Förderung des Technologie- und Know-how-Transfers z. B. in ein Entwicklungsland, um dort Klimaschutzprojekte durchzuführen.

M 158: Grundelemente des Kyoto-Protokolls

IPCC – Intergovernmental Panel on Climate Change

Der **IPCC** wurde 1988 in Genf gegründet. Die auch als „Weltklimarat" bezeichnete Institution besteht aus Hunderten von Wissenschaftlern aus aller Welt, die die Folgen und Gefahren des rezenten Klimawandels objektiv anhand der Analyse wissenschaftlicher Veröffentlichungen erörtern und darstellen sollen. Die IPCC-Berichte 2013 und 2014 berufen sich auf die Auswertung von mehreren Hundert Messreihen, Modellrechnungen und Computermodellen. Generell wird von einem Anstieg der Globaltemperaturen um 0,7 °C bis 2040 bzw. von bis zu 6,4 °C bis 2100 ausgegangen.

Klimaerwärmung und menschlicher Einfluss	Die Erwärmung des Klimas ist eindeutig und mit einer Wahrscheinlichkeit von 95–100 % auf den Einfluss menschlicher Aktivitäten zurückzuführen.
Temperaturveränderungen von Land- und Ozean-Oberflächen	Anstieg um 0,85 °C zwischen 1880 und 2012; jede der drei vergangenen Dekaden war an der Erdoberfläche sukzessive wärmer als alle vorangehenden Jahrzehnte seit 1850.
Meeresspiegelanstieg	Der mittlere globale Meeresspiegel ist von 1901 bis 2010 um 19 cm gestiegen.
Wetter- und Witterungsveränderungen	Seit 1950 werden Veränderungen vieler extremer Wetter- und Witterungsereignisse beobachtet, ebenso ein Rückgang von kalten Temperaturextremen, eine Zunahme heißer Temperaturextreme und eine hohe Häufigkeit von extremen Niederschlägen in einigen Regionen.
Einflüsse menschlicher Aktivitäten	Sie sind nachgewiesen in Bezug auf die Erwärmung der Atmosphäre und der Ozeane, die Veränderungen des globalen Wasserkreislaufs, die Abnahme von Schnee und Eis und den Anstieg des mittleren globalen Meeresspiegels. Anthropogen bedingt sind die atmosphärischen Konzentrationen von Kohlenstoffdioxid, Methan und Lachgas auf Werte angestiegen, die mindestens in den letzten 800 000 Jahren noch nie vorgekommen sind.

M 159: Einige Kernaussagen der IPCC-Berichte 2013, 2014 und 2018

Übungsaufgaben: Globaler Klimawandel

Aufgabe 55 Erarbeiten Sie zwei Schadensszenarien, die sich für den Wirtschaftsraum Küste unter Annahme steigender Meeresspiegelhöhen ergeben könnten.

Aufgabe 56 Erläutern Sie anhand von M 160 die Ursprünge der Treibhausgase und begründen Sie den unterschiedlichen Verlauf der Pro-Kopf-Emissionen in Industrie- und Entwicklungsländern.

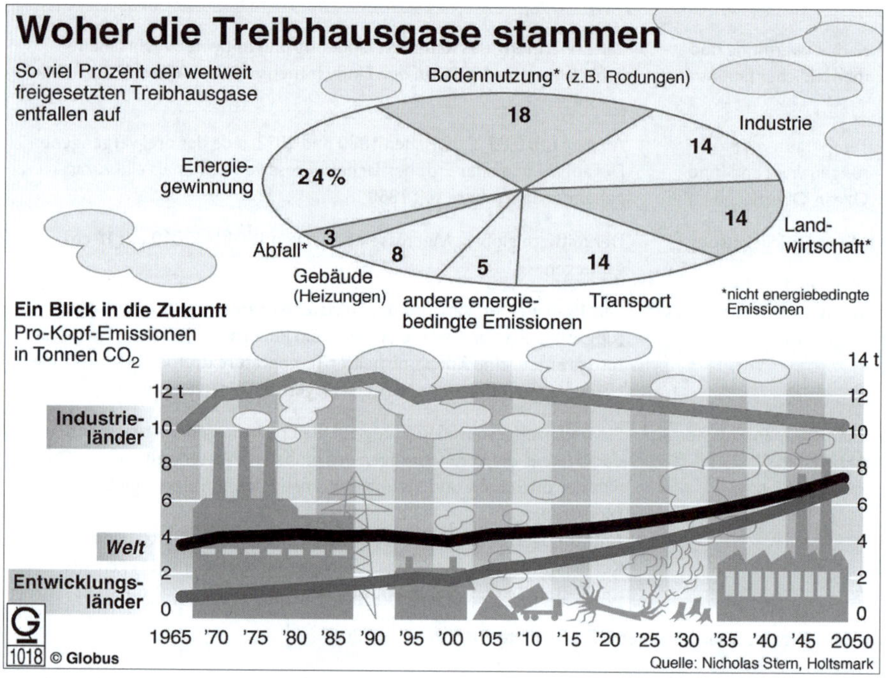

M 160: Woher die Treibhausgase stammen

Lösungen

Der blaue Planet und seine Geozonen

fgabe 1 Meridionalprofil der Globalstrahlung:

- Hohe Globalstrahlung zwischen den Wendekreisen: tropische Zone mit steilem Sonneneinfall und zweimaligem Zenitstand der Sonne
- In äquatornahen Bereichen leichte Abnahme der Globalstrahlung infolge geringerer direkter Strahlung: Bewölkung als Folge aufsteigender Luftmassen
- Maximale Globalstrahlung in den trockenen Randtropen: höchste Einstrahlung im Bereich der Wendekreiswüsten wegen der geringen Bewölkung
- Stetige Abnahme der Globalstrahlung im Bereich der mittleren Breiten bis zu einem Minimum in den subpolaren Zonen: zunehmend niedrigerer Sonnenhöchststand, verstärkte Bewölkung
- Geringe Globalstrahlung in den Polarzonen bei deutlicher Zunahme der direkten Strahlung: Relativ starke direkte Strahlung herrscht während des Polartages bei wasserdampf- und wolkenarmer Atmosphäre besonders über der Antarktis, keine Einstrahlung während der Polarnacht jeweils im Winterhalbjahr

fgabe 2 Strahlungsbilanzen und Zuordnung zu Klimazonen:

Station A

- Ganzjährig nahezu gleicher Tagesgang der Strahlung (parallel verlaufende Isoplethen)
- Maxima der Einstrahlung um die Mittagszeit in den Monaten Januar bis Juni sowie im November
- Zwischen 17 Uhr und 7 Uhr ganzjährig negative Strahlungsbilanz: Überwiegen der Ausstrahlung
- Lage der Station A in den inneren Tropen mit Tageszeitenklima und zweimaligem Sonnenhöchststand im Frühjahr und Herbst (hier: Yangambi im Kongo)

Station B

- Deutliche jahreszeitliche Schwankung der Strahlungsbilanz bei insgesamt niedrigen Werten
- Maximum der Strahlungsbilanz zur Mittagszeit im Juni
- Negative Strahlungsbilanz auch um die Mittagszeit von Mitte Oktober bis Anfang März
- Lage der Station B in der nördlichen Polarzone mit Jahreszeitenklima Polarnacht etwa von Mitte Oktober bis Anfang März; Polartag von Anfang März bis Mitte Oktober mit Sonnenhöchststand Ende Juni (hier: Resolute in Nordkanada)

Aufgabe 3 Entwicklung der CO_2-Konzentration in der Atmosphäre von 1750 bis heute:

- Erkenntnisse über CO_2-Konzentration stammen aus direkten Messwerten (am Mauna Loa, in den Kurven seit 1958 dargestellt) und (aus antarktischen Eisbohrkernen) rekonstruierten Werten
- Seit 1750 ununterbrochene Zunahme der CO_2-Konzentration (stetiger Anstieg der Kurve)
- Anstieg der Gesamt-CO_2-Konzentration von 280 auf 360 ppm (Zunahme um knapp 30 %)
- Deutlich beschleunigter Anstieg seit etwa 1950 (steiler werdende Kurve)
- Jahreszeitliche Schwankungen der CO_2-Konzentration (aus den direkten Messungen am Mauna Loa ersichtlich)
- Anthropogener Treibhauseffekt als Ursache der CO_2-Konzentrationszunahme: zunächst langsame Zunahme bei beginnender Industrialisierung in der zweiten Hälfte des 18. Jh.; schnellere Zunahme im 19. Jh. durch fortschreitende Industrialisierung, Bevölkerungszunahme und Nutzung natürlicher Ressourcen; steiler Anstieg besonders in der zweiten Hälfte des 20. Jh. durch weltweit gesteigerten Energieverbrauch, besonders auch in Entwicklungs- und Schwellenländern
- Zunahme der CO_2-Konzentration vor allem infolge vermehrter Verbrennung fossiler Energieträger sowie fortschreitender Abholzung von Wäldern
- Jahreszeitliche Konzentrationsschwankungen aufgrund unterschiedlicher Photosyntheseraten im Sommer- und Winterhalbjahr

Aufgabe 4 a Entstehung eines thermischen Hoch- und Tiefdruckgebiets:

- Entstehung von Warmluft bei stärkerer, von Kaltluft bei geringer Einstrahlung

- Volumenzunahme (Ausdehnen) und Aufsteigen der sich erwärmenden Luft, Volumenabnahme (In-sich-Zusammensinken) der sich abkühlenden Luft
- Folge: in der Höhe befinden sich im Bereich der Warmluft mehr Luftteilchen (höherer Luftdruck: „Höhenhoch") als im Bereich der Kaltluft („Höhentief")
- Ausgleichsströmung (Wind) in der Höhe vom Höhenhoch (über der Warmluft) zum Höhentief (über der Kaltluft)
- Dadurch befinden sich über der Kaltluft insgesamt mehr Luftteilchen, d. h. am Boden entsteht ein Hoch. Umgekehrt über der Warmluft jetzt weniger Luftteilchen, also am Boden ein Tief
- Ausgleichsströmung (Wind) am Boden vom Hoch (Kaltluft) zum Tief (Warmluft)
- Thermisch bedingte Zirkulation liegt vor: Aufstieg der erwärmten Luft, Höhenwind vom Bereich der Warmluft zum Bereich der Kaltluft, Absinken der Luft über dem kälteren Gebiet, von dort Bodenwind zum erwärmten Gebiet

b Entstehung von Land- und Seewind an Meeresküsten:
- Bei starker Einstrahlung während des Tages: Land erwärmt sich stärker als Wasser, daher wärmere, aufsteigende Luft über dem Land, kühlere Luft über dem Wasser. Am Boden entstehe Wind vom kühleren zum wärmeren Gebiet (Mechanismus vgl. Aufgabe 1 a): Der „Seewind" weht vom Wasser auf das Land („kühle Brise")
- Nachts stärkere Abkühlung des Landes gegenüber dem Wasser: Luft über dem Wasser ist wärmer als über dem Land. Folge: „Landwind" vom Land aufs Meer hinaus
- Ergebnis: Landwind und Seewind resultieren aus der unterschiedlichen Erwärmung von Wasser und Land entlang der Küsten und sind somit thermisch bedingt

Aufgabe 5 Begründende Zuordnung zu den Luftdruckkarten:

Luftdruckkarte a
- Hoher Luftdruck über dem nördlichen und mittleren Atlantik und niedriger Luftdruck über dem östlichen Skandinavien bzw. Osteuropa
- Luftströmung annähernd parallel zu den Isobaren im Bereich Skandinaviens von Norden nach Süden (Hochdruckgebiet wird im Uhrzeigersinn, Tiefdruckgebiet gegen den Uhrzeigersinn umflossen)

- Polare Luft aus dem Norden („Nordlage") bedingt in Mitteleuropa niedrige Temperaturen (auch Niederschläge u. a. möglich): z. B. „Eisheilige"

Luftdruckkarte b

- Tiefdruckgebiete über dem nördlichen Atlantik und Nordeuropa, hoher Luftdruck im Mittelmeerraum
- Starke Westwinde (eng zusammengedrängte Isobaren!) vor den Küsten Großbritanniens und Frankreichs, die auch das Wetter in West- und Mitteleuropa bestimmen („Westlage")
- Einströmende atlantische Luftmassen, die milde Temperaturen und meist reichlich Niederschläge bringen: z. B. „Weihnachtstauwetter"

Luftdruckkarte c

- Ausgedehntes Hochdruckgebiet über Süd- und Mitteleuropa („zentrale Hochdrucklage")
- Absinkende Luft mit geringer Bewölkung und niederen Windstärken, die erst in den Randbereichen zunehmen; häufig über längere Zeit stabile Wetterlage: z. B. „Altweibersommer"

Aufgabe 6 Atmosphärische Vorgänge/aktuelles Wettergeschehen an den Stationen A–D:

Station A

- Lage an der Warmfront: Die einströmende subtropische Warmluft trifft auf kältere kontinentale Festlandsluft; Aufgleiten der vordringenden Warmluft auf die relativ ortsfeste Kaltluft; beim allmählichen Aufgleiten Abkühlung der Warmluft, Kondensation, Wolkenbildung und Niederschläge
- Abnehmender Luftdruck, beim Übergang in den Warmsektor auffrischende Winde und deutlicher Temperaturanstieg, geschlossene Wolkendecke (Schicht- oder Stratuswolken) mit reichlichen Niederschlägen („Landregen")

Station B

- Lage im Warmsektor, charakterisiert durch die schnell einströmende subtropische Warmluft
- Gleichbleibend niedriger Luftdruck, Winde aus SW, relativ hohe Temperaturen, kaum Wolken, keine Niederschläge

Station C

- Lage an der Kaltfront: Kaltluft aus nördlichen Richtungen schiebt sich unter die subtropische Warmluft und reißt diese nach oben, dabei schnelle Abkühlung, Kondensation, Wolkenbildung, Niederschläge
- Allmähliche leichte Zunahme des Luftdrucks, Winde häufig böig, Windrichtung von SW nach NW umschlagend, deutliche und plötzliche Tempe-

raturabnahme, sich hoch auftürmende Gewitterwolken (Cumulonimbus), Gewitter, heftige Regenschauer, auch oft Hagel

Station D

- Lage im Bereich der Okklusion: Kaltfront hat die Warmfront eingeholt, die gesamte Warmluft ist vom Boden abgehoben
- Tiefer Luftdruck (Nähe des Tiefdruckkerns), Winde aus westlichen bis nördlichen Richtungen, kalt (Festlandsluft bzw. Polarluft), bewölkt, nachlassende Niederschläge

Aufgabe 7 Grundlegende Mechanismen der ozeanischen Zirkulation am Beispiel des Golfstroms:

- Antrieb durch vom Wind induzierte, horizontale Oberflächenströmung (beim Golfstromsystem: Westwind)
- Antrieb durch Sogwirkung an der Oberfläche aufgrund des Absinkens von kaltem, salzreichem und damit dichterem Oberflächenwasser (Downwelling)
- Entstehung dieser thermohalinen Konvektionsströmung durch Abkühlung des Oberflächenwassers in höheren Breiten und Erhöhung des Salzgehalts durch Ausfrieren von Meerwasser bei der Eisbildung (beim Golfstromsystem: Absinken im Nordatlantik und der Grönlandsee)

Einflüsse auf die klimatischen Verhältnisse in Europa:

- Insgesamt herrscht an der Westseite Europas milderes Klima als in entsprechenden Breitengraden auf anderen Kontinenten durch Wärmetransport des Golfstroms aus der warmen Golfregion
- Ganzjährig wärmender Einfluss auf die Festlandsgebiete aufgrund der Wärmespeicherkapazität des Meeres (ozeanisches Klima)

Aufgabe 8 Wechselwirkungen zwischen Atmosphäre und Ozean im tropischen Südpazifik: Wetterverhältnisse in den angrenzenden Küstenregionen

- Abtransport des warmen Oberflächenwassers vor der Westküste Südamerikas durch ablandig wehenden Passat (Verstärkung durch Walkerzirkulation); zudem Auftrieb (Upwelling) von kaltem Tiefenwasser (Humboldtstrom): Reduktion der Lufttemperaturen im Durchschnitt auf 20 °C
- Trockenheit durch Verhinderung von Konvektion und Niederschlagsbildung aufgrund der Abkühlung der über dem Meer absinkenden Luftmassen der Walkerzirkulation durch den kalten Humboldtstrom

- Aufstau des vom Passat westwärts verlagerten warmen Oberflächenwassers an den Küsten Nordwestaustraliens und Südostasiens: Anstieg der Lufttemperatur im Durchschnitt auf 28 °C; ausgiebige Niederschläge fallen durch starke Konvektion im aufsteigenden Ast der Walkerzirkulation

Aufgabe 9 Atmosphärische und marine Zirkulationsverhältnisse in einem El-Niño-Jahr:

- Abschwächung des SO-Passats und Erlahmen des kalten Humboldtstroms durch die besonders starke Südverlagerung der ITC
- Überlagerung des kalten Auftriebswassers vor der Küste Südamerikas durch sehr warmes Oberflächenwasser vom Westpazifik im Zuge der Umkehr der Walkerzirkulation

Auswirkungen auf die Küstenräume des Pazifiks:

- An der südamerikanischen Westküste: ausbleibende Fischschwärme durch Erliegen der Nahrungskette, weil das Plankton infolge des Sauerstoffmangels abstirbt. Zudem fallen sehr heftige und ergiebige Niederschläge und es kommt zu Überschwemmungen durch Verdunstungs- und Konvektionsvorgänge über dem warmen Oberflächenwasser
- An den Ostküsten Australiens und Südostasiens: Trockenheit und Dürre durch das Absinken trockener Luftmassen der Walkerzirkulation, zudem verheerende Wald- und Buschbrände durch ausbleibende Niederschläge

Aufgabe 10 Schwankungsbreiten von Temperatur und Niederschlag für die ausgewiesenen Räume, Zuordnung zu einer oder mehreren Klimazonen:
(*Hinweis:* Abgrenzung der Klimazonen im Folgenden nach Siegmund/Frankenberg (effektive Gliederung), vgl. Diercke Weltatlas 2008, S. 226/227. Abweichende Lösungen bei Verwendung anderer Klimakarten.)

Raum 1

- Ca. 10–27 °C, 20–250 mm NS; drei Klimazonen zuzuordnen: Mittelbreiten, Subtropen und Tropen
- Vegetationsgebiet: Wüste (dauerhaft nur sehr geringe Niederschläge)

Raum 2

- Ca. 5–31 °C, 300–800 mm NS; drei Klimazonen zuzuordnen: Mittelbreiten, Subtropen und Tropen
- Vegetationsgebiet: Grasländer (niederschlagsarme Regionen, an die Wüsten anschließend, innerhalb eines weiten Temperaturspektrums)

Raum 3

- Ca. 12–29 °C, 600–2 300 mm NS; zwei Klimazonen zuzuordnen: Subtropen und Tropen
- Vegetationsgebiet: laubabwerfende Wälder (Laubabwurf infolge Trockenzeit oder niedriger Temperaturen im Winterhalbjahr)

Raum 4

- Ca. 26–30 °C, 1 600–> 3 500 mm NS; einer Klimazone zuzuordnen: innere Tropen
- Vegetationsgebiet: tropischer Regenwald (ständig heiß und feucht)

Raum 5

- Ca. 3–18 °C, 400–2 600 mm NS; zwei Klimazonen zuzuordnen: Mittelbreiten und Subtropen
- zuzuordnendes Vegetationsgebiet: Nadelwälder (niedrige Temperaturen mit kalten Wintern bzw. trockene, heiße Sommer)

Raum 6

- Ca. –10–+4 °C, 150–1 300 mm NS; zwei Klimazonen zuzuordnen: subpolare Zone und Mittelbreiten
- Vegetationsgebiet: arktische Tundra/Gebirgstundra (ständig niedrige Temperaturen)

'gabe 11 Räumliche Differenzierung des Klimas entlang des 60. Breitenkreises in Nordamerika bzw. Eurasien:

(*Hinweis:* Abgrenzung der Klimazonen im Folgenden nach Siegmund/Frankenberg (effektive Gliederung), vgl. Diercke Weltatlas 2008, S. 226/227. Abweichende Lösungen bei Verwendung anderer Klimakarten.)

- Westseiten der Kontinente sind besonders begünstigt: Zugehörigkeit zu den Mittelbreiten (Jahresmitteltemperatur zwischen 0 °C und 12 °C). An den Küsten humid-maritimer Typ, weiter im Landesinneren in den humid-kontinentalen Typ übergehend

  Unterschiede zwischen den Kontinenten: Klima der Mittelbreiten ist in Nordamerika nur in einem schmalen Saum entlang des 60. Breitenkreises vorhanden, in Eurasien weit nach Norden (bis zur Nordspitze Skandinaviens) und Osten (über den Ural hinaus) ausgreifend. Ursachen: Geringere Wirkung der warmen Meeresströmung (der Alaska-/Alëutenstrom in Nordamerika ist schwächer als der Golfstrom/Atlantische Strom in Europa). Küstennahe Gebirge in Nordamerika bilden Hindernisse für das Vordringen milder Meeresluft ins Landesinnere. In den Alëuten auslaufendes Gebirge auch als Hindernis für aus dem Süden vordringende Luftmassen: daher auch subpolares Klima direkt an der W-Küste Nordamerikas am 60. Breitenkreis

- Inneres und Ostseiten der Kontinente: jeweils geprägt von kontinentalem bzw. hochkontinentalem Klima der subpolaren Zone.
  Hochkontinentaler Klimatyp (mit Jahresschwankungen der monatlichen Mitteltemperaturen über 40 °C) ist in Eurasien besonders ausgeprägt und nimmt weite Bereiche entlang des 60. Breitenkreises ein (Größe des Kontinents und weitestgehende Abschirmung maritimer Einflüsse als Ursachen). Im Osten Nordamerikas herrscht etwas abgeschwächte Kontinentalität durch den Einfluss der Hudson-Bay: Jahresschwankungen betragen dort nur zwischen 20 und 40 °C
- Südgrönland: mild, gerade noch humid-maritimes Klima der Mittelbreiten: infolge der westlichen Lage im Atlantik Beeinflussung durch den Atlantischen Strom, der den Grönlandstrom etwas erwärmt

Ökosystem Tropen und anthropogene Eingriffe

Aufgabe 12 Mikroklimatische Verhältnisse zwischen Überständern und Strauchschicht in tropischen Regenwäldern:

- Sehr starke Abnahme des Lichteinfalls: Einschränkung des Lichteinfalls bzw. Zunahme der Reflexion durch fast geschlossene Blätterdächer der Pflanzenstockwerke
- Zunehmende Verringerung der Verdunstung: Wirkung der Wärmestrahlung der Sonne durch die Blätter in den einzelnen Stockwerken nimmt ab
- Starke Zunahme der relativen Luftfeuchtigkeit: Zunahme der Wasserdampfsättigung durch relativen Rückgang der Temperatur bei gleichzeitig großem Wasserangebot durch hohe Niederschläge

Hohe Anzahl von Bäumen:

- Anpassung der Vegetation durch schnelles Längenwachstum an den Mangelfaktor Licht

Aufgabe 13 Ursachen für die hohe Biodiversität sowie die große Biomasse des Ökosystems tropischer Regenwald:

- Optimale Wachstumsbedingungen durch hohe Zufuhr von Sonnenenergie und Wasser
- Veränderte Wachstumsbedingungen auf engem Raum durch vertikal unterschiedliche klimatische Bedingungen innerhalb des Stockwerkbaus

- Ausbildung immer neuer Arten sowie Besetzung „ökologischer Nischen" durch seit dem Tertiär ungestörter Entwicklung
- Spezialisierung und Überlebensstrategien im Konkurrenzkampf mit anderen Arten sowie gegenüber Schädlingen und Fressfeinden

gabe 14 Ungünstiges agrarwirtschaftliches Produktionspotenzial der immerfeuchten Tropen:

- Mächtige Phytomasse: lebende Biomasse als Hauptspeicher der Nährstoffe
- Geringer Anteil an Mineralstoffen im Boden: lang andauernde intensive chemische Verwitterung, deshalb außerordentlich tiefgründiger, mineralstoffarmer Boden
- Vorherrschende Zweischichttonmineralien: geringe Kationenaustausch- und -speicherkapazität für Mineralstoffe, deshalb geringe Bereitstellung von Nährstoffen in austauschbarer Form für Pflanzen
- Dünne Humusschicht trotz des ständigen Nachschubs an abgestorbener Biomasse: rasche Zersetzung der organischen Substanz durch die zahlreichen Mikroorganismen des Bodens
- Kurzgeschlossener Nähr- bzw. Mineralstoffkreislauf: direkte Nährstoffversorgung der Phytomasse durch die „Nährstofffallen" der in der Humusschicht wachsenden Wurzelpilze Mykorrhizae ohne Speicherung im Boden

gabe 15 Anpassung von Brandrodung und Landwechselwirtschaft an mineralstoffarme Böden des tropischen Regenwaldes:

- Anreicherung von Mineralstoffen im mineralstoffarmen Oberboden durch Asche der Brandrodung: hohe Erträge im ersten Jahr
- Auswaschung der Mineralien durch häufige Starkregen wegen geringer Speicherfähigkeit tropischer Böden: nachlassende Erträge im zweiten und dritten Jahr; mehrjährige Fruchtfolge unter Einbeziehung immer wieder neu gerodeter Flächen
- Aufgabe des Feldes nach zwei, spätestens nach vier Jahren: Erschöpfung der Bodenfruchtbarkeit, Brachperiode
- Nachwachsen artenärmeren Sekundärwalds auf Brachflächen: Regeneration der oberirdischen Nährstoffe
- Erneute Einbeziehung in Anbaurotation nach 15 bis 20 Jahren: ausreichende Mineralstoffe in nachgewachsener Biomasse

Aufgabe 16 Auswirkungen der Rodung tropischer Regenwälder auf das regionale Klima:

- Rückgang der Niederschläge: schnellere Verdunstung des Niederschlagswassers auf den entwaldeten und aufgeheizten Flächen, zudem Rückgang der Bodenfeuchte sowie anderer Wasserspeicher ebenso wie oberflächliches Abfließen des Regenwassers; in der Folge Reduktion der Wassermenge im Kreislauf von Verdunstung, Kondensation und Starkregen
- Temperaturanstieg um 3 °C: erhöhte direkte Sonneneinstrahlung durch fehlende Wolkendecke und schützende Vegetation

Auswirkungen auf das globale Klima:

- Beeinflussung der globalen Luftzirkulation: Transport der durch Sonneneinstrahlung an der Erdoberfläche erzeugten Wärmeenergie in die Atmosphäre, Freisetzung von Wärme bei Kondensation des Wasserdampfs in großen Höhen
- Beeinflussung der globalen Niederschlagsverteilung: reduzierte Verdunstungsmengen in den immerfeuchten Tropen
- Weltweiter Temperaturanstieg: Verlust der CO_2-Senke tropischer Regenwald, zudem CO_2-Anreicherung in der Atmosphäre durch Brandrodung; dadurch Verstärkung des anthropogenen Treibhauseffekts

Aufgabe 17

Eingriffe in den Regenwald	Zielsetzungen
Kleinbäuerlicher Dauerfeldbau	Selbstversorgung bzw. Lebensmittelversorgung der Bevölkerung; Hoffnung auf eigenes Land, Entrinnen der Arbeitslosigkeit, der Armut und des Hungers
Agrarkolonisation	Entlastung übervölkerter ländlicher Regionen und Großstädte; Abbau von Disparitäten, Landvergabe an Kleinbauern, Landlose und Pächter; Vermeidung von sozialen Unruhen
Viehwirtschaft, Plantagen, Holzeinschlag, Rohstoffabbau	Versorgung der heimischen Bevölkerung und Industrie; Deviseneinnahmen durch den Export tropischer Nahrungsmittel, nachwachsender Rohstoffe, hochwertigem Holz sowie von Bodenschätzen
Hydroenergieerzeugung	Deckung des Eigenbedarfs; Reduktion der Einfuhr teurer Energierohstoffe

Aufgabe 18 Zonale Abfolge der Vegetation in Burkina Faso von Norden nach Süden:

- Dornsavanne mit vereinzelten Bäumen oder kleineren Baumgruppen (Akazien, Baobab) sowie Dornbüsche mit niedriger Wuchshöhe; vorherrschend schüttere Grasvegetation; entlang der Flüsse immergrüne Galeriewälder

- Trockensavanne mit dichten bodendeckenden Grasfluren im nördlichen trockeneren Teil und regengrünen Trockenwäldern mit laubabwerfenden Baumarten im feuchteren Süden
- Feuchtsavanne mit regengrünen Wäldern und dichtem Baumbestand sowie übermannshohen Grasfluren in Standortgemeinschaft

Begründung der zonalen Nord-Süd-Abfolge:

- Zunahme der Niederschläge von ca. 300 mm in der Dorn- auf 1 000 mm in der Feuchtsavanne, Abnahme der Niederschlagsvariabilität
- Zunahme der Zahl der humiden Monate von 2 bis 3 auf 7 Monate
- Begünstigung der Holzpflanzen zulasten der offenen Grasfluren durch höheres Wasserangebot und geringes Dürrerisiko im Süden

gabe 19 Klima der Sahelzone:

- Wechselfeuchtes Klima der Randtropen mit einer kurzen sommerlichen Regenzeit mit 2 (Gao) bis 4 humiden Monaten (Kayes)
- Geringer Jahresniederschlag, Niederschlagsmaximum im August mit 120 (Gao) bzw. 240 mm (Kayes)
- Hohes Temperaturmaximum im Mai mit ca. 33 °C

Erklärung:

- Von Juli bis September Einfluss der nördlichen ITC, einer Zone tiefen Drucks mit aufsteigender Luftbewegung und Zenitalregen
- In den anderen Monaten vorherrschender NO-Passat, der in Mali besonders trocken aus der Sahara einweht, hohe Einstrahlung durch geringe Bewölkung

gabe 20 Verknüpfung von Ursachen und Folgen in einem Fließdiagramm:

- Natürliche Ursachen: geringer Jahresniederschlag, hohe Niederschlagsvariabilität, hohes Dürrerisiko, schüttere Grasvegetation
- Anthropogene Ursachen: steigender Bevölkerungsdruck, Sesshaftmachung der Nomaden, Ausweitung des Feldbaus über die agronomische Trockengrenze, Anlage von Tiefbrunnen, Vergrößerung der Viehherden, Abholzung für Brennholzgewinnung
- Folgen: Vernichtung der Baum- und Grasvegetation, Absenkung des Grundwasserspiegels, Bodenerosion und Dünenbildung, man-made-desert, Aufgabe von Siedlungen, Ackerflächen und Weidegebieten, Abwanderung in Dürrejahren, Gefahr von Hungerkatastrophen

Mögliches Diagramm:

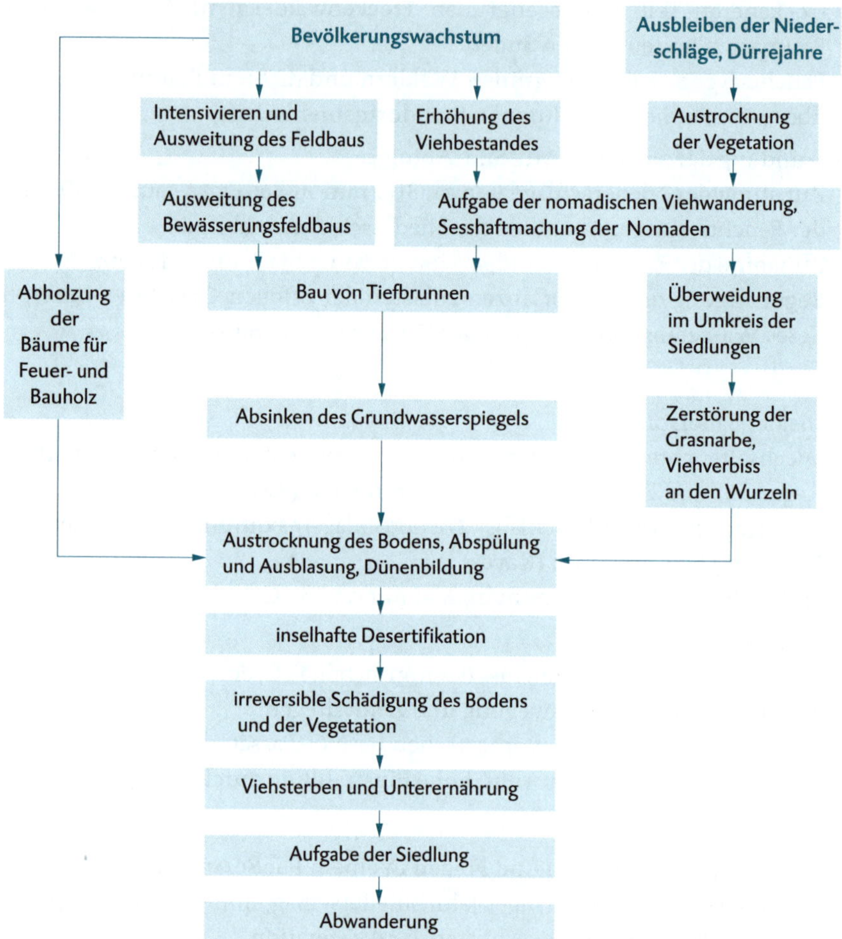

Aufgabe 21 Bewertung von möglichen Maßnahmen zur Desertifikationsbekämpfung:

- Reduzierung des Bevölkerungsdrucks durch Geburtenkontrolle: Bildung und veränderte Stellung der Frauen schaffen Bewusstsein, aber: stark verankertes traditionelles Rollenverhalten behindert den Fortschritt, Fehlen von Sozialversicherungssystemen

- Förderung nachhaltiger Landwirtschaft: Aufrechterhaltung nomadischer Viehhaltung, Konzentration auf Bewässerungsfeldbau für Food Crops, aber: Behinderung nomadischer Lebensweise durch Grenzziehung, Zwang zu Deviseneinnahmen durch weltmarktorientierten Anbau
- Wiederaufforstung und Dünenbepflanzungen, aber: Mangel an Kapital und Know-how, hohes Dürrerisiko gefährdet Neuanpflanzungen

Ökosystem kalte Zonen und menschliche Eingriffe

'gabe 22 Ökologische Empfindlichkeit der Tundrenvegetation gegenüber touristischer Erschließung:

- Extrem hohe ökologische Sensibilität der Tundrenvegetation, besonders der niedrig wüchsigen Variante, gegenüber mechanischen Einwirkungen (Zertreten)
- Sehr langsame physikalische Wachstumsgeschwindigkeiten der Pflanzen; somit wird mit einem Tritt, z. B. auf Moose, jahrzehntelanges Wachstum zerstört
- Extreme Empfindlichkeit der Pflanzen gegenüber eingebrachten Schadstoffen, z. B. aus der Abfallhinterlassung

'gabe 23 Mögliche Motive:

- Schutz der borealen Nadelwälder gegenüber potenziellem Waldraubbau mit dem Ziel der Holzgewinnung
- Erhaltung eines Teilökosystems, das im gesamten Weltklimasystem spezifische Aufgaben übernimmt (z. B. Zwischenspeicherung von Niederschlag, Wärmepuffer)
- Schutz subarktischer Minderheitenbevölkerung mit dem Ziel der Erhaltung der dortigen traditionellen Lebensweisen unter Beachtung ökologischer Gesamtaspekte

Mögliche Problemkreise:

- Gewinnmaximierende Forstwirtschaft führt zu winterlicher Abholzung von Bäumen zur Nutzholzgewinnung; Problem: schwierige Wiederaufforstung der Taiga-Bestände infolge retardierter Wachstumsbedingungen
- Konflikte aus dem wirtschaftlichen Interesse an der Nutzung mineralischer und metallischer Rohstoffe: Entfernung von Waldflächen zur Schaffung von Minengebieten

Aufgabe 24 Beispiel Erdölexploration im Norden Alaskas, Erdöltransport nach Süden:

- Zerstörung von Jagdgebieten durch den Ausbau der Erdöl fördernden Wirtschaft (Flächenanspruch für Verladestellen, Pumpstationen der Alaska Oil Pipeline, u. a.)
- Störung der einheimischen Küstenfischereigründe an der Nordküste
- Landschafts(zer)störung durch den Bau der Alaska Oil Pipeline; Gefahr der Verschmutzung durch auslaufendes Erdöl bei Leckagen; Störung/Unterbrechung der Zugwege von Vieh (z. B. Karibus)
- Störung der indigenen Küstenfischereigebiete im Umfeld des Erdölverladehafens an der Südküste Alaskas
- Landschaftsverbrauch durch weitere geplante Explorationsversuche im Bereich der fossilen Energieträger und der metallischen und mineralischen Rohstoffe

Aufgabe 25 Klimatische Gegebenheiten:

- Station Presidente Eduardo Frei liegt in antarktischer Randlage; daher stärkere sommerliche Erwärmung infolge nördlicherer Lage
- Stärkerer maritimer Einfluss: Meerwasser wirkt als retardierender Faktor, daher Kappung der t-Extrema
- Höhere Luftfeuchtigkeit im Vergleich zur Zentralantarktis; daher stärkere temperaturausgleichende Wirkung
- Geringere Albedo infolge reduzierter Rückstrahlfläche auf den vorgelagerten Inseln

Aufgabe 26 Ökologische Fragilität:

- Begriff bedeutet Anfälligkeit gegenüber Störfaktoren
- Insgesamt größerer ökologischer Puffer in den Mittelbreiten infolge höheren Wasserangebots, höherer Temperaturen und höherer Luftfeuchtigkeit

Besondere ökologische Fragilität in der Antarktis:

- Extrem langsame Wachstumsgeschwindigkeit der wenigen antarktischen Vegetationsformen (z. B. Flechten)
- Generelle Niederschlagsarmut, somit geringe thermische Speicherfähigkeit
- Schnelle thermische Reaktion schon nach geringfügigen Temperaturerhöhungen, somit schnelles Abschmelzen von Eismassen in Randlagen

fgabe 27 Szenarien bei anhaltender Klimaerwärmung:

- Szenario 1: weiteres Abschmelzen antarktischer Eismassen, dadurch mögliche Erhöhung des weltweiten Meeresspiegels; Überflutung von Inselgruppen, die nur wenige Meter über dem Meeresspiegel liegen (z. B. Korallenatolle); Überflutung der Festlandsküstenbereiche, Zerstörung von Hafenanlagen und touristischer Infrastruktur und Zwang zur kostenintensiven Verlagerung landwärts
- Szenario 2: zunehmender Süßwassereintrag in die Weltmeere; dadurch Veränderung des Salzgehalts von Meeresteilen; möglicherweise Veränderung der „Antriebsmotorik" von Meeresströmungen (z. B. Verlangsamung des Nordatlantik-Stroms); folgedessen Verschiebung der globalen Wärmeströme und Klimaänderungen

Wasser

fgabe 28 Thermische Funktion des Wassers:

In der Atmosphäre

- Zwischenspeicher für Wärmeenergie, dadurch mäßigende Einwirkung auf Extremtemperaturen (Kappung der Temperatur-Maxima) und Reduzierung von extremen Wetter- und Witterungsereignissen
- Transportmedium für Wärmeenergie innerhalb der globalen Luftmassenkreisläufe

In der Hydrosphäre

- Quelle für die atmosphärische Luftfeuchtigkeit (Verdunstung von Wasser an Meeresoberflächen und Eintrag in die Atmosphäre)
- Träger und Transportmedium für Wärmeenergie in Meeresströmungen (z. B. Golfstrom-System, das Wärmeenergie aus den tropischen/subtropischen Bereichen bis in die subpolaren Regionen Europas transportiert

fgabe 29 Beschreibung/Begründung des Wasserangebots:

Klimadiagramm Rom

- Typische klimatische Situation einer Station im Bereich des Mittelmeerklimas mit Winterregen
- Hauptniederschläge fallen in den Wintermonaten und in den Übergangsjahreszeiten, dadurch Wasserüberschuss/-angebot während dieser Periode, da mehr Wasser als Niederschlag fällt, als verdunstet wird

- Gegenteilige Situation im Sommer: Aridität mit deutlichem Übersteigen der Niederschläge durch die Verdunstungswerte
- Mögliche Wasserknappheit kann dann nur durch Ableiten von Flusswasser oder Entnahme aus Grundwasser ausgeglichen werden

Klimadiagramm Thule

- Äußerst geringe Jahresniederschlagswerte infolge extrem tiefer Temperaturen in allen Monaten (Ausnahme: Sommermonate Juni bis September mit Mitteln über 0 °C)
- Ganzjährige Wasserknappheit infolge geringer absoluter Luftfeuchtigkeit; andererseits relativ geringer Wasserbedarf im subpolaren Thule (äußerst dünne Bevölkerungsdichte, geringe absolute Bevölkerungszahl); Wasserangebot aus aufgeschmolzenen Eismassen bedienbar

Aufgabe 30 Mögliche Nutzungskonflikte:

- Wasser fehlt gerade in der Zeit, in der die höchste Wärmeenergie zur Verfügung steht und das Pflanzenwachstum thermisch optimiert wäre
- Dieses fehlende Niederschlagswasser kann aus Grundwasserbeständen und durch abgeleitetes Flusswasser ausgeglichen werden
- Vor allem in den Küstenregionen jedoch gleichzeitig stärkste touristische Aktivität; touristische Infrastruktur steht somit zeitlich in direktem Interessenkonflikt mit der Bewässerungslandwirtschaft
- Weitere mögliche Nutzungskonflikte: Tourismus – industrielle Produktion – Versorgung der privaten Wasserhaushalte

Aufgabe 31 Begründung für die Reduzierung bzw. Erhöhung der Produktionskapazitäten in den Industrie- bzw. Schwellenländern:

- Bauxitlagerstätten liegen in den Tropen und Subtropen
- Transportkostenreduzierung bei der Tonerdegewinnung am Abbauort
- Verteuerung der Aluminiumverhüttung wegen Anstieg der Energiekosten und der Lohnkosten in den Industrieländern
- Erhöhung der Stromproduktion in den Schwellenländern durch z. B. neue Staudammprojekte, niedrige Stromkosten durch Überangebot
- Geringere Umweltauflagen in den Schwellenländern
- Steigerung des Aluminiumbedarfs in den Schwellenländern durch starkes Wachstum moderner Industriebranchen

gabe 32 Voraussetzungen für die Wassergewinnung in der libyschen Wüste:

- Vorhandensein fossiler Grundwasservorkommen
- Einsatz modernster Explorationsverfahren zur Lagerstättenerkundung
- Nutzung modernster Bohr- und Fördertechniken
- Bereitstellung von Kapital zur Finanzierung des Imports modernster technischer Anlagen
- Aufzeigen der Leistungsfähigkeit des libyschen Staates und seiner Regierung
- Steigerung des Ansehens Libyens in der islamischen Welt

Erklärung des Strategiewechsels:

- Verbesserung der Trinkwasserversorgung in den großen Städten an der Küste
- Erhöhung der Effizienz der Wassernutzung in den traditionellen küstennahen Anbaugebieten
- Verzicht auf aufwendige Maßnahmen zur Speicherung der Niederschläge und Meerwasserentsalzung zur Beseitigung des Wasserdefizits im bevölkerungsreichen Norden
- Intensivierung der Bewässerung in den Oasen fördert die Verdunstung und erhöht die Versalzungsgefahr

gabe 33 Ursachen der Wasserknappheit im Süden Spaniens:

- Winterregengebiet mit hoher Niederschlagsvariabilität und mehrmonatiger Trockenheit im Sommerhalbjahr
- Steigerung des Wasserverbrauchs in der Landwirtschaft durch zunehmende Bewässerung
- Zunahme des Trinkwasserbedarfs durch Bevölkerungswachstum und steigenden Lebensstandard
- Zunahme des Wasserverbrauchs für den Tourismus durch wasserintensive Angebote wie Aquaparks, Golfplätze oder hoteleigene Swimmingpools
- Übernutzung der begrenzten Grundwasserreservoirs in den ariden Sommermonaten

Maßnahmen zur Linderung des Wassermangels:

- Bau von zusätzlichen Staubecken zur Speicherung der winterlichen Niederschläge
- Einsatz Wasser sparender Bewässerungsmethoden wie etwa Tröpfchenbewässerung
- Klärung und Rückführung von Brauchwasser in den Wasserkreislauf sowie Einsatz modernen Wassermanagements
- Verzicht auf verschwenderischen Wasserverbrauch im Tourismussektor

Aufgabe 34 Natürliche und anthropogene Ursachen für die Verlandung des Aralsees:
- Geringe Niederschläge, hohe sommerliche Verdunstung
- Zufluss nur von zwei Fremdlingsflüssen nach der Schneeschmelze
- Ausweitung der Bewässerungsflächen entlang der Zuflüsse und Anbau von Kulturpflanzen mit hohem Wasserbedarf
- Neulanderschließung in der südlichen Wüste durch Wasserüberleitung aus den Zuflüssen

Ökonomische und ökologische Folgen:
- Zunahme der Kontinentalität
- Erhöhung der Salzkonzentration im Seewasser
- Verringerung der Fischbestände, Aussterben vieler Fischarten
- Bildung von Salzkrusten auf dem trockengefallenen Seegrund
- Verschmutzung des Seewassers durch Pestizide
- Niedergang der Fischindustrie
- Ausbreitung von Krankheiten und Seuchen in der Bevölkerung

Aufgabe 35 Standortvorteile der industriellen Agglomerationsräume entlang des Rheins:
- Basel-Mühlhausen-Freiburg: Chemie- und Metallindustrie; Rhein bis Basel schiffbar, geringe Transportkosten für Massengüter
- Straßburg: Zellstoffindustrie; billiger Holztransport auf dem Rhein, Nutzung des Flusswassers für die Zellstoffproduktion
- Rhein-Neckar-Region: chemische Industrie nutzt das Rheinwasser als Brauch- und Kühlwasser, Rhein als Transportweg für Rohstoffe und Fertigprodukte
- Köln-Ruhrgebiet: Eisen-, Stahl- und Chemieindustrie nutzt das Rheinwasser als Brauch- und Kühlwasser, Duisburg größter Binnenhafen Europas
- Rotterdam-Europoort: Raffinerien, Chemieindustrie; Umschlagplatz zwischen See- und Binnenschifffahrt, Rhein ist wichtigste Binnenschifffahrtsstraße Europas

Aufgabe 36 Eingriffe in das Abflusssystem der Elbe:
- Begradigung und Eindeichung des Flusslaufes
- Kanalisierung der Elbe
- Einbau von Staustufen zur Energiegewinnung und Erhöhung der Wassertiefe für die ganzjährige Schiffbarkeit
- Trockenlegung der Überschwemmungsflächen

Anthropogene Ursachen des Jahrhunderthochwassers 2002:

- Erhöhung des Oberflächenabflusses bei Starkregen durch Versiegelung der Landschaft und Verdichtung des Bodens
- Verlust der Wasserspeicherung durch Erschließung der Auenflächen
- Zunahme der Fließgeschwindigkeit durch die Flussregulierung
- Erhöhung der Hochwasserspitze durch das synchrone Zusammenlaufen der Hochwässer in der Elbe und ihren Nebenflüssen

fgabe 37 Bedeutungszuwachs der Binnenschifffahrt:

- Binnenschiff ist billigstes Transportmittel für Massengüter
- Umweltverträglichkeit der Binnenschifffahrt rückt zunehmend in den Vordergrund
- Gütertransport auf den Flüssen und Kanälen reduziert den Güterverkehr auf den Straßen
- Binnenschiff als wichtiges Bindeglied im trimodalen Güterverkehr Wasserstraße-Schiene-Straße
- Kanalisierung verbessert die Schiffbarkeit der Flüsse und erhöht die Zuverlässigkeit des Gütertransports
- Zunahme der Attraktivität des Schiffstourismus auf den Binnenwasserstraßen

fgabe 38 Natürliche Voraussetzungen für den Bau des Assuan-Staudamms:

- Stark unterschiedliche Wasserführung des Nils: Niedrigwasser von Februar bis Juli, vorwiegend Abflussmenge aus dem Bereich des Weißen Nils (Victoria-See); Hochwasser von August bis Oktober durch hohen Abfluss des Blauen Nils und des Atbara durch sommerliche Zenitalregen und Steigungsregen in deren Quellgebieten
- Nilschwelle bei Assuan und Durchbruch im anstehenden Granit ermöglicht den Bau einer Talsperre

Erwartungen der ägyptischen Regierung:

- Ganzjährig gleichbleibende Wasserführung des Nils
- Ganzjährige Schiffbarkeit des Nils für den Personen- und Gütertransport
- Nilkreuzfahrten als attraktive Tourismusangebote
- Verhinderung der Zerstörungen an der Infrastruktur durch die Nilfluten
- Steigerung des Wasserangebotes für die Bewässerung im Niltal
- Anbau hochwertiger Pflanzen durch Bewässerung
- Gewinnung von Neulandflächen durch höheres Wasserangebot

- Energiegewinnung im Assuan-Kraftwerk
- Elektrifizierung des ganzen Landes
- Ansiedlung neuer Industriebetriebe und Schaffung von Arbeitsplätzen

Mögliche Risiken der Wasserbaumaßnahme:

- Gefahr der Verlandung des Stausees durch die Flusssedimente
- Verlust der natürlichen Bodendüngung mit Nilschlamm während der sommerlichen Überschwemmung
- Flächenverluste im Nildelta wegen der abnehmenden Sedimentierung
- Rückgang der Sardinenfischerei im Delta wegen des geringeren Nahrungsangebots
- Ausbreitung der Bilharziose (Augenkrankheit), da Bewässerungskanäle nicht mehr trockenfallen, und ungehinderte Ausbreitung der Krankheitserreger

Rohstofflagerstätten und deren Nutzung

Aufgabe 39 Herkunft und Auswirkungen auf die Standortwahl:

- 1960: Ein Viertel des Erzbedarfs stammt aus heimischen Lagerstätten, weniger als 10 % aus Übersee
- 2018: keine heimische Rohstoffbasis, mehr als drei Viertel der Importe kommen aus Übersee

Auswirkungen auf die Planung neuer Betriebe der Stahlindustrie:

- Standorte in Deutschland: Lage neuer Stahlbetriebe in Küstennähe („nasse Hütten") wegen niedriger Transportkosten, da die Erzanlieferung ausschließlich über das Meer erfolgt, im Binnenland Planung neuer Hütten nur an Binnenwasserstraßen wie etwa dem Rhein oder an der Unterelbe
- Neue Stahlhütten ausschließlich auf Schrottbasis an Standorten im Binnenland mit sehr guter Verkehrserschließung
- Planung von Stahl erzeugenden Betrieben vorwiegend in den Herkunftsländern des Eisenerzes wegen der geringen Produktionskosten

Aufgabe 40 Entwicklung der Stahlerzeugung in China und Indien:

- Geringe Stahlproduktion bis 1980 in China, bis 1990 in Indien: geringer Bedarf wegen fehlender Industrialisierung und rückständiger Wirtschaft
- Konstanter Anstieg der Stahlproduktion in China bis 2000, in Indien geringes Wachstum bis 2017: höherer Stahlbedarf wegen nachholender Industrialisierung besonders in China
- Starker Anstieg der Stahlerzeugung in China seit 2000: sehr hohes industrielles Wachstum und hoher Bedarf etwa durch Ausbau der Verkehrswege

Auswirkungen auf den Weltmarkt und die Folgen für deutsche Betriebe:
- Wachstum der Stahlproduktion in China und Anstieg der Erzimporte wegen der Begrenztheit der eigenen Ressourcen, ausreichende heimische Erzbasis in Indien
- Nachfragesteigerung und Anstieg der Rohstoffpreise, Kostenbelastung für China und die Staaten ohne eigene Erzbasis wie etwa Deutschland
- Folgen für deutsche Unternehmen: Anstieg der Produktionskosten und Verteuerung der Endprodukte, erhöhter Konkurrenzdruck auf dem Weltmarkt, Absatzrückgang

fgabe 41 Erläuterung der zunehmenden Importabhängigkeit bei ausgewählten Energieträgern in die Europäische Union seit 1990:
- Höchste Importabhängigkeit von fast 90 % des Verbrauchs bei Erdöl wegen steigender Nachfrage durch zunehmenden Kraftfahrzeugverkehr in der EU trotz vielfältiger Maßnahmen zur Reduzierung des Erdölbedarfs etwa für Heizzwecke
- Stärkste Zunahme der Importabhängigkeit bei Steinkohle, hier Steigerung von ca. 27 % des Bedarfs auf über 60 %, wegen der Stilllegung des Kohlebergbaus in Deutschland und Frankreich bei gleichbleibend hohem Bedarf vor allem zur Stromgewinnung in Kohlekraftwerken
- Starke Steigerung der Nachfrage nach Erdgasimporten vor allem wegen des Einsatzes von Erdgas zur Bereitstellung von Wärmeenergie in privaten Haushalten und in der Industrie zur Substituierung von Erdöl und Kohle wegen staatlicher Maßnahmen zur Reduzierung der CO_2-Belastung der Atmosphäre

fgabe 42 Erklärung der unterschiedlichen Entwicklung der Kohleförderung:
- Welt: Zunahme der Kohleförderung aufgrund der stark steigenden Förderung in Schwellen- und Entwicklungsländern wie China, Indien und Australien mit großen Kohlereserven und niedrigen Förderkosten durch Tagebaubetrieb
- Deutschland: Rückgang der Kohleförderung, da Abbau im kostenintensiven Bergbau bis zu 1 000 m Tiefe, Förderkosten in Deutschland doppelt so hoch wie der Weltmarktpreis für Kohle, Kohlebergbau wird durch staatliche Subventionen aufrechterhalten, die aber 2020 auslaufen

Aufgabe 43 Gemeinsamkeiten des Primärenergieverbrauchs weltweit und in der EU:

- Jeweils höchster Anteil des Erdöls am Primärenergieverbrauch: Nutzung des Erdöls vor allem im Verkehrswesen, da Entwicklung alternativer Antriebsformen für Kraftfahrzeuge noch nicht marktreif sind, hier vor allem zunehmender Bedarf etwa in den neuen Weltwirtschaftsmächten China und Indien sowie in den asiatischen und südamerikanischen Schwellenländern.
- Fast gleicher Anteil von Erdgas am Primärenergieverbrauch: Nutzung des Erdgases in konventionellen, kostengünstigen Kraftwerken, billiger Transport fast ausschließlich in Pipelines, hohe Steigerung des Verbrauchs wegen geringer Umweltbelastungen und großer Erdgasreserven

Unterschiede des Primärenergieverbrauchs weltweit und in der EU:

- Etwas höherer Anteil alternativer Energieträger in der EU, aber unterschiedliche Ausprägung der Intensität der Nutzung unterschiedlicher Energieformen, so etwa hauptsächliche Nutzung der Wasserkraft in Schwellen- und Entwicklungsländern, dagegen Nutzung der Photovoltaik und der Windenergie insbesondere in der EU
- Hoher Anteil von Kohle weltweit, aber deutlich geringerer Anteil in der EU: Rückgang des Kohleverbrauchs in der EU wegen Substitution durch andere Energieträger, hoher Umweltbelastungen bei der Verbrennung von Kohle, geringer Eigenversorgung und hoher Importabhängigkeit wegen Aufgabe des Kohlebergbaus in zahlreichen EU-Mitgliedstaaten
- Sehr geringer Anteil der Kernenergie weltweit, aber bedeutender Anteil in der EU: Einsatz nur in hoch entwickelten Ländern möglich wegen hoher Kosten und aufwendiger Technologie zur Nutzung der Kernkraft, hohe staatliche Subventionen für die Entwicklung der Kernkrafttechnologie, in vielen Ländern Maßnahmen zur Reduzierung der Kernkraft als Folge des Reaktorunglücks in Fukushima/Japan

Aufgabe 44 Schritte der „nachholenden" Wirtschaftsentwicklung in Dubai:

- Erwerb von Konsumgütern, Beteiligung an internationalen Firmen, Geldanlage auf Finanzmärkten
- Versorgung der eigenen Bevölkerung: z. B. Steuerfreiheit, Arzt- und Krankenhausbesuch, unentgeltliche Wasser- und Stromversorgung
- Ausbau der Verkehrs- und Versorgungsinfrastruktur, Verbesserung der Wohnsituation
- Import von Nahrungsmitteln und Konsumgütern
- Verringerung der Importausgaben durch den Aufbau einer eigenen Leichtindustrie

- Import von Industrie- und Investitionsgütern
- Anwerbung von ausländischen Arbeitskräften
- Aufbau einer Grundstoffindustrie
- Errichtung von Freihandels- und Industriezonen zur Produktion von Fertigwaren
- Diversifizierung der Wirtschaft zur Reduktion der Monostruktur durch Ausbau zum Immobilien-, Finanz-, Handels- und Dienstleistungszentrum

gabe 45 Chancen der Diversifizierungspolitik:

- Unabhängigkeit von Erdölförderung und -einnahmen
- Schaffung vielfältiger Arbeitsplätze außerhalb der Erdölwirtschaft
- Entwicklung zu einem Forschungs- und Hightech-Standort
- Wirtschaftlicher Aufschwung auf breiter Basis
- Zunehmende Bedeutung in der Weltwirtschaft

Risiken der Diversifizierungspolitik:

- Enormer Wasserverbrauch in einem Wüstenstaat
- Hoher Energieverbrauch durch Klima- und Meerwasserentsalzungsanlagen
- Abhängigkeit vom Tourismus, von internationalen Finanzmärkten und ausländischen Direktinvestitionen
- Konkurrenz durch andere Erdölstaaten
- Abhängigkeit von ausländischen Arbeitskräften
- Verlust der Attraktivität für den Tourismus durch enorme Bautätigkeit, Überlastung der Infrastruktur sowie der Lage in einer instabilen politischen Region

gabe 46 Ökologische Chancen des Altpapier-Recyclings:

- Schonung bestehender Waldbestände bzw. Unterstützung einer geregelten forstwirtschaftlichen Vorgehensweise durch Pufferung des Holzbedarfs für die Papierherstellung mithilfe von Altpapier-Recycling
- Verminderung des Holzbedarfs für geringerwertige Papierarten (z. B. Toilettenpapier, Kartonagen) durch Rohstoffbezug aus Altpapier

Wirtschaftliche Risiken:

- Problem der Wirtschaftlichkeit bei der Altpapierverwertung in Absatzkrisenzeiten (z. B. in der Wirtschaftskrise 2008/2009) oder dann, wenn zu viel Altpapier zur Verfügung steht
- Risiko des Preisverfalls und des Verlusts an Arbeitsplätzen in der Recycling- und Papierindustrie

- Konkurrenzdruck durch andere Verpackungsmaterialien, z. B. Kunststoffe, und durch Ökonomisierung der Verpackungseinheiten
- Zunehmende Konkurrenz asiatischer Verpackungshersteller zuungunsten europäischer Unternehmen
- Problem starker Preisschwankungen bei Altpapier und damit fehlende konstante Planungssicherheit verbunden mit höherem unternehmerischen Risiko im Bereich der Abfallwirtschaft

Aufgabe 47 Brückenfunktion der Kernenergie:

- Vollständige Umstellung auf alternative Energieträger nicht ad hoc möglich, da Letztere einen noch zu geringen Anteil an der Gesamtenergiebereitstellung einnehmen
- Langfristiger Übergang zu den alternativen Energieträgern infolge der Erschöpfung der fossilen Energieträger ist aber unabdingbar
- Deshalb Zwischenlösung erforderlich, die den Übergang zeitlich überbrückt, z. B. durch Kernenergie
- Allerdings hohe Risiken, vgl. Nuklearkatastrophe von Fukushima
- Mehrere Länder, z. B. Deutschland, wollen aus der Kernenergie aussteigen
- Brückenfunktion fraglich; neue Lösungen und schnellere Umstellung auf erneuerbare Energien sind notwendig

Aufgabe 48

- Zwischen 2006 und 2019 ist die Gesamtanbaufläche für nachwachsende Rohstoffe von etwa 1,35 Mio. ha auf 2,67 Mio. ha gestiegen und hat sich somit verdoppelt.
- Der Graph zeigt bis 2007 eine sehr starke und ab 2008 eine kontinuierliche Steigung. Der daraus ersichtliche Zuwachs wird von den innerhalb der Energiediskussion wichtig gewordenen Energiepflanzen getragen (Aktuelle Anbaufläche Energiepflanzen: 2,37 Mio ha., Anbaufläche Industriepflanzen: 0,30 Mio. ha).
- Innerhalb der Industriepflanzen sind besonders die Pflanzen zur Stärkegewinnung (z. B. aus Zuckerrüben für die Herstellung von Bioverpackungen) und die Ölpflanzen (Speiseöle und Öle als Grundlage für die chemische Industrie) zu nennen.
- Innerhalb der Gruppe der Energiepflanzen dominieren 2019 die Pflanzen zur Herstellung von Biogas und Raps zur Herstellung von Biodiesel. Einen weitaus geringeren Anbauflächenanteil zeigen jene Pflanzen, aus denen Zucker und Stärke für die Produktion von Bioethanol gewonnen wird.

- Vergleicht man die Flächenanteile der Industrie- mit denen der Energiepflanzen, so ergibt sich in etwa ein achtfacher Wert zugunsten letzterer. Dies spiegelt die wachsende Notwendigkeit der Produktion von Treibstoffen außerhalb der knapper werdenden fossilen Energiestoffe wider.

Umweltrisiken und menschliches Verhalten

fgabe 49 Fremdenverkehr und geotektonische, morphologische und klimatische Verhältnisse:

- Vielgestaltetes Relief: Gebirgsketten mit unterschiedlichen Gesteinen durch Faltung unterschiedlicher Sedimente, dazwischenliegende Täler, Trogtäler durch Gletscherströme, bizarre Gipfel und Frostschutthalden durch Frostsprengung, stark erodierende Bergbäche
- Abwechslungsreicher Landschaftscharakter: verschiedene Höhenstufen auf engem Raum aufgrund des Wandels der klimatischen Verhältnisse mit der Höhe: einmalige, artenreiche Flora
- Bergbäche und Seen: hohe Niederschläge in der nivalen und alpinen Stufe, Schmelzwasser der Schneefelder und Gletscher, von den Gletschern ausgeräumte Zungenbecken
- Winterliche Schneesicherheit: hohe Niederschläge in den Höhen- und Staulagen, niedrige Temperaturen und lange Kälteperioden in der Höhe

fgabe 50 Verkehrsaufkommen im Zillertal:

- Geringer Lkw-Verkehr: geringe Industrialisierung
- Kein Lkw-Verkehr an Sonntagen: Fahrverbot
- Hoher Pkw-Verkehr: großer Eigenverkehr der Talbewohner durch hohe Besiedlungsdichte, Attraktivität des Zillertals für den Tourismus
- Zunahme des Verkehrsaufkommens an Freitagen und u. a. an Samstagen: Wochenendurlauber, u. a. aber Zimmerwechsel
- Geringstes Verkehrsaufkommen an Sonntagen: Fahrverbot für Lkws, kaum Eigenverkehr

Umweltbelastungen:

- Lärm: hohes Verkehrsaufkommen, Konzentration durch enges Tal, Ausbreitung der Schallwellen
- Luftschadstoffemissionen: Abgasausstoß und -konzentration aufgrund des hohen Verkehrsaufkommens und der Staus, Verstärkung durch häufige Inversionswetterlagen
- Boden und Grundwasser belastende Straßenabwässer: Salzstreuung im Winter

Gegenmaßnahmen:
- Verkehrsberuhigung: Bau von Umgehungsstraßen, Tunnels und Lärmschutzwänden; Ausweisung von Fußgängerzonen; Errichtung von Sammelparkplätzen am Rand von Gemeinden oder am Taleingang
- Verringerung des Wochenendverkehrs: Zimmerwechsel an allen Wochentagen, ermäßigte Angebote an Tagen unter der Woche
- Technische Verbesserungen: „Flüsterasphalt“ bzw. geräuscharme Reifen, schadstoffarme Motoren
- Förderung des öffentlichen Anreise- und Nahverkehrs: eventuell kostenfreie Nutzung öffentlicher Verkehrsmittel; Abholservice oder Preisnachlässe bei der Anreise mit öffentlichen Verkehrsmitteln

Aufgabe 51 Murenabgänge als Ergebnis der natürlichen anthropogenen Einflüsse:
- Vernässung der Berghänge durch Schnee oder Gewitterregen, in der Folge Abrutschen des Bodens an den steilen Hängen auf der darunterliegenden Gesteinsschicht

Murenabgänge als Ergebnis der natürlichen und anthropogenen Einflüsse:
- Erhöhte Niederschläge auch im Zuge des Klimawandels
- Vernässung des Bodens der Berghänge durch Schädigung der Grasnarbe durch Präparierung von Skipisten und Skikanten sowie Viehtritt
- Verlust der Schutzfunktion des Walds durch Abholzung und Umweltschäden

Aufgabe 52 Gefährdung der nordamerikanischen Westküste durch endogen verursachte Naturkatastrophen:

Region 1: Grenze Pazifische Platte/Juan-de Fuca-Platte
- Situation: ozeanischer Rücken mit Transform-Störungen
- Konstruktive Plattengrenzen mit auseinanderweichenden Platten und Transform-Störungen
- Empordringendes dünnflüssiges Magma mit geringer Explosionsneigung, daher keine katastrophalen Vulkaneruptionen zu befürchten
- Aufgrund der divergierenden, noch dünnen Platten nur schwache Erdbeben zu erwarten
- Nur geringe Tsunamigefährdung wegen der nur schwachen Erdbeben
- Insgesamt relativ geringes Gefährdungspotenzial

Region 2: Grenze Juan-de-Fuca-Platte/Nordamerikanische Platte

- Situation: Subduktionszone mit unter die Nordamerikanische Platte abtauchender Juan-de-Fuca-Platte
- Saures, zähflüssiges, explosives Magma in Magmakammern der Oberplatte
- Sehr hohe Gefährdung durch explosive Vulkaneruptionen (Teil des „Ring of Fire")
- Bei der Subduktion ist intensives Verhaken zwischen Ober- und Unterplatte möglich; beim Lösen der Verhakung schwere Erdbeben zu befürchten
- Schwere Erdbeben als Seebeben können starke Tsunamis auslösen
- Insgesamt sehr hohe Gefährdung durch Vulkaneruptionen, Erdbeben und Tsunamis

Region 3: Grenze Nordamerikanische/Pazifische Platte

- Situation: entlang einer Transform-Störung horizontal aneinander vorbeischrammende Platten (San-Andreas-Störung)
- Große Gefahr des intensiven Verhakens der Platten, daher hohe Gefährdung durch schwere Erdbeben
- Aufsteigendes Magma hier kaum zu erwarten (weder Subduktionszone noch ozeanischer Rücken noch Hotspot), daher nur geringe Gefährdung durch Vulkaneruptionen
- Auslösung von starken Tsunamis an der nahen Pazifikküste unwahrscheinlich, da Plattengrenzen ein Stück im Landesinneren; eventuell entstehende Tsunamiwellen würden sich von der Küste weg bewegen.
- Insgesamt sehr hohe Erdbebengefährdung, geringere Gefährdung durch Vulkaneruptionen und Tsunamis (an der Küste)

…fgabe 53 Möglichkeiten der Vorhersage des exakten Zeitpunkts eines tektonischen Ereignisses:

- Längerfristige Vorhersage des exakten Zeitpunktes des Eintritts eines tektonischen Ereignisses bisher grundsätzlich nicht möglich
- Vulkanausbruch: Durch wissenschaftliche Beobachtung (Knistern und Brechen von Gestein, Veränderungen und Bewegungen der Geländeoberfläche, chemische Analysen der Gasemissionen, Temperaturerhöhung) sind Aussagen über unmittelbar bevorstehende Ausbrüche möglich, aber keineswegs sicher. Bei erwartetem Ausbruch Evakuierung der Bevölkerung aus besonders gefährdeten Räumen möglich
- Erdbeben: unvermitteltes, plötzlich eintretendes Ereignis in vorher nicht bekanntem Epi- bzw. Hypozentrum, exakte Vorhersage des Zeitpunkts ist bisher unmöglich. In größerer Entfernung von einem Erdbebenzentrum

Nutzung der Laufzeiten von Erdbebenwellen möglich, wodurch Sekunden oder Minuten für Vorsorgemaßnahmen (z. B. Verlassen gefährdeter Gebäude, Abschalten von Herden usw.) gewonnen werden können

- Tsunami: ebenso unvermitteltes Ereignis wie Erdbeben, da meist von diesen ausgelöst. Auch der exakte Zeitpunkt eines gewaltigen Bergsturzes als Auslöser eines Tsunami ist nicht exakt vorhersehbar. Aufgrund der relativ langen Laufzeiten der Tsunamiwellen Aufbau eines Frühwarnsystems denkbar, durch das Minuten bis wenige Stunden zum Ergreifen von Maßnahmen (Evakuierung von gefährdeten Bereichen, Sicherung von Sachwerten usw.) zur Verfügung stehen können

Aufgabe 54 Bedeutung der Katastrophenvorsorge:

- Katastrophenvorsorge grundsätzlich von außerordentlich großer Bedeutung zur Vermeidung von Opfern und Minderung von Schäden
- Risikoanalyse mit wissenschaftlichen Methoden zur möglichst genauen Abschätzung eines evtl. bevorstehenden extremen Naturereignisses (Art und Stärke der Bedrohung, Eintrittswahrscheinlichkeit, Zeitpunkt des Eintritts, räumliche Verbreitung, Ablauf, mögliche Schäden) unter Einbeziehung der sozioökonomischen Situation der Betroffenen: Es wird deutlich gemacht, womit die Betroffenen rechnen müssen
- Vorbeugung mit der Planung eines Maßnahmenpakets zur Bewältigung eines zu befürchtenden Ereignisses: Es wird festgestellt, welche Maßnahmen für den Fall des extremen Naturereignisses sinnvoll und möglich sind (z. B. Auslegung von Gebäuden und Infrastruktureinrichtungen, Ausweisung von Schutzzonen usw.). Notwendige Strukturen zum Umgang mit dem extremen Naturereignis werden bereitgestellt
- Bereitschaftserhöhung, um bei Helfern und Opfern im Falle des extremen Naturereignisses ein konzentriertes und koordiniertes Vorgehen zu gewährleisten: Die vorher bereitgestellten Strukturen können unter Einbeziehung aller Beteiligten umgesetzt werden
- Vergleich Nevado del Ruiz/Pinatubo:
  Verheerender Ausbruch des Pinatubo mit sehr starker, explosiver Materialförderung, 35 km hoher Eruptionssäule, pyroklastischen und Schlammströmen (Laharen) bis in weit über 50 km Entfernung, mächtigen Ascheablagerungen. Hohe Sachschäden (80 000 Häuser), aber trotz Gefährdung von 1 Mio. Menschen nur rund 350 Tote aufgrund geeigneter Maßnahmen der Katastrophenvorsorge und Katastrophenhilfe

Ausbruch des Nevado del Ruiz mit heftigen Eruptionen, Schmelzen der Schnee- und Eiskappe, Schlammströmen. Stadt in 47 km Entfernung weitgehend verschüttet, hohe Sachschäden, rund 25 000 Tote. Rechtzeitige Warnung und Evakuierung hätte einen großen Teil der Menschenleben gerettet. Versagen der Katastrophenvorsorge und Katastrophenhilfe

fgabe 55 Schadensszenarien für Küstenräume bei steigendem Meeresspiegel:

Szenario 1: Salzwasserintrusion in Küstennähe infolge Meeresspiegelanstieg

- Eindringen von Salzwasser in die küstennahen Grundwasserkörper
- Dadurch Entstehung von brackwasserähnlichen Reservoirs, die für die Trinkwassergewinnung und -aufbereitung nicht mehr nutzbar sind
- Erheblicher Kostenaufwand für Neuanlage bzw. Modifikation der Trinkwasserentnahmestellen

Szenario 2: Erhöhung des Mündungsniveaus von Flüssen

- Großflächige Überflutung von Küstenteilen besonders im Bereich von Ästuaren und Flussdeltabereichen
- Zerstörung der ansässigen Infrastruktur (z. B. Verlade- und Fährhäfen)
- Enormer finanzieller Aufwand für die landwärtige Rückverlagerung der unterschiedlichen Anlagen

fgabe 56 Ursprünge der Treibhausgase:

- Etwa ein Viertel aller anthropogen freigesetzter Treibhausgase entstammt der Energiegewinnung, insbesondere der Verbrennung fossiler Energiestoffe Erdöl, Erdgas und Kohle
- Nahezu ein Fünftel der Treibhausgase wird infolge Rodung von Waldarealen zur Gewinnung landwirtschaftlich nutzbarer Fläche freigesetzt
- Zu je einem Siebtel sind Industrie, Landwirtschaft (z. B. Reisanbau, Viehzucht) und Transport (freigesetzte Treibhausgase aus Verbrennungsmotoren) verantwortlich
- Zusammen etwa ein Zehntel der Treibhausgase entstammt den privaten Heizungsanlagen vornehmlich auf der Basis fossiler Energieträger und anderen energiebedingten Emissionen

Verlauf der Pro-Kopf-Emissionen:

- Zunächst deutlich sichtbar: geringer Anteil der Emissionen pro Kopf in den Entwicklungsländern im Vergleich zu den Industrieländern (Verhältnis etwa 1 zu 10 im Jahre 1965, etwa 1 zu 6 heute)
- Grundsätzlich relativ starker Anstieg der Emissionen in den Entwicklungsländern bei Stagnation bzw. leichtem Absinken in den Industrieländern
- Auf der Seite der Industrieländer werden langfristig emissionsbegrenzende Maßnahmen und der langsame Übergang zu CO_2-freien bzw. -armen Energien wirksam; auf der Seite der Entwicklungsländer wird im Anstieg der enorme energetische Nachholbedarf einer anzunehmenden wirtschaftlichen Entwicklung erkennbar
- Die Prognose bis 2050 zeigt eine Annäherung der beiden Graphen, damit langfristig, trotz Gegenmaßnahmen vornehmlich in den Industrieländern, eine weltweite Zunahme der CO_2-Emissionen

Stichwortverzeichnis

Quellennachweis

Umschlagbild: © HenriVdl/iStockphoto
M 3: Ahlheim, Karl-Heinz/Schirmer Hans: Schülerduden Wetter und Klima. Mannheim: Duden-Verlag 1988, S. 31
M 4: Schönwiese, Christian-Dietrich: Klimatologie. Ulmer Verlag 1994, S. 128
M 5: Gesellschaft für Geokommunikation mbH, Köln/Geoagentur Landscape/ Martin, Christiane: Lexikon der Geowissenschaften. Bd. 5. 2002, S. 99 © Spektrum Akademischer Verlag, Heidelberg. Spektrum Akademischer Verlag ist ein Imprint von Springer SBM.
M 8: Endlicher, Wilfried/Weischet, Wolfgang: Einführung in die Allgemeine Klimatologie. Studienbücher der Geographie. 7. vollst. neu bearb. Aufl. Berlin/Stuttgart: Gebrüder Borntraeger Verlagsbuchhandlung 2008. www.borntraeger-cramer.de, S. 62
M 9: www.nasa.gov
M 11: wie M 8, S. 90/91
M 12: wie M 4, S. 352
M 13: Bendix, Jörg/Lauer, Wilhelm: Klimatologie. 2. Aufl. Braunschweig: Westermann Verlag 2004, S. 167
M 14: wie M 4, S. 185 (verändert)
M 15: Haversath, Johann-Bernhard: Geographie heute. Sammelband Wetter und Klima. Seelze/Velber: Friedrich Verlag 2000
M 16: © 2009 EUMETSAT
M 18: © 1992 EUMETSAT
M 19: wie M 4, S. 144 (oberer Teil der Abb. 42)
M 20: wie M 13, S. 239
M 21: wie M 13, S. 233 (3. Abb. verändert)
M 22: Kelletat, Dieter: Physische Geographie der Meere und Küsten: Eine Einführung. 2., neu bearb. u. erweit. Aufl. Stuttgart: Teubner Verlag 1999, S. 27 (oben) (verändert)
M 23: wie M 22, S. 27 (oben) und S. 22/24 (unten) (verändert)
M 26: Lauer, Wilhelm: Klimatologie. 3. Aufl. Braunschweig: Westermann Verlag 1999, S. 76
M 30: wie M 8, S. 282
M 31: www.biologie.uni-hamburg.de/b-online/d57/57a.htm; © Michael Pidwirny
M 32: Friese, Heinz W./List, Elisabeth/Schreiber, Theo: List Großer Weltatlas: Mensch und Erde. München: List Verlag 1975, S. 33
M 33: Heß, Dieter: Alpenblumen: Erkennen, Verstehen, Schützen. Stuttgart: Ulmer Verlag 2001, S. 78
M 35: Hafner, Lutz/Philipp, Eckhard: Ökologie (Materialien für den Sekundarbereich II). Hannover: Schrödel Schulbuchverlag 1986
M 36: Sträßer, Manfred: Klimadiagramme zur Köppen'schen Klimaklassifikation. Klett-Perthes Verlag 1998, S. 16 (links); Müller-Hohenstein, Klaus: Die Landschaftsgürtel der Erde. Stuttgart: Teubner Verlag 1981, S. 57 (rechts)
M 37, M 38: Werner Eckert
M 39: Bender, Hans-Ulrich: Fundamente: Geographisches Grundbuch für die Sekundarstufe II. Klett-Perthes Verlag 1994, S. 41 (verändert)

M 40: Lauer 1987, S. 17; Schultz 2000a, S. 499; verändert. Fundort: Klohn, Werner/ Windhorst Hans Wilhelm: Physische Geographie: Böden, Vegetation, Landschaftsgürtel. Vechtaer Materialien zum Geographieunterricht. Heft 6, 3. Erw. Aufl. Vechta 2003, S. 92
M 41: Global Forest Resources Assessment 2010, Main Report. © FAO 2010
M 42: http://www.reinhardhaase.de/News2015.html
M 44: Daten aus www.mongabay.com, Zugriff am 10. 11. 2008
M 45: nach Klohn, Werner/Windhorst, Hans Wilhelm: Physische Geographie: Böden, Vegetation, Landschaftsgürtel. Vechtaer Materialien zum Geographieunterricht. Heft 6, 3. Erw. Aufl. Vechta 2003, S. 87 (verändert)
M 46: Hanisch, Wolfgang/Schulz, Christoph: GeoKlima 2.01 für Windows 1998 (links); Müller-Hohenstein, Klaus: Die Landschaftsgürtel der Erde. Stuttgart: Teubner Verlag 1979, S. 81 (rechts)
M 47: Mühr, Bernhard: www.klimadiagramme.de (oben); Redaktion Ernst Klett Verlag: www.klett.de/sixcms/media.php/8/27640_078_079.pdf (unten)
M 48: Mühr, Bernhard: www.klimadiagramme.de (links); Müller-Hohenstein, Klaus: Die Landschaftsgürtel der Erde. Stuttgart: Teubner Verlag 1979, S. 91 (rechts)
M 49: Krings, Thomas: Sahelländer: Mauretanien, Senegal, Gambia, Mali, Burkina Faso, Niger. Darmstadt: Wissenschaftliche Buchgesellschaft 2006, S. 70
M 50: Kantonsschule Zürcher Unterland; 2009
M 51: Hanisch, Wolfgang/Schulz, Christoph: GeoKlima 2.01 für Windows 1998
M 52: Mühr, Bernhard: www.klimadiagramme.de
M 54: Darstellung nach: J. Brown, O. Ferrians, J. A. Heginbottom and E. Melnikov. 2014. Circum-Arctic Map of Permafrost and Ground-Ice Conditions. Boulder, Colorado USA: National Snow and Ice Data Center
M 58: Geiger, M.: Norilsk – Großstadt in der Tundra, in: Praxis Geographie, Heft 11 (1991), S. 25 nach A. Karger/C.C. Liebmann: Sibirien. 1985
M 62: wie M 52
M 63: www.nmf.no/images/krill666.jpg
M 64: Glenn Grant; Courtesy: National Science Foundation
M 65: eigene Darstellung nach www.antarktis.ch/46.htm
M 66: Umweltbundesamt Dessau-Rosslau: umweltbundesamt.de/antarktis/index.htm
M 67: www.antarktis.ch/57.htm. Foto: CIA
M 68: Alfred-Wegener-Institut (Hg.): www.awi.de/fileadmin/user_upload/Institute/General_Services/Logistics/gem_dokumente/Richtlinie-Umweltschutz.pdf
M 69: wie M 52
M 71: Engelman, Robert/LeRoy, Pamela: Mensch, Wasser! Die Bevölkerungsentwicklung und die Zukunft der erneuerbaren Wasservorräte. Hg. von der Stiftung Weltbevölkerung. Hannover: Balance-Verlag 1995
M 72: Schweizerischer Verein des Gas- und Wasserfaches SVGW, Zürich
M 73: Goudie, Andrew: Physische Geographie: Eine Einführung. 1995, S. 52. Aus dem Englischen von Rohner, Jürg © SPEKTRUM AKADEMISCHER VERLAG, Heidelberg. Spektrum Akademischer Verlag ist ein Imprint von Springer SBM.
M 74: Darstellung nach UNEP
M 75: Schweizerischer Verein des Gas- und Wasserfaches SVGW, Zürich
M 76: Barandat, Jörg: Wasser. Regionaler Konfliktstoff weltweiter Bedeutung. Hamburger Beiträge zur Friedensforschung und Sicherheitspolitik. Heft 96. Hamburg: Institut für Friedensforschung und Sicherheitspolitik 1995 (Zahlen bis 2000)
M 77: Bundesanstalt für Gewässerkunde, Mitteilung vom 14.03.2013
M 79: Mühr, Bernhard: www.klimadiagramme.de

M 84: © SW Breckle in Ecological Studies No. 218, „Aralkum – a man made desert“, Springer Verlag Heidelberg/Berlin 2009, S. 30 ff.
M 85: Geographie aktuell. Heft 5/2002, S. 41
M 87: Bundesanstalt für Gewässerkunde (2003): Hydrologischer Atlas von Deutschland
M 89: nach Daten von: http://www.icold-cigb.org
M 92: Bundesanstalt für Gewässerkunde (2002)
M 93: Ibrahim, Barbara/Ibrahim, Fouad N.: Ägypten: Eine geographische Landeskunde. Darmstadt: Wissenschaftliche Buchgesellschaft 1996
M 94: Schamp, Heinz: Ägypten: Das Land am Nil im wirtschaftlichen und sozialen Umbruch. Hg. v. Puls, Willi Walter. Frankfurt/Main: Diesterweg 1978 (ergänzt)
M 95: nach Daten von DERA und des BGR 2012
M 96: wie M 95
M 97: nach Daten von Bundesanstalt für Geowissenschaften und Rohstoffe (BGR)
M 98: wie M 97
M 99: Wirtschaftsvereinigung Stahl
M 100: nach Daten von Bundesanstalt für Geowissenschaften und Rohstoffe (BGR)
M 101: Weber, Leopold/Zsak Gabriele/Schatz, Michael/Reich, Christian: World Mining Data 2009, Vol. 24m, Wien 2009
M 102: nach Daten von Bundesanstalt für Geowissenschaften und Rohstoffe (BGR)
M 103: nach Daten der Bundesanstalt für Geowissenschaften und Rohstoffe (BGR), Worldsteel
M 104: Bundesanstalt für Geowissenschaften und Rohstoffe (BGR)
M 105: Statistical Review of World Energy 2020
M 106: wie M 105
M 107: eigene Darstellung, Daten nach: BP Statistical Review of World Energy 2020, S. 16, S. 21
M 108: Tecson GmbH & Co. KG
M 109: Statistical Review of World Energy 2020
M 110: eigene Darstellung, Daten nach: BP Statistical Review of World Energy 2020, S. 34 und S. 36
M 111: nach Daten von Bundesanstalt für Geowissenschaften und Rohstoffe (BGR)
M 112: picture-alliance/dpa Grafik © Globus Infografik,
M 113: Eurostat 2020
M 114: eigene Darstellung, Daten nach: BP Statistical Review of World Energy 2020, S. 4
M 115: Government of Dubai
M 116: Exxon Mobil Pressestelle: Unternehmensbericht 2005 (Daten bis 2000); BP Statistical Review of World Energy, June 2011 (Daten 2010)
M 117: © pbase/Brian McMorrow
M 118: eigene Darstellung nach Schätzungen der jeweiligen Botschaften
M 121: Statistisches Bundesamt Wiesbaden 2018
M 122: ALBA DASS Betriebs GmbH: www.berlin-sammelt.de/kreislauefe/gk/id_rt_gk.htm
M 123: Eurostat 2012, IWD
M 126: nach: Umweltbundesamt auf Basis Arbeitsgemeinschaft Energiebilanzen
M 128: VDP (Verband deutscher Papierfabriken): www.vdp-online.de/aktuell_1473.htm, Zugriff 23. 12. 2008
M 129: Statistisches Bundesamt Wiesbaden 2020
M 130: © FNR 2020
M 132: Gurgiser, Fritz: Tatort Brenner Band 2: Am Brenner für die Alpen. Hg. v. Transitforum Austria – Tirol
M 133: CIPRA International, R. Gruber
M 136: Amt der Tiroler Landesregierung, Abteilung Verkehrsplanung (Hg.): Verkehrsbericht 2004. Innsbruck 2005, S. 7

M 137:	USGS; http://pubs.usgs.gov/gip/dynamic/inside.html, verändert
M 138:	Illustration by Jos F. Vigil and Robert I. Tilling, U.S. Geological Survey, adapted from *This Dynamic Planet* (Second Edition)
M 139:	GFZ Deutsches GeoForschungsZentrum
M 140:	Smolka Dr., Anselm: Schadenspiegel 1/2007. Themenheft Risikofaktor Erde. Hg. v. Münchner Rück, S. 137
M 141:	© 2009 Munich RE
M 143:	Nach Frisch, Wolfgang/Meschede, Martin: Plattentektonik: Kontinentverschiebung und Gebirgsbildung. Darmstadt: WBG, 2007, S. 27
M 144:	Schmincke, Hans-Ulrich: Vulkanismus. 2. überarb. u. erw. Aufl. Wissenschaftliche Buchgesellschaft 2000, S. 213 ff.
M 147:	Weizsäcker, Ernst Ulrich von: Das Jahrhundert der Umwelt. Frankfurt/New York: Campus Verlag 1999, S. 21
M 148:	nach IPCC: Climate Change 2001 – The Scientific Basis. Cambridge 2001
M 149:	Drösser, Christoph/Rauner, Max: Die Zeit 34/2002. Aus allen Wolken gefallen
M 150:	Schönwiese, Christian-Dietrich: Weltklima im Wandel. Vortrag am 12.6. 2001
M 151:	picture-alliance/ Globus Infografik
M 152:	Foto: Hans Oerter, Quelle: Alfred-Wegener-Institut für Polar- und Meeresforschung
M 153:	Fischer, Claudia: www.egbeck.de/treibhaus/CO2-Dateien/siple2.jpg
M 154:	verändert nach Rahmstorf (2007): A Semi-Empirical Aproach to Projecting Future Sea-Level Rise, Science S. 315, 368-370. Fundort: Kasang, Dieter: http://lbs.hh.schule.de/welcome.phtml?unten=/klima/klimafolgen/meeresspiegel/prognosen.html
M 155:	eigene Darstellung
M 156:	picture-alliance/dpa-Infografik
M 157:	Global Carbon Project, Daten: CDIAC/GCP, CC BY 4.0
M 158:	Kyoto-Protokoll
M 159:	IPCC-Report
M 160:	picture-alliance/ Globus Infografik

Wir danken allen Rechteinhabern für die Abdruckerlaubnis.
Der Verlag hat sich bemüht, die Urheber der abgedruckten Bilder und Texte ausfindig zu machen. Wo dies nicht gelungen ist, bitten wir diese, sich ggf. an den Verlag zu wenden.